"十二五"职业教育国家规划教材
经全国职业教育教材审定委员会审定

园林计算机辅助设计之3ds Max

邓洁 主编

中国农业大学出版社
· 北京 ·

内 容 提 要

本教材基于静帧园林效果图制作的整个工作流程，以工作任务为驱动、以“项目-任务-实训”为构架展开编写。教材主要内容共分为6个项目，包括认识3ds Max、3ds Max 2012基础知识、创建模型、材质贴图、摄影机、灯光与渲染输出以及园林效果图制作综合实训等。

本教材内容翔实、讲解深入，操作步骤简洁实用，所选实例实训均来自实际工程案例，同时注重AutoCAD、Photoshop CS等相关软件的知识衔接，具有较强的专业性、实践性。教材配套光盘内容包括了实例模型、贴图、最终渲染文件以及项目实训的操作视频，适合读者上机实训和拓展学习。

本教材适用于高职高专园林、环境艺术、建筑学等相关专业计算机效果图制作的课程教学，也适用于设计工作者及行业从业人员自学、培训。

图书在版编目(CIP)数据

园林计算机辅助设计之3ds Max/邓洁主编.—北京：中国农业大学出版社，2014.6
ISBN 978-7-5655-0953-7

Ⅰ.①园… Ⅱ.①邓… Ⅲ.①园林设计-计算机辅助设计-应用软件-高等职业教育-教材 Ⅳ.①TU986.2-39

中国版本图书馆CIP数据核字(2014)第089488号

书　　名 园林计算机辅助设计之3ds Max
作　　者 邓洁　主编

策划编辑 姚慧敏　伍　斌
封面设计 郑　川
出版发行 中国农业大学出版社
社　　址 北京市海淀区圆明园西路2号
电　　话 发行部 010-62818525，8625
编辑部 010-62732617，2618
网　　址 http://www.cau.edu.cn/caup
经　　销 新华书店
印　　刷 北京时代华都印刷有限公司
版　　次 2014年9月第1版　2014年9月第1次印刷
规　　格 787×1 092　16开本　16印张　390千字
定　　价 31.00元

责任编辑 张　玉
责任校对 陈　莹　王晓凤

邮政编码 100193
读者服务部 010-62732336
出　版　部 010-62733440
E-mail cbsszs @ cau.edu.cn

中国农业大学出版社
“十二五”职业教育国家规划教材
建设指导委员会专家名单
（按姓氏拼音排列）

编写人员

主　　编　邓　洁（永州职业技术学院）
副 主 编　李　平（嘉兴职业技术学院）
　　　　　王庆菊（辽宁农业职业技术学院）
　　　　　王国东（辽宁农业职业技术学院）
　　　　　郑志勇（北京农业职业学院）
参　　编　申明达（永州职业技术学院）
　　　　　许冬梅（井冈山大学）
　　　　　李　蕴（江苏农牧科技职业学院）
　　　　　乔国娜（陕西工业职业技术学院）
　　　　　龙冰雁（永州职业技术学院）
行业编者　王　烨（无锡市建设局）
　　　　　俞　伟（南京风景园林规划设计院有限公司）

前 言

3ds Max是Autodesk公司出品的一款三维制作软件，在园林景观、环艺及建筑等各项设计工作中通常与AutoCAD、Photoshop CS等软件共同使用以绘制设计效果图。此外，用户还可利用3ds Max推敲设计方案、进行日照分析、制作镜头特效及模拟三维场景。3ds Max2012与之前版本相比，在建模技术、材质编辑、渲染输出和后期制作等方面日趋完善，功能和界面划分更合理、更人性化。

本教材按照以就业为导向、以培养符合职业岗位需求的园林专业高技能应用型人才为目标，做到对接教学标准和岗位能力要求，突出行业特点。依据制作静帧园林效果图的工作流程和内容，本教材划分为若干个工作项目、下设相应的工作任务，通过对任务知识点和实例的逐步讲解，并配以项目实训，让高职学生在教、学、做一体化的过程中提高了计算机辅助设计的实践操作技能，具体体现在以下几个方面。

(1)针对性。以设计工作中使用频率较高的静帧效果图的制作为主要内容，对3ds Max中的动画及特性制作等方面的内容进行了删减，内容精简、层次清晰。

(2)专业实用性。紧扣园林及其相近专业的工作技能需求，所选实例实训项目均来自专业实践项目，学生通过学习，可基本掌握园林效果图制作的基本要点。

(3)关联性。对于与3ds Max使用较为密切的两个软件AutoCAD、Photoshop CS等相关内容均有所涉及，以保证计算机辅助设计教学知识体系的完整性。

本教材由中国农业大学出版社组织编写并审定，编者主要为高职高专园林景观、环境艺术专业的骨干教师，具有多年计算机辅助设计教学及企业实践经验，更有来自行业企业从事一线设计工作的专家参与编写。本教材由永州职业技术学院的邓洁担任主编；嘉兴职业技术学院的李平、辽宁农业职业技术学院的王庆菊和王国东、北京农业职业学院的郑志勇担任副主编；参编人员有永州职业技术学院的申明达和龙冰雁、井冈山大学的许冬梅、江苏农牧科技职业学院的李蕴、陕西工业职业技术学院的乔国娜；企业行业编者有南京风景园林规划设计院有限公司的俞伟、无锡市建设局的王烨。全书由永州职业技术学院的邓洁统稿。

由于编者水平有限，加之时间仓促，书中难免有疏漏和不足之处，恳请专家和读者批评指正。此外，教材中的一些实例实训项目参考了同类相关文献，在此一并表示衷心感谢。

编 者

2014年5月

目 录

项目1

认识3ds Max

任务1 3ds Max 软件概述及其应用

学习领域

- 3ds Max 软件概述。
- 3ds Max 在园林效果图制作中的应用。
- 3ds Max 2012 的安装环境。

工作领域

- 掌握 3ds Max 制作园林效果图的工作流程。
- 了解 3ds Max 软件的安装和运行环境。

行动领域

- 熟知 3ds Max 软件特点以及与园林专业的结合应用。

任务知识讲解

1 3ds Max 软件概述

3ds Max 全称是 Three Dimension Studio，它是 Autodesk 公司出品的一款三维制作软件。由于其在模型塑造、场景渲染、动画特效等方面的强大功能，目前已被广泛应用于影视广告、动漫游戏、工程可视化、工业造型、园林景观及建筑效果图制作等领域。除此之外，3ds Max 还与 AutoCAD、SketchUp、V-Ray 等专业软件相互兼容，这些都使其成为全球最受欢迎的三维制作软件之一。

自从 1996 年该软件第一个 Windows 版本 3D Studio Max 1.0 问世以来，3ds Max 已被逐年升级推出多个新版本。从 3ds Max 2009 开始，Autodesk 公司每次推出的 3ds Max 均具有两个版本：一个是面向游戏及影视动画制作人士的 3ds Max Entertainment，一个是专为建筑、景观及工业设计量身定制的 3ds Max Design，对于大多数用户而言，这两个版本没有太大区别，本书采用的是 3ds Max Design 2012 版本。

2 3ds Max 在园林效果图制作中的应用

园林规划设计是一门涵盖多学科知识、专业性较强的工作，设计者利用计算机将复杂抽象的专业设计方案模拟转化为建成后的真实场景，并以静帧效果图或三维动画的方式直观地表现出来，这样能更好地展现设计意图和构思，实现与业主的良好沟通。而效果图和三维动画这两种目前主要的设计表现方式中，后者由于制作难度较大、成本偏高的原因在应用时往往具有一定的局限性，因此现阶段更多出现在各种园林规划设计方案竞标、汇报以及广告中展现设计效果的是园林效果图。本书主要讲述如何利用 3ds Max 软件制作静帧园林效果图。

利用计算机制作一幅成功的效果图需要运用到多个专业软件，目前在园林实际工作中应用较为普遍的软件分别是 AutoCAD、3ds Max、Photoshop CS，三者在效果图制作过程中的主要作用如下：设计者首先在 AutoCAD 中确定制作效果图所需的设计尺寸及材质肌理等细节信息(图 1-1-1)，然后在 3ds Max 中创建效果图模型、赋予材质并渲染出图(图 1-1-2)，最后在 Photoshop CS 中对效果图进行后期处理(图 1-1-3)，至此制作一幅效果图的整个流程全部完毕。

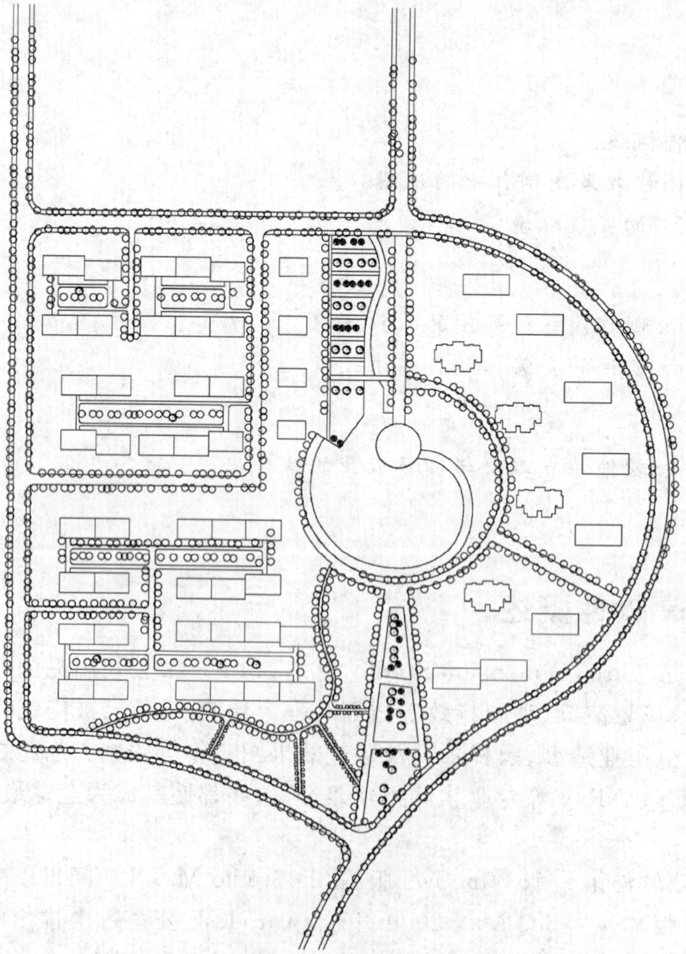

图 1-1-1 用 AutoCAD 绘制的居住区规划平面图

图 1-1-2 用 3ds Max 制作渲染的模型图

图 1-1-3 用 Photoshop CS 处理完毕的效果图

3ds Max 在静帧园林效果图制作中的工作流程大体可分为设置场景、创建模型、调配材质、设置灯光和摄影机、渲染输出 5 个环节。

2.1 设置场景

进行建模之前，设置符合绘图需要的场景工作环境是十分重要的，包括单位设置以及符合设计者绘图习惯的用户界面的设置等，这些都是在 3ds Max 中接下来高效规范工作的前提。

2.2 创建模型

接下来是创建园林效果图主要场景的模型，一般包括园林建筑、道路、小品、地形等较为规则的物体。通过导入前期在 AutoCAD 中绘制的平、立、剖面三视图，设计者可以在 3ds Max 中快速、精确地建模，这个过程犹如建造园林景观的过程，将设计方案从地面上立起来，成为三维的空间实体。

2.3 调配材质

在 3ds Max 中将模型创建好只能算完成了园林效果图的“框架”，要想让创建模型更接近现实世界的视觉效果，我们还需为模型调配、赋予相应的材质，比如贴图、纹理、颜色、光泽度等。3ds Max 提供了强大的材质编辑能力，几乎可以模拟再现人眼所能观察到的任何材质，只不过这些在计算机软件中都是用各种数字参数来描述的。

2.4 设置摄影机和灯光

静帧园林效果图最终的输出效果犹如设计方案建成之后的竣工照片，以何种角度表现场景模型，这取决于此阶段设计者设置摄影机参数时采用视点的位置、高低以及焦距的长短等情况。园林效果图按视点的高低可分为透视效果图和鸟瞰效果图，按灭点的数量可分为一点透视、两点透视和三点透视。

现实世界中如果没有光源照射，人们将无法看清任何事物。在 3ds Max 里同样如此，因此我们需要在此基础上为园林场景模拟出各种自然或人工照明效果。合理的布光方案不仅是简单地把场景照亮，而且还能将设计对象以最佳效果表现出来，显现出场景的层次。

2.5 渲染输出

在上述工作完成之后，设计者设定好渲染文件的尺寸、格式、保存位置等，就可以将静帧园林效果图从 3ds Max 中渲染出图了，配合一定的特效设置，还能增强效果图的艺术感染力。

理论上整幅效果图的制作都可以在 3ds Max 中完成，但实际工作中园林效果图的常见配景如天空、人物、植物、汽车等都是在 Photoshop CS 中调入的，原因是这些配景的外形轮廓通常较为复杂，如果在 3ds Max 中制作会造成场景中模型边面数过多，最终导致普通配置的 PC 计算机处理困难。事实上在 Photoshop CS 中除了可以调入逼真的效果图配景外，还能对整个图像进行色调、明暗的调整，甚至制作一些特效。经过这样的后期处理，一副完整的效果图就制作完成了。

3　3ds Max 2012 的安装环境

为保证软件的流畅运行，安装 3ds Max 2012 建议最低配置要求如下。

3.1 软件环境

3ds Max 2012 支持 32 位和 64 位操作系统，具体要求如下：

【操作系统】：Windows XP Professional（Service Pack 2 或者更高版本）/Windows Vista。

【附加软件】：Direct9.0c 和 OpenGL。

3.2 硬件环境

【CPU】:32 位操作系统要求 Intel Pentium 4 以上、AMD Athlon XP 以及更高级别处理器;64 位操作系统要求 Intel EM64T,AMD Athlon64 以及更高级别处理器。

【内存】:32 位操作系统要求 512 MB RAM(推荐 1 GB 以上);64 位操作系统要求 1 GB RAM(推荐 4 GB 以上)。

【虚拟内存】:500 MB 交换空间(推荐 2 GB 以上)。

【硬件加速】:OpenGL 和 Direct3D。

【驱动器】:DVD-ROM Drive。

任务 2 3ds Max 2012 工作界面认识

学习领域

- 3ds Max 2012 的启动与退出。
- 3ds Max 2012 工作界面认识。

工作领域

- 掌握 3ds Max 2012 的启动与退出方法。
- 熟悉工作界面及其各主要菜单命令、工具按钮的功能。

行动领域

- 能够根据绘图需要调出相应命令和工具。

1 3ds Max 2012 的启动与退出

1.1 启动

启动 3ds Max 2012 一般有以下两种方法:

(1)双击桌面上 3ds Max 2012 的快捷方式图标;

(2)在桌面【开始】菜单栏中执行【程序】/【3ds Max 2012】。

1.2 退出

退出 3ds Max 2012 一般有以下三种方法:

(1)单击 3ds Max 2012 界面右上角的 x "关闭"按钮;

(2)单击 3ds Max 2012 界面左上角应用程序按钮,执行【文件】/【退出 3ds Max】命令;

(3)按<Alt+F4>键。

图 1-2-1 桌面【开始】菜单栏

2 3ds Max 2012 工作界面认识

启动 3ds Max 2012 后，系统即进入其工作界面(图 1-2-2)，熟悉其界面布局，是熟练操作该软件的前提。

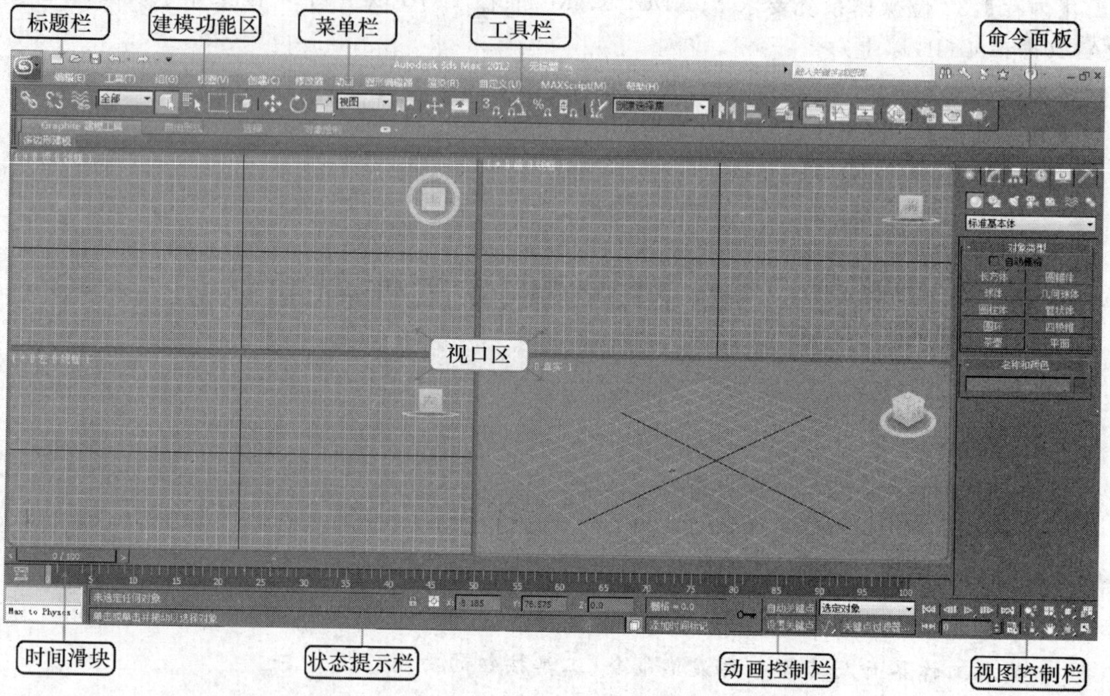

图 1-2-2 3ds Max 2012 中文版默认工作界面

2.1 标题栏

标题栏位于整个工作界面的顶部位置，由快速访问工具栏、软件与文件信息栏、信息中心和窗口管理按钮四部分组成。

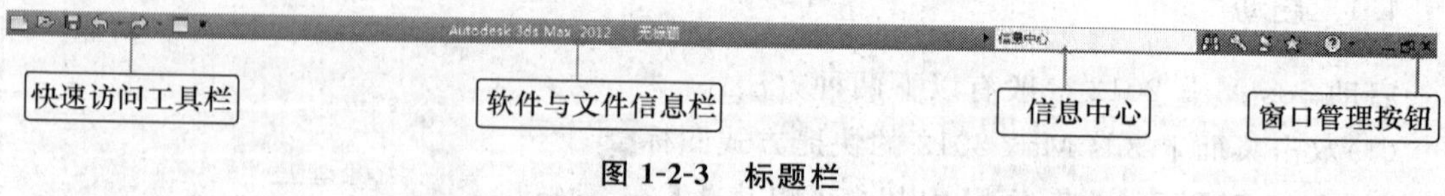

图 1-2-3 标题栏

【快速访问工具栏】：在默认状态下，快速访问工具栏中 5 个快捷按钮，包括“新建场景”、“打开文件”、“保存文件”、“撤销场景操作”、“重做场景操作”。

【软件与文件信息栏】：显示 3ds Max 2012 软件名称以及当前窗口编辑的文件名。

【信息中心】：通过信息中心可以访问与 3ds Max 以及其他 Autodesk 产品有关的信息，包括 1 个“搜索字段”输入框和 5 个快捷按钮，分别为“搜索”、“订阅中心”、“通信中心”、“收藏夹”和“快速帮助”。

【窗口管理按钮】：用于调节工作界面的大小或关闭，包括“最小化”、“最大化”、“关闭”。

2.2 菜单栏

菜单栏位于标题栏的下方，主要提供文件管理、编辑修改、自定义设置等基本操作，包括"应用程序"按钮、【编辑】、【工具】、【组】、【视图】、【创建】、【修改器】、【动画】、【图形编辑器】、【渲染】、【自定义】、【MAXScript】、【帮助】13 个项目。将光标移动到某个菜单项上单击，即可弹出相应的下拉菜单，可以从中选择相应的命令。

图 1-2-4 菜单栏

"应用程序"按钮：单击该按钮，可弹出下拉菜单，包括【新建】、【重置】、【打开】、【保存】、【导入】、【导出】等菜单命令。

【编辑】：提供在场景中选择和编辑对象的基本工具。

【工具】：提供管理场景对象和设置场景环境的工具。

【组】：用于群组对象的管理，包括成组、解组、打开、关闭、附加、分离等。

【视图】：提供设置和控制视口的命令，包括视口设置、重画所有视图、设置活动视口等。

【创建】：提供创建几何体、灯光、摄影机和辅助对象等命令。该菜单包含各种子菜单。

【修改器】：提供快速应用常用修改器的方式。该菜单将划分为若干子菜单，菜单上各项的可用性取决于当前选择。

【动画】：提供有关动画、约束和控制器以及反向运动学解算器的命令，自定义属性、参数关联控件以及用于创建、查看和重命名动画预览的控件。

【图形编辑器】：访问用于管理场景及其层次和动画的图表子窗口。

【渲染】：用于控制渲染场景、设置环境和渲染效果、视频合成等命令。

【自定义】：提供多个用户自定义的设置选项，让用户按照自己喜好设置工作界面。

【MAXScript】：提供供用户编制脚本程序的各种选项。

【帮助】：提供了用户所需要的参考以及学习帮助信息。

> **提示**：菜单中的命令项目如果带有"…"符号的，表示选择该命令会弹出相应的对话框；带有"▶"符号的，则表示该命令下还有次级菜单；有快捷键的命令在其右侧会显示其快捷键的按键。

2.3 主工具栏与浮动工具栏

主工具栏位于菜单栏的下方，由选择、变换、坐标系操作等多个工具按钮构成，还有一些是菜单中的快捷键按钮，可以直接打开一些控制窗口。包括层管理器、曲线管理器等(图 1-2-5)。

图 1-2-5 主工具栏与浮动工具栏

主工具栏上许多工具按钮的右下角有一个黑色的小三角标记，表示该按钮下还隐藏其他与之相关的“弹出按钮”，用户只要将光标移动到该按钮处单击不放就会出现隐藏的“弹出按钮”(图 1-2-6)。

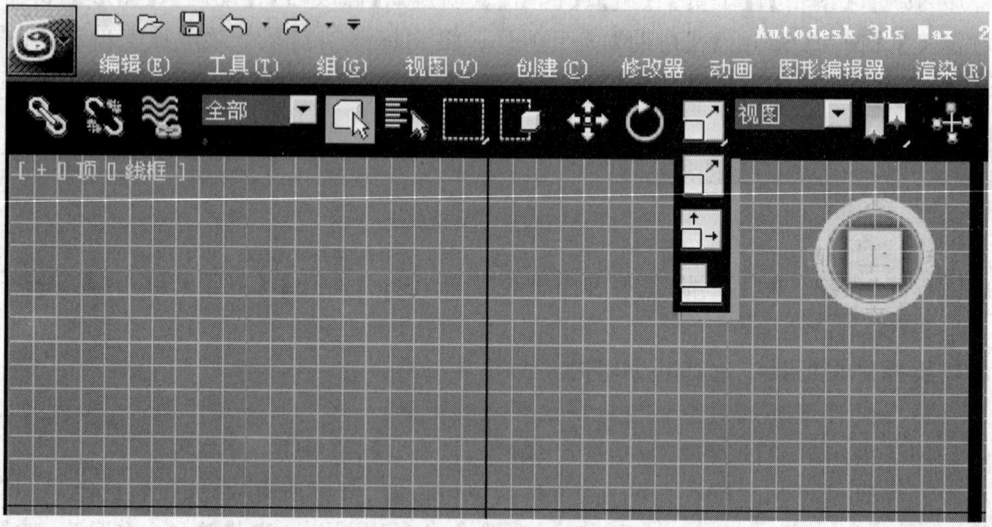

图 1-2-6 【选择并均匀缩放】工具的“弹出按钮”

3ds Max 2012 中还有一些工具未在工具栏出现，会以浮动工具栏的形式出现。如果要一次性地打开全部浮动工具栏，在菜单栏中选择【自定义】/【显示 UI】/【显示浮动工具栏】菜单命令，就可一次性打开【层】、【笔刷预设】、【轴约束】等浮动工具栏；此外也可以将光标放置在工具栏前端或空白处右击调出菜单，勾选相应的浮动工具栏即可(图 1-2-7)。

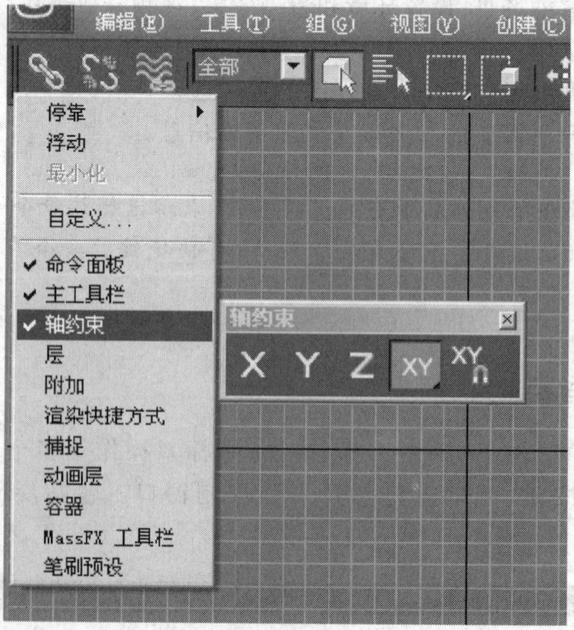

图 1-2-7 浮动工具栏

2.4 建模功能区

建模功能区又称为Graphite建模工具集，提供了编辑多边形对象所需的所有工具(图1-2-8)。功能区采用工具栏形式，可通过水平或垂直配置模式浮动或停靠，包括以下4个选项卡。

图1-2-8 建模功能区

【Graphite建模工具】:包含最常用于多边形建模的工具，分成若干不同的面板，供用户方便快捷地进行访问。

【自由形式】:包含在视口中通过“绘制”创建和修改多边形几何体的工具。另外，“默认”面板还提供了用于保存和加载画笔的设置。

【选择】:提供专门用于进行子对象选择的各种工具。

【对象绘制】:提供用户在场景中的任何位置或特定对象曲面上徒手绘制对象的各种工具。

提示:如果工作界面中没有显示建模功能区，可选择【自定义】/【显示UI】/【显示功能区】调出该功能区。

2.5 视口区

视口区是工作界面中面积最大的部分，也是实际工作的主要区域。默认的3ds Max 2012工作界面是4个大小相同的视口布局方式，此外，用户也可以根据需要改变视口的数量和布局。缺省状态下这4个视口分别显示的是顶视图、前视图、左视图和透视视图(图1-2-9)，表示从上方、前方、左方和不同角度观察到的场景对象，除此之外，用户还可以切换底、后、右、摄影机等其他视图，方便用户从不同的角度对场景对象进行观察和编辑，具体操作详见项目2任务2中的相关内容。

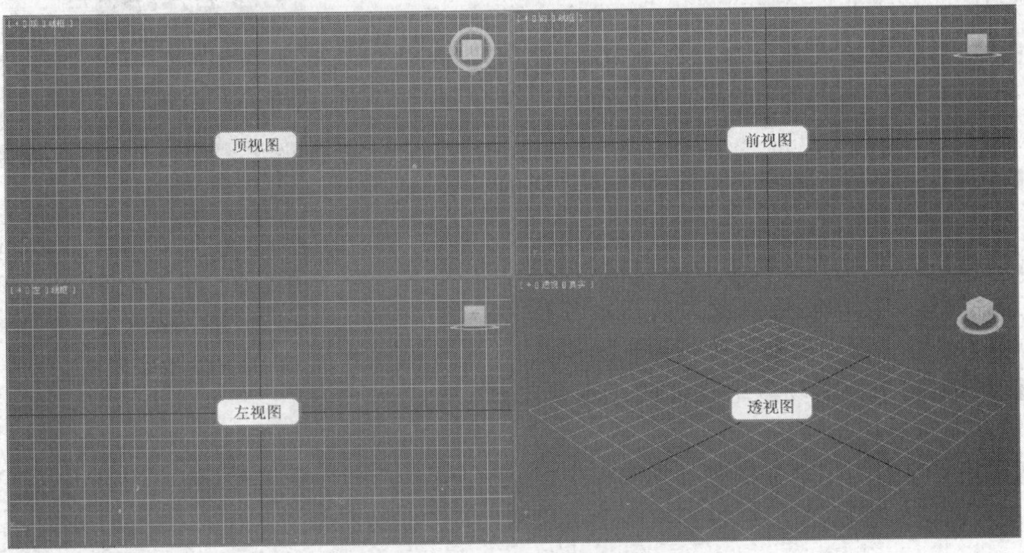

图1-2-9 默认视口区

每个视口的左上角显示的是对应视图的名称及显示方式，由“＋”、“视图类型”、“显示模式”3个标签组成，单击这3个标签会弹出不同的菜单，分别用于配置视口、切换视图类型和设置视口显示模式等操作(图1-2-10)；视口的右上角显示的是一个导航器，单击导航器上的指示符号可切换相应类型的视图。

处于激活状态的视口其四周以黄色边框高显。

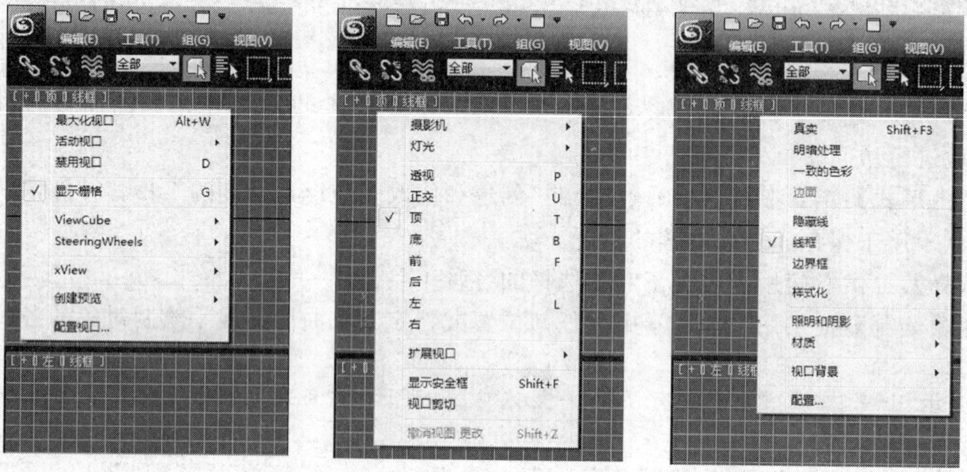

图 1-2-10　弹出不同的菜单

2.6　命令面板

命令面板由【创建】、【修改】、【层次】、【运动】、【显示】、【应用程序】六部分组成，用户在命令面板区域几乎可以完成所有的造型设计和动画设置工作，并根据需要进行所需命令的参数设置(图1-2-11)。

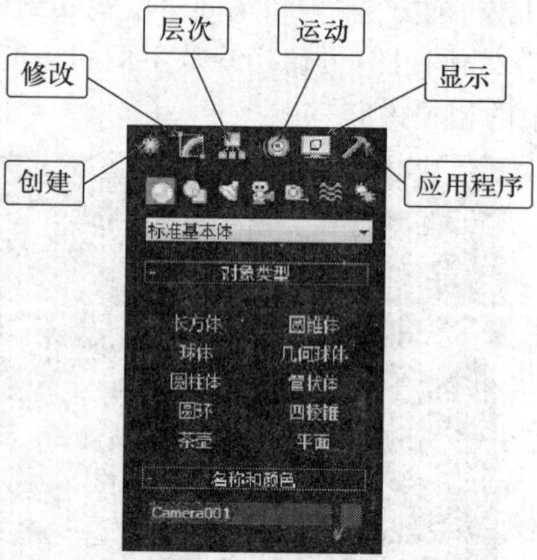

图 1-2-11　命令面板

【创建】：用于在场景中创建对象，包括几何体、图形、灯光、摄影机、辅助对象、空间扭曲、系统7个创建命令板块。

【修改】：管理绝大部分修改命令工具，使创建对象产生变形、属性变更等，前提条件是要有一个或多个被选择的对象。

【层次】：主要用于调节互相连接物体之间的层级关系。

【运动】：提供对选择物体的运动控制能力，可以控制选择物体的运动轨迹以及为其指定各种动画控制器，并对各个关键点的信息进行编辑操作。

【显示】：用于控制场景中物体的显示或隐藏，并具有控制冻结等功能。

【应用程序】：为用户提供多个外部程序，用于完成一系列特殊工作，例如资源浏览器可以帮助用户浏览纹理贴图文件，摄影机匹配可以帮助用户设置摄影等。

2.7 状态提示栏

状态提示栏位于视图界面下方，主要用于显示当前系统的状态信息和操作提示（图 1-2-12）。

图 1-2-12 状态提示栏

【Maxscirpt 迷你侦听器】：由两个窗格构成，主要用于显示脚本信息。

【选择对象提示】：显示当前选择对象的数量和类型。

【操作提示】：针对当前选择的工具和程序，提示下一步的操作信息。

【选择锁定切换】：用于锁定当前选择物体，快捷键为＜空格＞键，再次按下＜空格＞键则取消锁定。一旦锁定选择的物体，则不能再进行其他选择。

【坐标模式变换】：单击该按钮用户可以在“绝对/偏移坐标模式”间切换。

【坐标显示】：显示当前鼠标指针的世界坐标值或变换操作的数值。

【栅格尺寸】：显示当前栅格中一个单元方格的尺寸。

2.8 动画控制区

该区位于状态行与视图控制区之间，主要用于动画的控制。用户可通过该区进入动画制作模式，随时对当前状态的动画场景进行关键帧的设置，并将完成的动画在激活的视图中进行实时播放（图 1-2-13）。

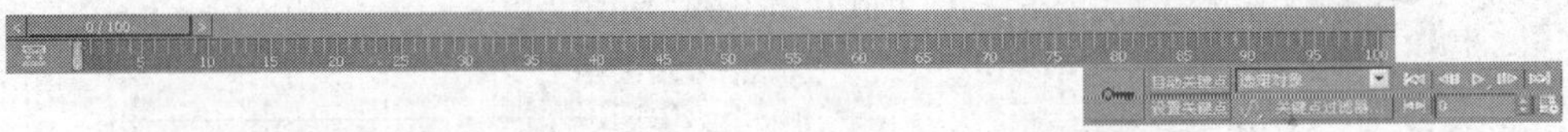

图 1-2-13 动画控制区

2.9 视图控制区

视图控制区在工作界面的右下角，主要用来控制视图显示和导航。在实际操作时会因当前选择的视图不同而显示三类不同的控制区，分别为三向投影视图控制区、透视视图控制区和摄像机视图控制区（图 1-2-14），其中三向投影视图包括正面视图（即顶视图、前视图和左视图）和正交视图（3ds Max 2012 中的正交视图相当于旧版的用户视图）。

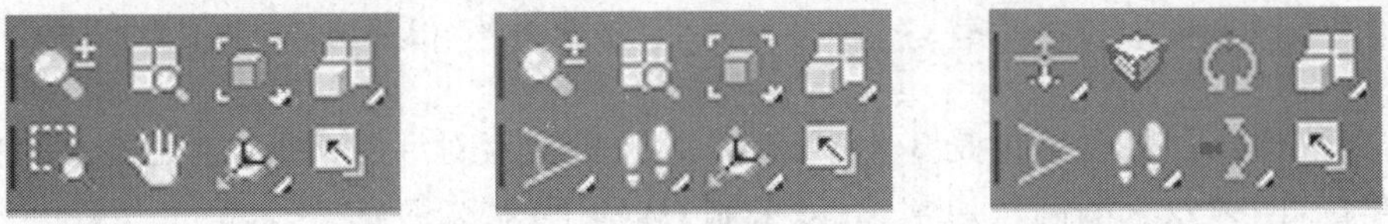

图 1-2-14 三向投影视图控制区、透视视图控制区、摄像机视图控制区

任务3　自定义工作环境

学习领域

- 单位设置。
- 自定义用户界面。

工作领域

- 掌握如何设置系统单位和显示单位。
- 掌握如何自定义快捷键、工具栏、四元菜单。
- 掌握如何配置修改器集。

行动领域

- 能够根据绘图需要自定义工作环境。

3.1　单位设置

在 3ds Max 2012 中，执行【自定义】/【单位设置】菜单命令，打开【单位设置】对话框，可对场景中的系统、显示等单位进行设置(图 1-3-1)。

【系统单位设置】：系统单位是 3ds Max 2012 软件运行的内部尺度，单击会弹出对话框(图 1-3-2)，默认设置是 1 单位=1 英寸，园林效果图制作时通常要改成“米”或“毫米”。

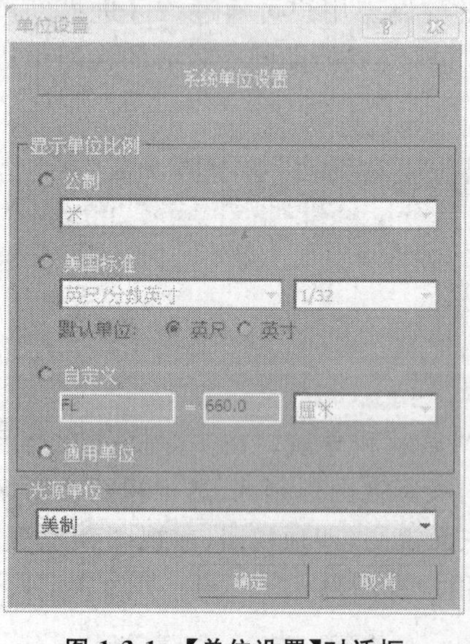

图 1-3-1　【单位设置】对话框

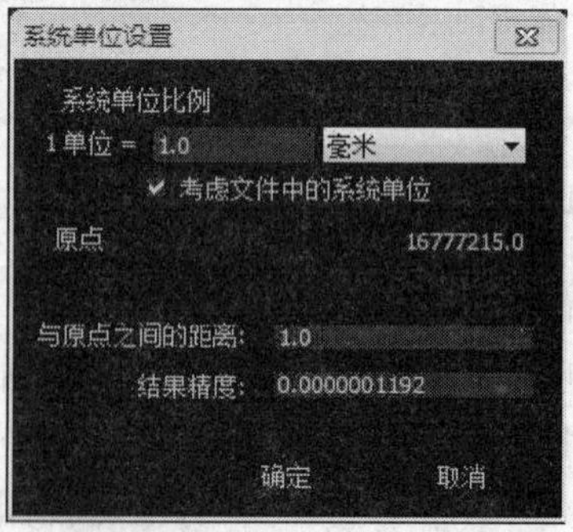

图 1-3-2　【系统单位设置】对话框

【显示单位比例】：显示单位是 3ds Max 2012 人机交互对话时(如命令面板中的参数值)显示的尺度单位，园林效果图制作通常选择【公制】选项下的“米” 或“毫米”。

提示：为避免在3ds Max中导入CAD图纸时出现单位换算错误，应将系统单位与显示单位设置成一致。大型园林规划项目的单位设置一般为“米”，中小型园林设计项目的单位设置一般为“毫米”。

3.2 自定义用户界面

3.2.1 快捷键

使用快捷键可以在绘图时无需使用鼠标点取复杂的菜单命令，而加快作图速度。除了程序默认的快捷键设置外，用户还可以自定义快捷键。

【例 1-1】 为“切换到右视图”命令设置快捷键<R>。

(1)执行【自定义】/【自定义用户界面】菜单命令，打开【自定义用户界面】对话框，切换至【键盘】选项卡。

(2)在【组】下拉列表中选择“主 UI”，【类别】下拉列表中选择“Views”，此时在选项卡左侧的“操作快捷键”窗口中列出了所有与视图相关的所有操作及其对应的快捷键。在窗口中单击“右视图”，此时它的右边没有显示快捷键，代表程序默认情况下没有为该操作配置快捷键。

(3)在选项卡右侧的“热键”中输入“R”，单击“指定”按钮，这时“操作 快捷键”窗口中“右视图”的快捷键显示为“R”，表示该快捷键设置成功(图 1-3-3)。

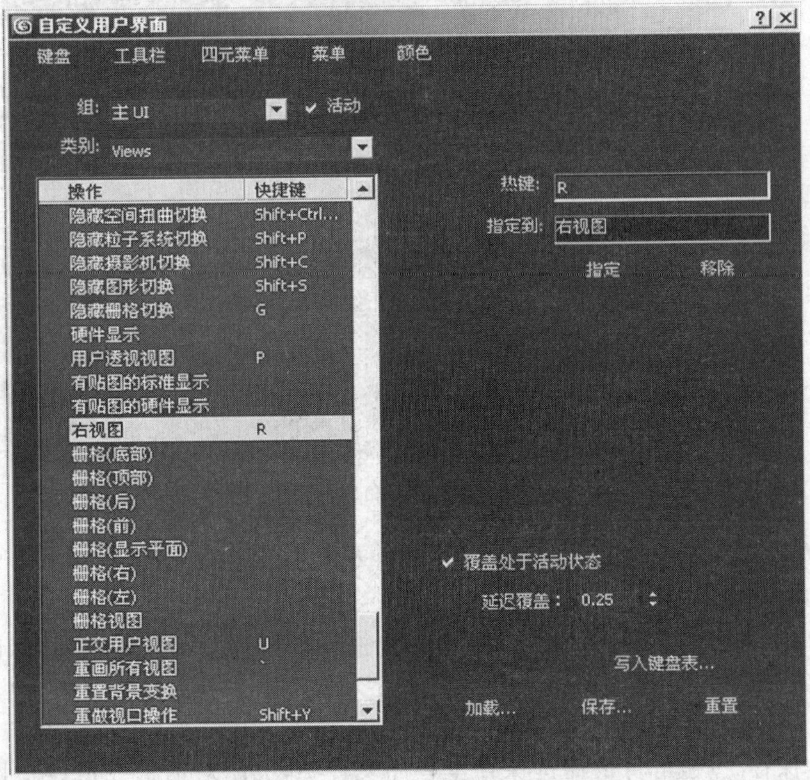

图 1-3-3 为切换到右视图设置快捷键<R>

(4)若要取消该快捷键，在窗口中选中“右视图”，单击“移除”即可。单击“保存”按钮可将快捷键保存至程序文件中。

(5)关闭【自定义用户界面】对话框回到工作界面，在任意视图单击字母“R”，当前视图即切换至右视图。

3.2.2　工具栏

在 3ds Max 中，用户可以根据个人绘图的需要，将最常用的工具设置为自定义工具栏。

【例 1-2】　将管理群组对象的操作命令创建【组对象】工具栏。

(1)执行【自定义】/【自定义用户界面】菜单命令，打开【自定义用户界面】对话框，切换至【工具栏】选项卡。

(2)在单击右侧的“新建”按钮，弹出【新建工具栏】对话框，在“名称”中输入“组对象”，单击“确定”按钮(图 1-3-4)，此时工作界面中出现了一个【组对象】工具栏。

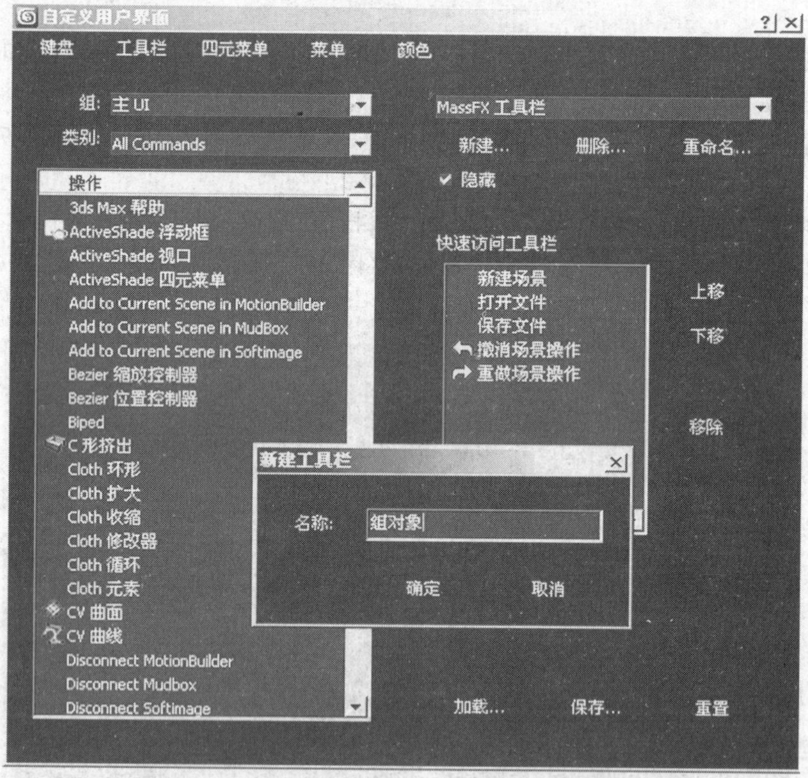

图 1-3-4　【工具栏】选项卡和【新建工具栏】对话框

(3)在选项卡左侧的【组】下拉列表中选择“主 UI”，【类别】下拉列表中选择“Groups”，“操作”窗口随即列出管理群组对象的所有操作命令。

(4)从窗口中选择相关的操作命令，单击并拖拽至【组对象】工具栏上即可(图 1-3-5)。若要删除【组对象】工具栏，可在选项卡右侧的工具栏下拉列表中找到该工具栏，单击“删除”按钮即可。

(5)单击“保存”按钮可将快捷键保存至程序文件中，关闭对话框完成【组对象】工具栏的创建。

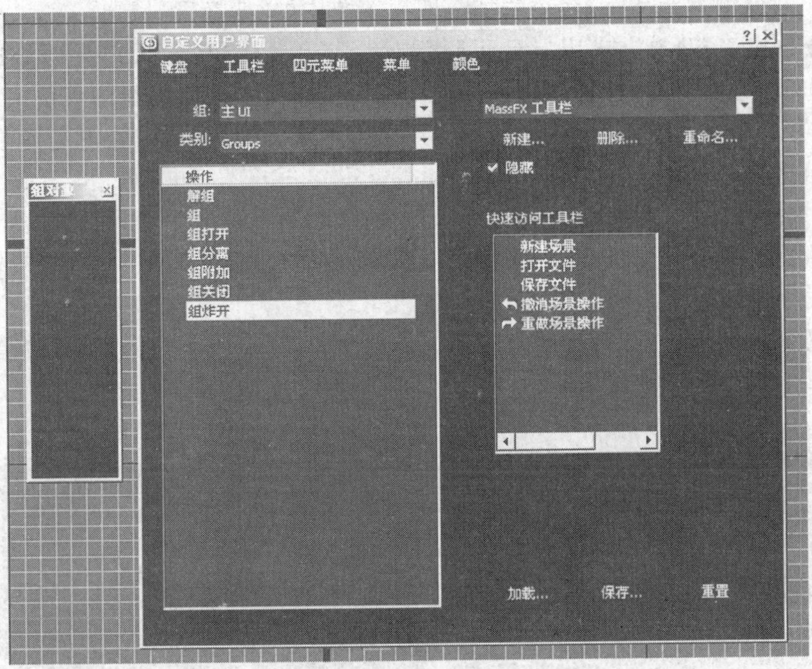

图 1-3-5　【工具栏】选项卡和新建的【组对象】工具栏

3.2.3　四元菜单

用户在活动视口中右键单击鼠标时，会显示一个快捷菜单，该菜单最多可以显示 4 个带有各种命令的四元区域，这就是四元菜单。使用四元菜单可以查找和激活大多数命令，而不必在菜单栏和命令面板卷展栏之间来回移动鼠标。

默认四元菜单左侧的两个区域包含特定上下文的命令，分别是“工具 1”和“工具 2”，右侧的两个区域显示可以在所有对象之间共享的通用命令，分别是“显示”和“变换”。四元菜单的内容取决于所选择的对象，以及用户的自定义设置。

提示：四元菜单中的命令项目如果带有“▶”符号，表示该命令下还有次级菜单；带有“□”图标，单击此图标即可打开一个对话框，可以在此设置该命令的参数。

执行【自定义】/【自定义用户界面】菜单命令，打开【自定义用户界面】对话框，切换至【四元菜单】选项卡，选项卡的右侧有一个由 4 个方形标签组成的图标，分别对应四元菜单的 4 个区域，单击相应的标签，该按钮即呈黄色高显，下面的窗口列出该标签默认的命令列表(图 1-3-6)。

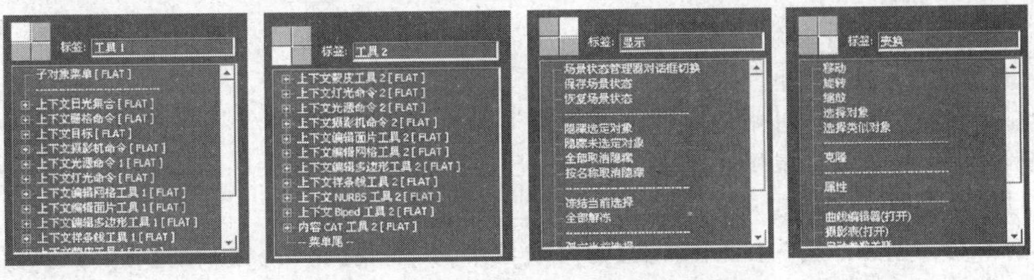

图 1-3-6　四元菜单各标签对应的命令列表

【例 1-3】 将【测量距离…】命令添加至四元菜单中的"变换"区域。

(1)执行【自定义】/【自定义用户界面】菜单命令,打开【自定义用户界面】对话框,切换至【四元菜单】选项卡,单击右侧图标中的右下方的"变换"标签,使其高显为黄色。

(2)在选项卡左侧的【组】下拉列表中选择"主 UI",【类别】下拉列表中选择"Tools",在"操作"窗口中找到【测量距离…】命令。

(3)单击并拖拽【测量距离…】至右侧窗口中【克隆】命令的分隔符以下,并从左侧的分隔符窗口中单击并拖拽一个分隔符至【测量距离…】以下(图 1-3-7)。单击"保存"按钮可将快捷键保存至程序文件中。

(4)关闭【自定义用户界面】对话框回到工作界面,在任意视图右击发现【测量距离…】已出现在四元菜单中的"变换"区域中。

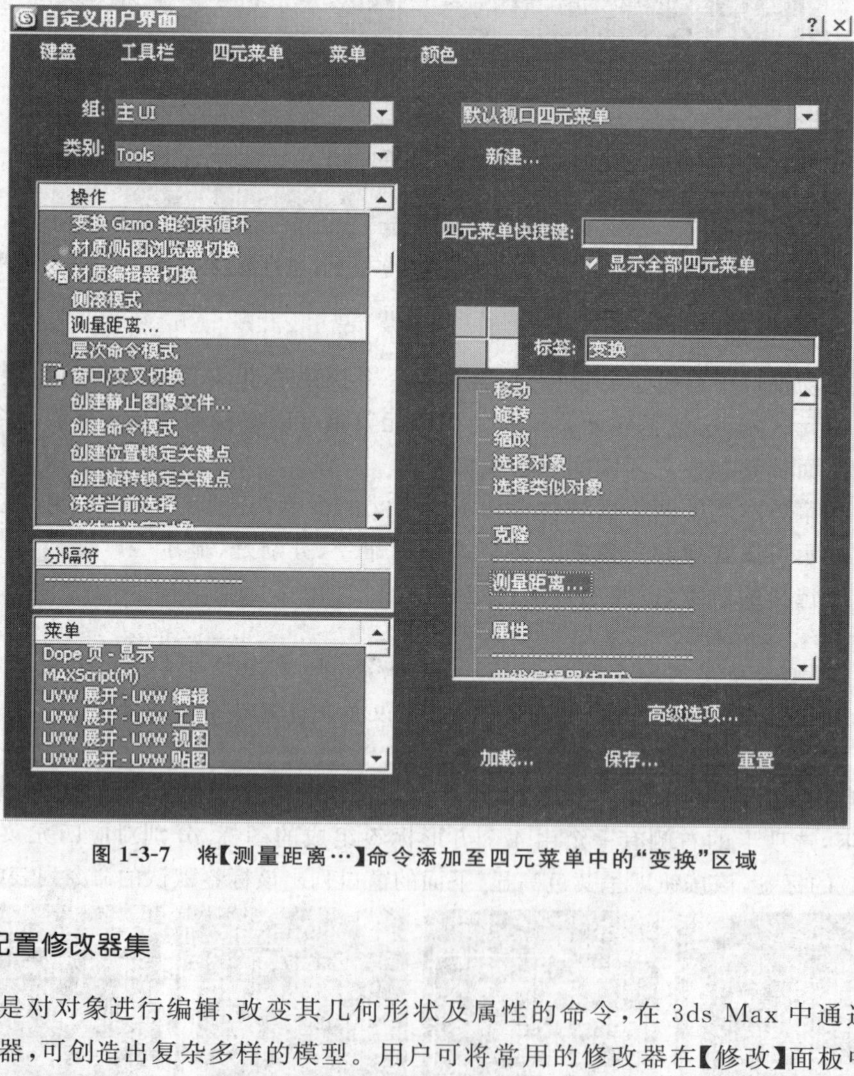

图 1-3-7 将【测量距离…】命令添加至四元菜单中的"变换"区域

3.3 配置修改器集

修改器是对对象进行编辑、改变其几何形状及属性的命令,在 3ds Max 中通过为对象加载各种修改器,可创造出复杂多样的模型。用户可将常用的修改器在【修改】面板中自定义为修改器集,以方便在绘图中调取使用。

【例 1-4】 创建命名为【常用二维】的修改器集,并配置【挤出】、【车削】、【倒角】、【倒角剖面】4 个修改器。

(1)切换至【修改】面板，单击“配置修改器集”按钮，在弹出菜单中勾选【配置修改器集】，调出【配置修改器集】对话框。

(2)在“集”下拉列表中输入“常用二维”，单击“保存”按钮，这时我们已经新建了一个命名为【常用二维】的修改器集；然后在“按钮总数”后的数字框中输入“4”，“修改器”下的按钮显示为 4 个。

(3)在对话框中左侧的修改器窗口中找到【挤出】修改器，单击并拖拽至右侧的一个按钮上，用相同方法将其余修改器单击并拖拽至右侧按钮上，单击“确定”按钮完成配置(图 1-3-8)。

(4)回到【修改】面板，单击“配置修改器集”按钮，在弹出菜单中勾选“显示按钮”，这时面板的修改器列表下即显示“挤出”、“车削”、“倒角”、“倒角剖面”4 个修改器按钮(图 1-3-9)。

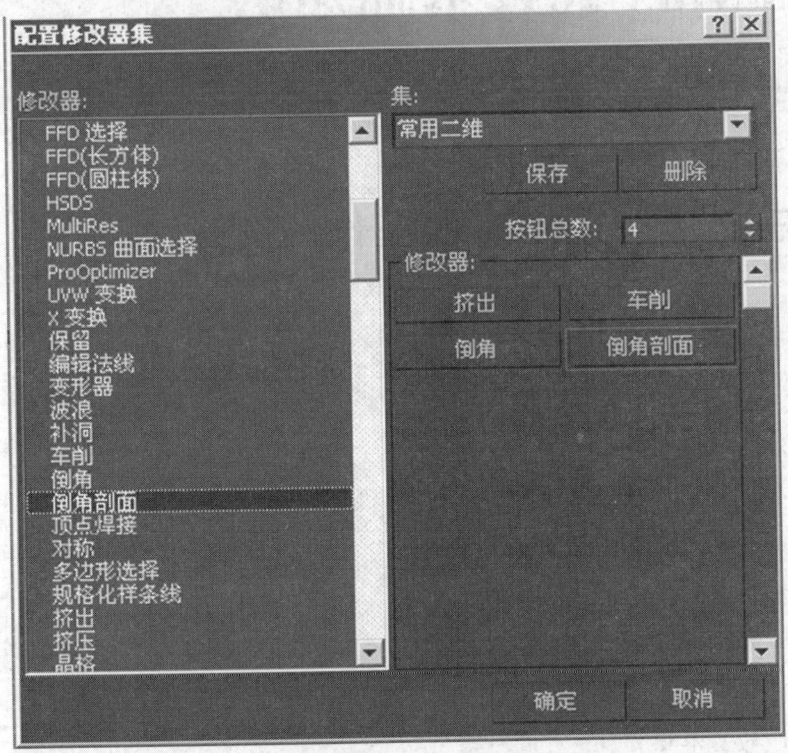

图 1-3-8 配置自定义的【常用二维】修改器集

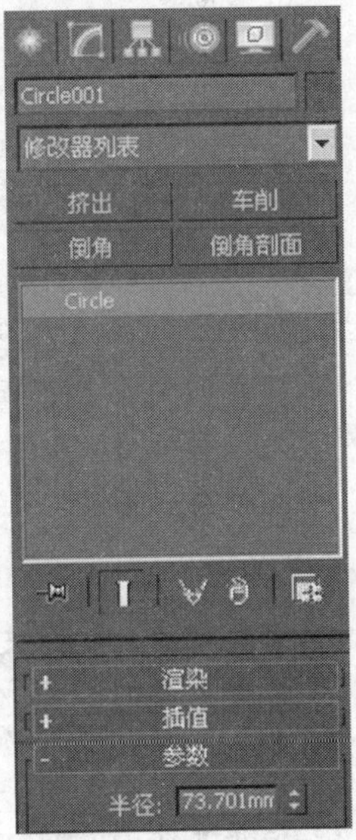

图 1-3-9 显示自定义的【常用二维】修改器集

项目2

3ds Max 2012基础知识

任务1 文件基本操作

学习领域

- 场景的新建与重置。
- 文件的打开、保存、导入/导出。
- 文件自动备份。

工作领域

- 掌握场景的新建及重置方法。
- 掌握文件的打开、保存、导入/导出等基本操作。

行动领域

- 能够进行3ds Max文件的基本操作。

任务知识讲解

1 新建场景

单击3ds Max 2012工作界面左上角的“应用程序”按钮，在下拉菜单中执行【新建】命令，可以新建一个场景文件且无需更改系统设置(如视口配置、捕捉设置、材质编辑器、渲染环境和效果等)。

单击按钮，将光标放在【新建】命令上不动时，其右侧会弹出次级菜单(图2-1-1)，选择其中的命令选项就可新建相应要求的场景，各选项含义如下：

【新建全部】：新建场景文件前，清除当前场景所有对象。

【保留对象】：新建场景文件前，保留当前场景中的对象但删除它们之间的层次关系。

【保留对象和层次】:新建场景文件前,保留当前场景中的对象和它们之间的层次关系。

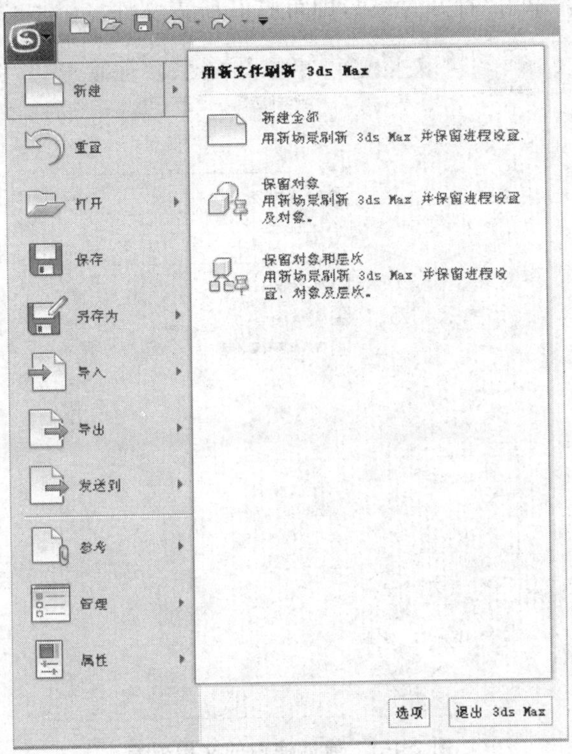

图 2-1-1 【新建】命令的次级菜单

2 重置场景

单击按钮,在下拉菜单中执行【重置】命令,在弹出的对话框中单击“是”按钮可以清除当前所有数据,并重置系统设置。执行【重置】命令与退出 3ds Max 后重启的效果相同。

如果场景中有未保存的创建对象,重置场景时系统会提示用户是否保存当前场景(图 2-1-2)。

图 2-1-2 提示重置前是否保存更改

3 打开文件

单击按钮,其右侧会显示最近使用过的文档列表(图 2-1-3),从中选择可快速打开最近使用过的文件。

单击按钮，在下拉列表中执行【打开】命令，会调出【打开文件】对话框，从中选择需要打开的文件类型与文件名，单击“打开”按钮，即可打开所需文件。

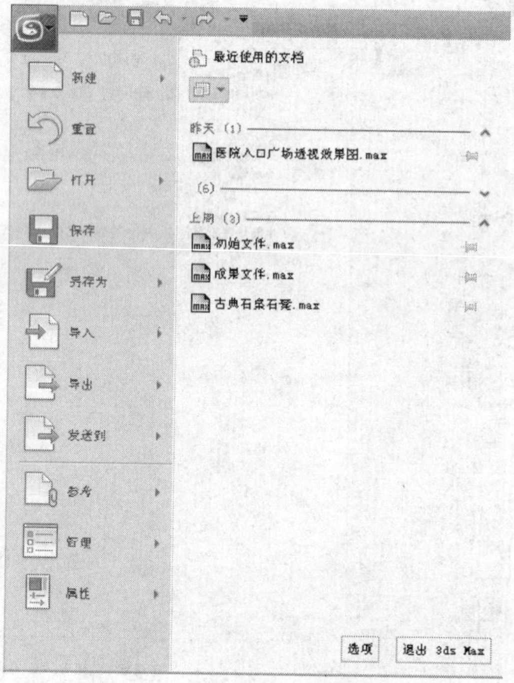

图 2-1-3　最近使用的文档列表

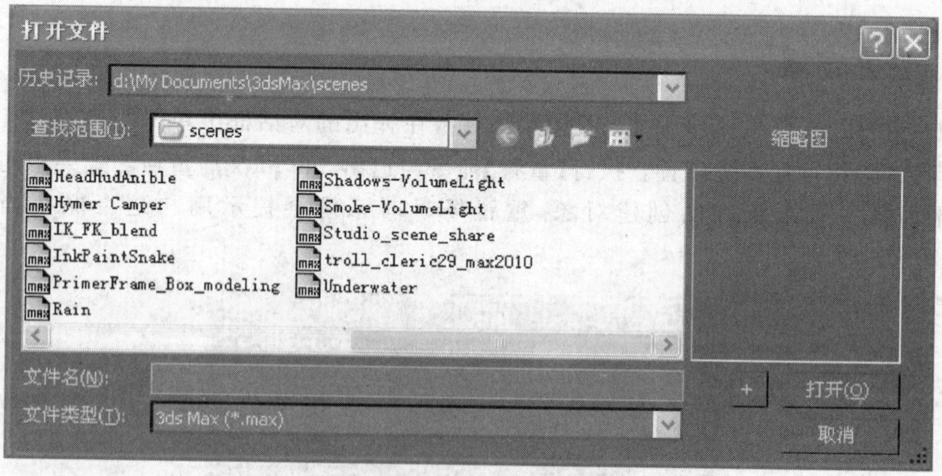

图 2-1-4　【打开文件】对话框

提示：在【打开文件】文本框的列表框中单击某文件名，然后单击右下角的按钮，系统会自动打开该文件的增量名文件，如在列表框中单击“Grass.max”文件，系统就会自动打开“Grass01. max”，依此类推。

4 保存/另存为文件

在 3ds Max 中,文件的保存有【保存】和【另存为】两种方式。

单击按钮,在下拉菜单中执行【保存】命令,可对当前场景进行保存并覆盖旧的同名文件,保存过程中系统不会有任何提示。若当前场景是新建场景,第一次执行【保存】命令和【另存为】命令效果相同,系统会弹出【文件另存为】对话框(图 2-1-5),可在文件名后的文本框中进行命名,指定保存类型和目标文件夹,单击"保存"按钮即可保存场景。

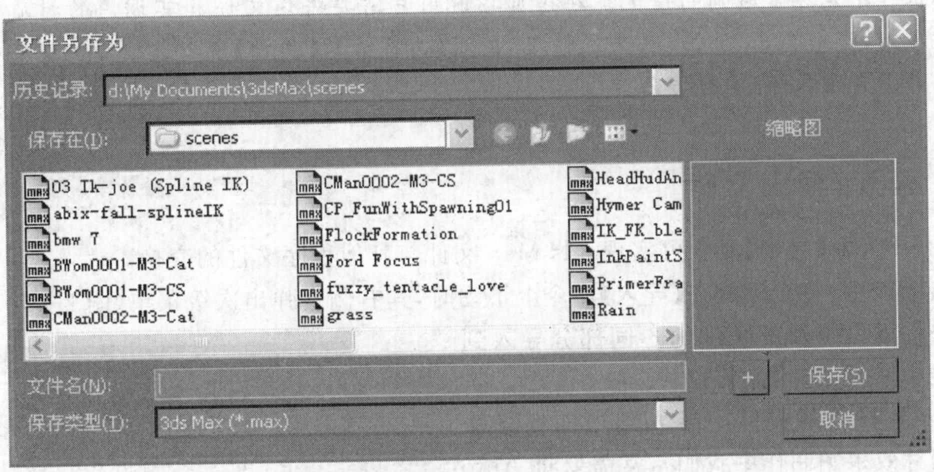

图 2-1-5 【文件另存为】对话框

单击按钮,将光标放在【另存为】命令上不动时,其右侧会弹出次级菜单(图 2-1-6),选择其中的命令选项就可保存相应类型的文件副本,各选项含义如下:

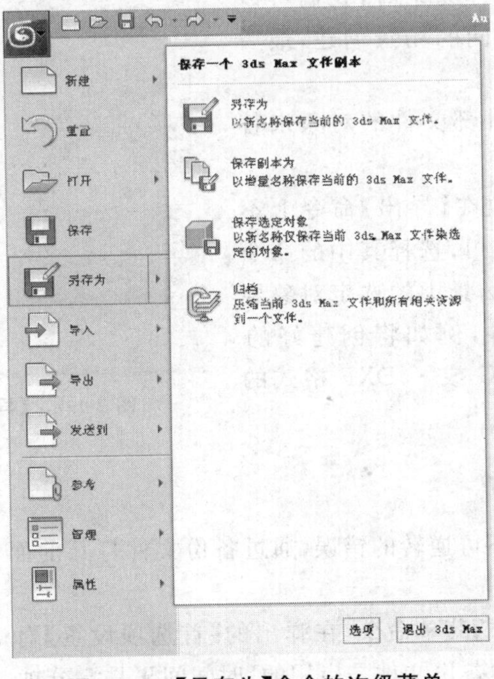

图 2-1-6 【另存为】命令的次级菜单

【另存为】：在不改动原有文件的情况下，以一个新文件名来存储当前场景，系统会弹出【文件另存为】对话框(图 2-1-5)。

【保存副本为】：以当前文件的增量名保存当前文件。

【保存选定对象】：以一个新文件名来存储当前场景中的选定对象。

【归档】：创建列出场景位图及其路径名称的压缩存档文件或文本文件。

> **提示：**将在某台计算机上制作好的 3ds Max 文件拷贝至其他计算机上查看、修改，这在实际工作中是经常碰到的情况。在拷贝之前用户需要将该文件和其调用的材质位图一起打包压缩，否则会出现材质丢失的情况，使用【另存为】/【归档】命令选项可实现场景文件和材质贴图自动压缩，十分方便。

5 导入/导出文件

使用【导入】/【导出】命令可实现 3ds Max 文件与其他程序文件的交换。

单击按钮，将光标放在【导入】命令上不动时，其右侧会弹出次级菜单(图 2-1-7)，选择其中的命令选项可将外部文件的不同部分导入到当前场景中来，各选项含义如下：

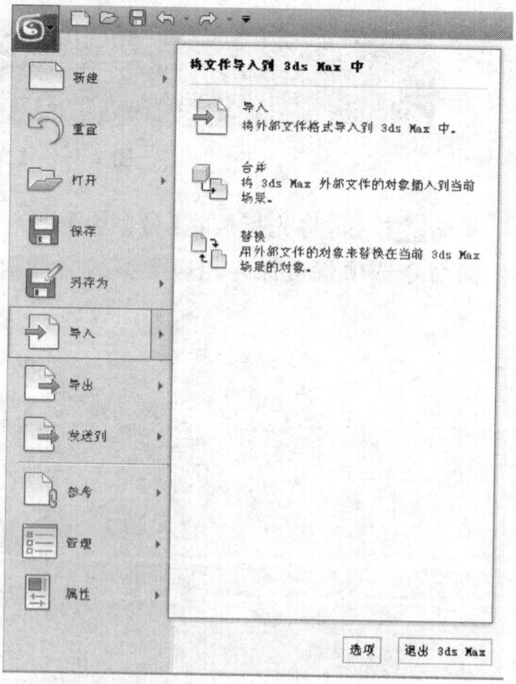

图 2-1-7 【导入】命令的次级菜单

【导入】：将外部文件中导入到当前场景文件。在园林效果图制作中我们常常需要将 AutoCAD 中绘制的 *.DWG 或 *.DXF 格式的平面图或立面图导入 3ds Max 中辅助建模。

【合并】：将 3ds Max 外部文件的对象插入当前场景。制作复杂的园林场景时，我们可以将场景中的对象拆分至不同的场景创建，最后合并成一个文件。

【替换】：将 3ds Max 外部文件的对象来替换当前场景中的同名对象。

单击按钮，将光标放在【导出】命令上不动时，其右侧会弹出次级菜单，选择其中的命令选项可将当前场景或当前场景中的选定对象导出为不同格式的外部文件，例如将创建好的 *.max文件导出为 *.DWG 或 *.DXF 格式的平面图或立面图。

6 文件自动备份

如果当前文件发生了不可逆转的错误，通过备份文件打开前面自动保存的场景可以将损失降低到最少。

执行【自定义】/【首选项】菜单命令，在弹出的【首选项设置】对话框中打开【文件】选项卡(图 2-1-8)，默认状态时自动备份文件是启用的，时间间隔是 5 分钟，在这里用户可以自己选择自动备份的时间间隔。

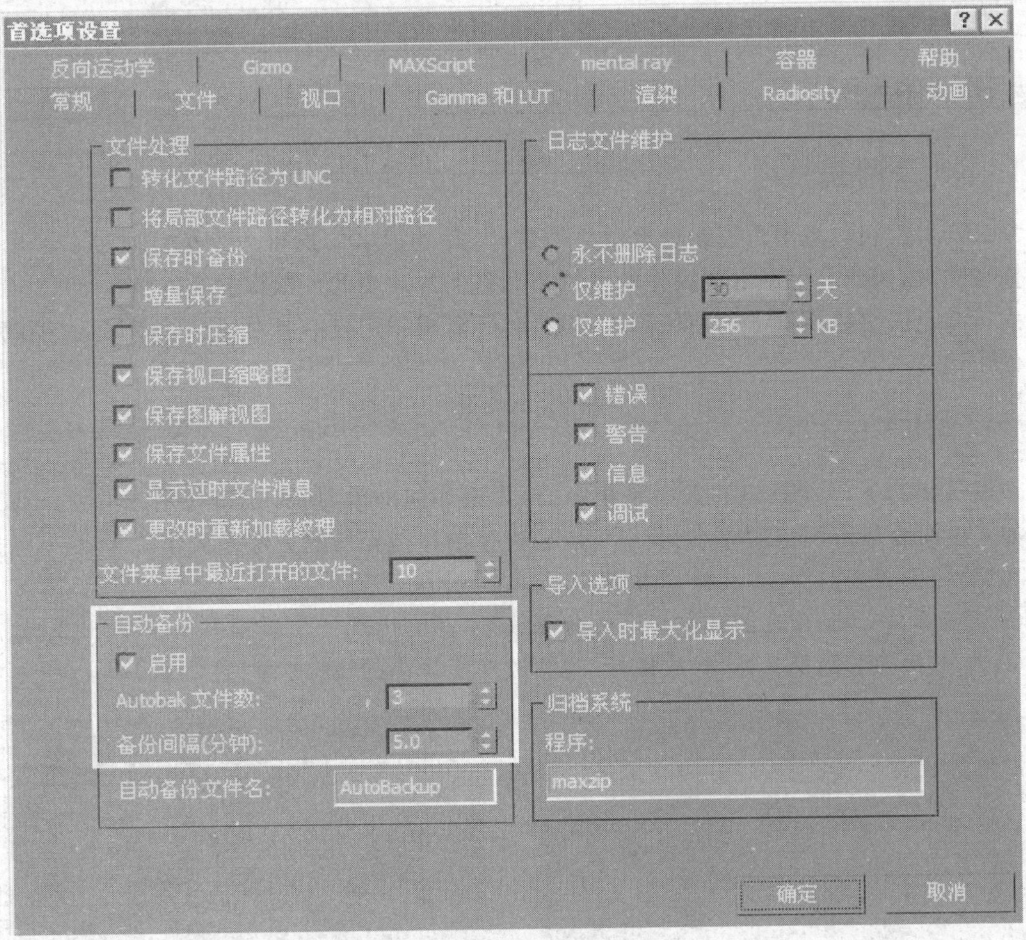

图 2-1-8 【首选项设置】对话框

任务 2 视口视图操作

学习领域

- 视口的布局与显示模式。
- 视图的类型与切换。
- 视图控制工具。

工作领域

- 了解视口的布局方法、不同显示模式的区别。
- 掌握不同类型视图的区别及切换方法。
- 掌握各种视图控制工具的使用。

行动领域

• 能够根据绘图需要合理调整视口布局、控制视图。

任务知识讲解

1 视口调整

3ds Max 的视口是用户观察场景对象的窗口，此外很多的执行命令也是通过在视口中单击和拖拽完成，因此有一个方便操作的视口布局是非常重要的。默认的 3ds Max 2012 视口布局方式可满足大多数情况下的使用需求，但有时还需根据用户需要对视口的布局、大小或显示方式做出调整。

1.1 调整视口大小

在默认状态下，4 个视口的大小是相等的，无论如何缩放，所有视口使用的总空间保持不变。如果要改变某个视口的大小，我们可以通过单击拖拽光标的方法来操作。

要调整、重置视口大小，其操作方法如下：

(1)将光标移动到顶视图和左视图的分隔线处，此时出现一个双箭头光标(图 2-2-1)。

(2)单击并向下拖拽光标，释放鼠标，观察改变了大小的视口(图 2-2-2)。

图 2-2-1 光标移动至分隔线处

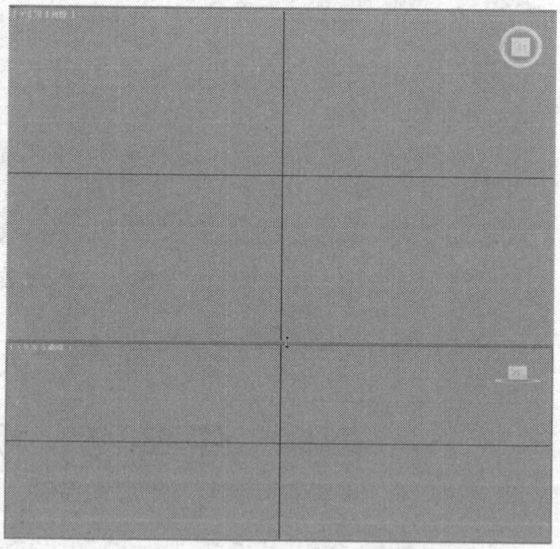

图 2-2-2 视口大小的改变

(3)按同样的方法，也可调整竖直方向视口的大小。

(4)在视口的分隔线处单击鼠标右键，出现“重置布局”按钮，单击该按钮，视口恢复到它的默认状态。

提示：将光标移动到 4 个视口的分隔线处，光标会变成 4 箭头光标，用单击拖拽的方法可更加快捷地改变视口的大小。

1.2 调整视口布局

尽管改变视口的大小非常方便作图，但是它不能改变视口的数量和视图类型。假设希望屏幕右侧有三个垂直排列的视口，剩余的区域被第 4 个大视口占据，仅仅通过移动视口分隔线是无法实现的，这时可以通过改变视口的布局来得到这种结果。

调整视口布局要调整视口布局，其操作方法如下：

(1)执行【视图】/【视口配置】菜单命令，调出【视口配置】对话框。

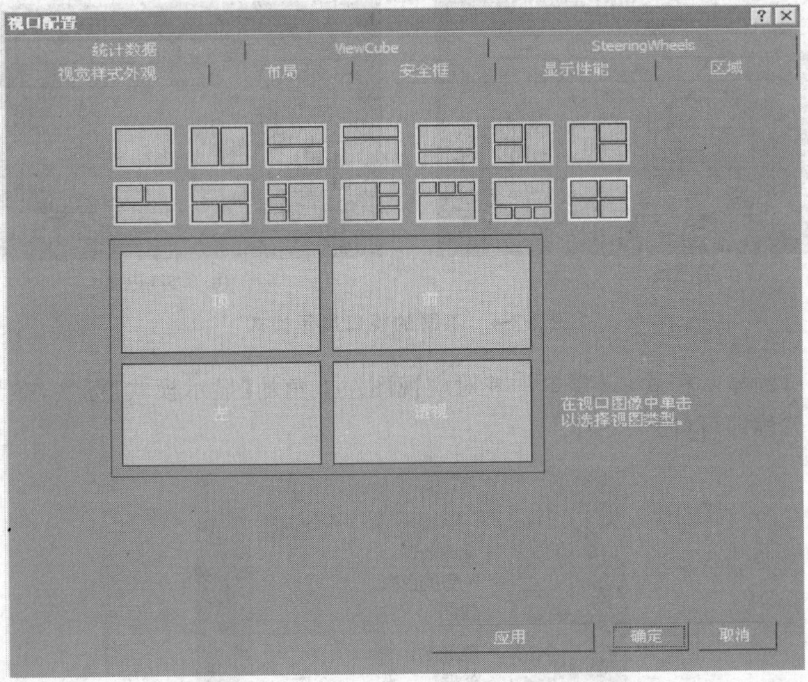

图 2-2-3 视口配置对话框

(2)在对话框中选择【布局】标签，从各种布局样式中选择所需的布局，单击“确定”按钮即可(图 2-2-3)。

此外，还可以通过以下 3 种方式调出【视口配置】对话框：

(1)单击每个视口左上角的“+”，在下拉菜单中选择【配置视口】。

(2)右击每个视口右上角的导航器，在下拉菜单中选择【配置】。

(3)在视图控制区的任何地方右击。

2 视口显示模式

视口显示模式的设置决定了视口以何种方式显示场景对象(图 2-2-4)，对于一些复杂的场景来说，设置不同显示的模式，视口的渲染速度也不尽相同。默认状态下，显示顶视图、前视图、左视图的视口为“线框”显示模式，该模式所需系统资源少、渲染速度快；显示透视视图的视口为“真实”显示模式，该模式虽然占用资源较多、渲染速度慢，但优势是在场景中增加灯光时可以直观地观察对象上显示的高光和阴影效果。

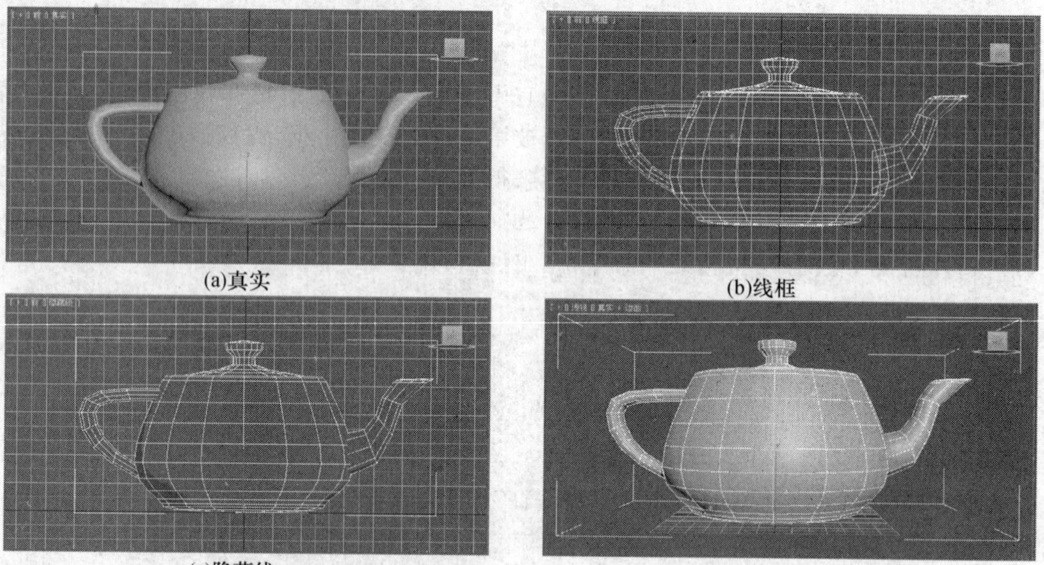

(a)真实　(b)线框

(c)隐藏线　(d)真实+边面

图 2-2-4　不同的视口显示模式

要改变视口的显示模式，只要单击其对应视图左上角的【显示模式】标签，在其下拉菜单勾选相应的模式名称即可（图 2-2-5）。

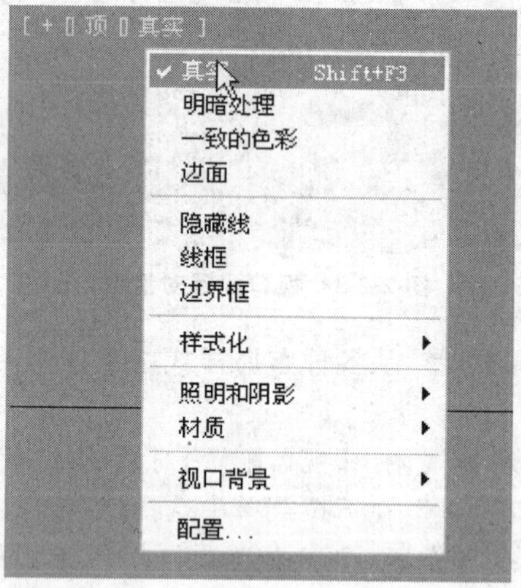

图 2-2-5　【显示模式】标签下拉菜单

3　视图类型与切换

3.1　视图类型

打开 3ds Max，视口区中默认 4 个视口的左上角显示了其对应的视图名称，分别是顶视图、前视图、左视图和透视视图，除此之外，还有底、后、右、正交、摄影机、灯光等多种视图供用户选择切换（表 2-2-1）。每个视口均可设置为显示以下两种视图类型中的任意一种：三向投影或透视。

表 2-2-1 视图类型

视图类型	视图名称	视图效果	快捷键
三向投影	顶视图	显示从上往下观察对象的形态	<T>
	底视图	显示从下往上观察对象的形态	<B>
	前视图	显示从前往后观察对象的形态	<F>
	后视图	显示从后往前观察对象的形态	
	左视图	显示从左往右观察对象的形态	<L>
	右视图	显示从右往左观察对象的形态	
	正交视图	显示从不同角度观察对象的平行投影效果	<U>
透视	透视视图	显示从不同角度观察对象的中心投影效果	<P>
	摄像机视图	显示以摄影机为视点观察对象的中心投影效果	<C>
	灯光视图	显示以聚光灯或平行光为视点观察对象的中心投影效果	

三向投影视图显示了没有透视的场景，模型中互为平行的线条显示仍为平行(图 2-2-6)。顶、前、左、底、后、右视图和正交视图为三向投影视图(3ds Max 2012 中的正交视图相当于旧版的用户视图)。三向投影视图形成的前提是投影视线是互相平行的，因此其效果等同于投影制图中的正投影图和轴测图。

透视视图显示的是平行线条汇聚于消失点的场景(图 2-2-7)。摄影机视图和灯光视图是一种特殊的透视视图，它们是分别以摄影机和特定灯光为视点观察到的场景透视效果。透视

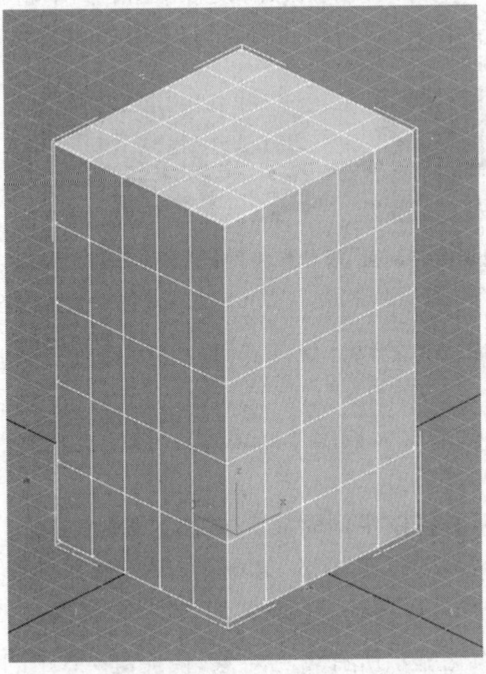

图 2-2-6 三向投影视图显示模型

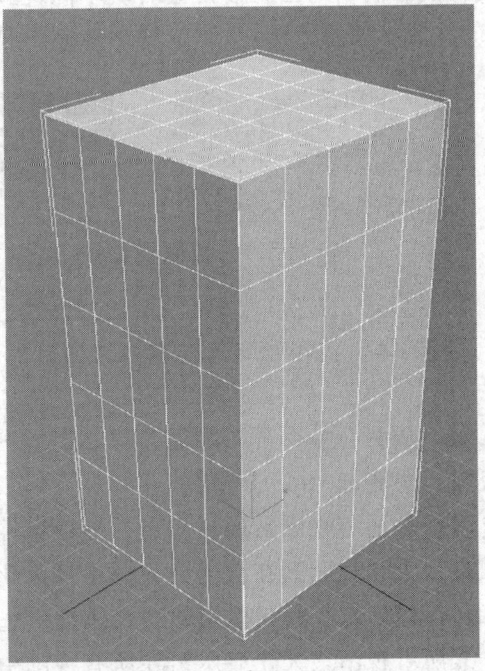

图 2-2-7 透视视图显示模型

视图形成的前提是投影视线是由一点发出的，因此其效果等同于投影制图中的透视图，具有消失点，符合近大远小的透视原理，因此以该视图观察场景对象效果更为真实。

一般的工作流程是使用三向投影视图创建场景，使用透视视图来观察对象、渲染输出。

3.2 视图切换

用户可以通过以下 2 种方式实现不同类型视图的快速切换：

(1)单击视口左上角的【视图名称】标签，从弹出的右键菜单上选取所需的视图类型(图 2-2-8)。

(2)单击激活需要切换的视口，然后按下所需视图的键盘快捷键即可(表 2-2-1)。

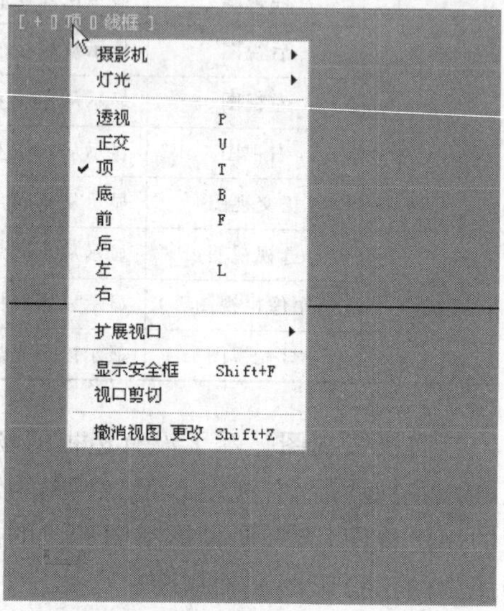

图 2-2-8 【视图名称】标签下拉菜单

4 视图控制工具

视图控制工具位于工作界面的右下角的视图控制区，由若干个工具按钮组成，通过使用这些工具，可以改变操作对象的显示状态，使其达到最佳的显示效果，但并不改变对象的大小、位置和结构。有些工具按钮的右下角有一个黑色的小三角标记，表示该按钮下还隐藏其他与之相关的“弹出按钮”，用户只要将光标移动到该按钮处单击不放就会出现隐藏的“弹出按钮”。

当前视图为三向投影视图、透视视图、摄影机视图时，视图控制区的工具按钮会有所不同(图 2-2-9)，接下来介绍三向投影视图、透视视图控制工具的功能和使用方法，摄影机视图控制工具的使用详见本书项目 6 任务 1 中的相关内容。

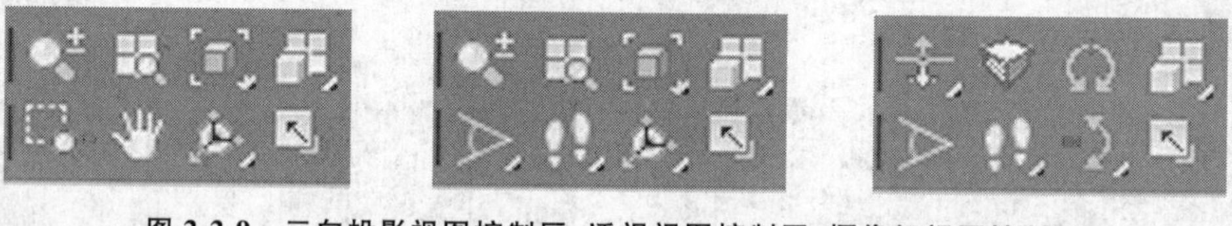

图 2-2-9 三向投影视图控制区、透视视图控制区、摄像机视图控制区

> 提示：单击视图控制工具按钮开启该工具，敲击＜ESC＞键或在视口中右击即可关闭。

【缩放】：在单个视图中通过单击并拖拽鼠标来放大或缩小场景显示，效果等同于滚动鼠标滑轮，快捷键为＜Alt＋Z＞。

【缩放所有视图】：通过单击并拖拽鼠标在所有视图中同时放大或缩小场景显示。

【最大化显示】：在激活的视图中最大化显示所有可见对象；其弹出按钮【最大化显示选定的对象】可以在激活视图中最大化显示选定对象，快捷键＜Ctrl＋Alt＋Z＞。

【所有视图最大化显示】：在所有视图中最大化显示所有可见对象，快捷键＜Shift＋Ctrl＋Z＞；其弹出按钮【所有视图最大化显示选定对象】可以在所有视图中最大化显示选定对象，快捷键＜Z＞。

【缩放区域】：将激活的视图中场景以框选区域方式进行放大显示，快捷键＜Ctrl＋W＞；若当前激活视图为透视视图或摄影机视图，此按钮下会出现其弹出按钮“视野”，在这种模式下，通过单击并拖拽鼠标可以更改视口中可见场景的范围，更改视野与更改摄影机上的镜头的效果相似。

【平移视图】：将激活的视图平移到任何位置，效果等同于按住鼠标滑轮移动；若当前激活视图为透视视图或摄影机视图，此按钮下会出现其弹出按钮“穿行”，在这种模式下，可通过按特定快捷键在视口中移动来模拟人游走于创建的3D场景中观察到的效果。

【环绕子对象】：以选定的子物体为中心旋转视图，子物体将保持在视口中的同一位置上。单击此按钮，视图中会出现一个黄色圆圈代表旋转“轨迹球”，其控制柄位于圆的4个象限点上，拖动“轨迹球”的内侧，将会在视口中自由旋转视图；拖动“轨迹球”，将旋转限制到水平轴或垂直轴上；拖动“轨迹球”的外侧，将围绕垂直于屏幕的深度轴旋转视图；此按钮有两个弹出按钮：【选定的环绕】可将视图以选定的物体为中心进行旋转，“环绕”可绕视图中心进行旋转。

【最大化视口切换】：单击该按钮可控制当前激活的视图是否满屏显示，快捷键＜Alt＋W＞。

> **提示：**【环绕】工具组更适合在透视视图中使用，如果在顶、前、左、底、后、右视图中应用该组工具，则该视图自动变为正交视图，即旧版的用户视图。

任务3 对象的选择与基本操作

学习领域

- 对象选择。
- 选择集与组。
- 对象的孤立、冻结与隐藏。

工作领域

- 掌握各种对象选择的方法及适用情况。
- 掌握对象选择、孤立、冻结与隐藏的方法。

行动领域

- 能够根据作图需要快速、精确地选择对象。

任务知识讲解

1 对象的选择

3ds Max 中的大多数操作都是针对场景中的选定对象进行的，即先在视图中选择对象，然后再进行命令操作，因此，对象的选择是建模、动画设置、渲染输出等一系列工作的基础。选择对象的工具按钮位于主工具栏上(图 2-3-1)。

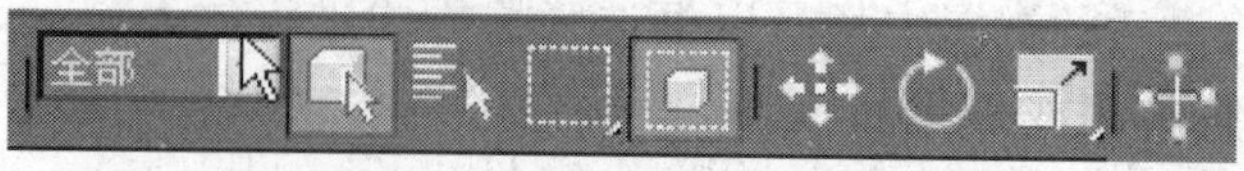

图 2-3-1　选择对象的工具按钮

选中的对象在以“线框”模式显示的视图中以白色的边框显示,在以“真实”模式显示的视图中,选择的对象外显示一个白色的框架,且不管被选择对象是什么形状,这种白色的框架都以长方体的形式出现。

1.1　直接选择

3ds Max 提供了多种选择操作对象的方法,其中“选择对象”是一个单纯的选择工具,不具有其他功能,仅以单击的方式直接选择操作对象,其操作步骤如下:

(1)在主工具栏上选中“选择对象”按钮。

(2)将光标移到要选择的对象上。

(3)当光标变为十字光标时单击该对象,即可选中一个操作对象。

(4)若要取消所选对象,单击视图中的空白位置,即可。

1.2　按名称选择

当在视图中建立了很多对象,且每个对象都有容易识别的唯一命名时,要快捷、准确地选择操作对象,可以根据对象的名称进行选择。

要通过名称选择操作对象,其操作步骤如下:

(1)单击主工具栏中的“按名称选择”按钮,或执行【编辑】/【选择方式】/【名称】菜单命令,弹出【从场景选择】对话框。

(2)在该对话框左侧的对象列表框中,单击要选择的对象,或在左上角的文本框中输入要选择对象的名称,再单击“确定”按钮即可(图 2-3-2)。

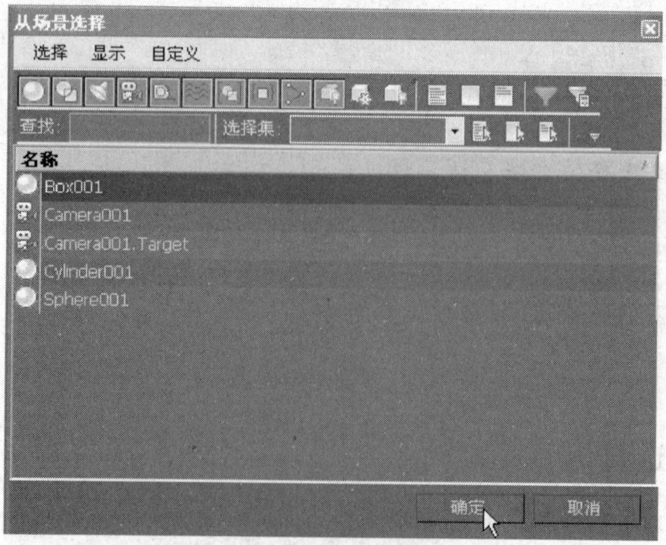

图 2-3-2　【从场景选择】对话框

1.3 区域选择与选择模式

区域选择的具体做法是先单击并拖动鼠标以定义一个选框，并根据当前设置，选中在这个选框内或与该选框交叉的所有物体将被选中。

在默认情况下，3ds Max 提供一个矩形选择框。单击主工具栏中的“矩形选择区域”工具按钮不放，可以显示另外 4 个“弹出按钮”，选择不同的按钮，可以利用鼠标单击和拖拽可以创建不同形状的选框。这 4 个按钮是：“圆形选择区域”按钮、“围栏选择区域”按钮、“套索式选择区域”按钮和“绘制选择区域”按钮。

在进行区域选择时，是将选框内的对象作为选择对象，还是将与选框交叉的对象作为选择对象，要根据选择模式确定。选择模式有两种：【窗口】模式和【交叉】模式，两种模式的切换按钮位于主工具栏上，通过单击该按钮实现切换。在【窗口】模式下用区域选择方式选择对象，只有完全被选框包含在内的对象才会被选中；在【交叉】模式用区域选择方式选择对象，完全被选框包含在内的对象和与选框交叉的对象都会被选中。

1.4 利用选择过滤器选择

使用主工具条中的【选择过滤器】可以从复杂的场景中，确切地选择某种类型的对象。【选择过滤器】列表中，包含了几何体、图形、灯光、摄影机、辅助对象等可以使用的过滤选择器，其默认情况下为全部，即不产生过滤器作用。

利用过滤器选择对象，其操作步骤如下：

(1)单击主工具栏上的【选择过滤器】窗口中的下拉按钮全部。

(2)在下拉菜单中点击所需类别，或单击组合在弹出的窗口中可指定几类对象的组合(图 2-3-3)。此时再选择对象就被限定于该类别中的对象，并且【选择过滤器】将保持选项，直到更改。

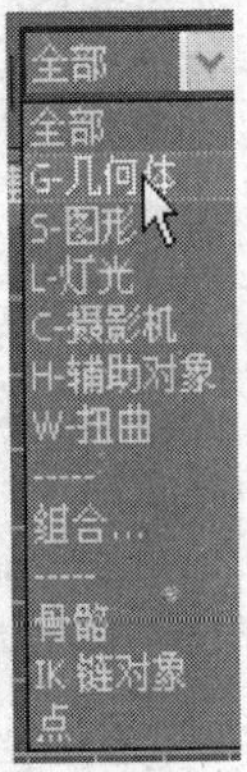

图 2-3-3 【选择过滤器】窗口中的组合

1.5 利用变换工具选择

主工具栏上的变换工具【选择并移动】、【选择并旋转】、【选择并均匀缩放】和【选择并操控】等工具除了其自身的操作功能以外，还具有选择对象工具的全部功能，方法是按下以上变换工具按钮，在视窗中单击想要选择的对象即可。

1.6 加/减选、反选、取消与锁定选择

点击“选择对象”按钮，进入选择对象状态，单击一个对象可将其选择，再按住＜Ctrl＞键后逐个单击对象，可实现加选对象；按住＜Alt＞键后单击已选择对象可将其从选择集中剔除出来；按＜Alt+I＞，可反选当前选择对象之外的所有物体；在视口空白处单击可释放所有已选择对象。

如果要锁定当前选择以免在操作时意外释放已选对象，其操作步骤如下：

(1)选择需要锁定的对象。

(2)单击屏幕左下角状态栏上的，按钮变成，表示对象已被锁定，这时不能再选择其

他对象；或者敲击键盘上的＜空格键＞，也可锁定选择对象。

(3)单击按钮弹起成，或敲击键盘上的＜空格键＞，释放锁定对象。

2 选择集与组

2.1 选择集

在绘图过程中，用户可以根据自己的需要创建不同的选择集，在以后的操作中便可调用已有选择集来选择对象。方法是在主工具栏上的【选择集文本框】下拉选择相应的选择集名称即可选择该集下的所有对象(图 2-3-4)。

用户可以通过以下 2 种方式创建选择集：

(1)在视图中选择需要操作的对象，在主工具栏中的【选择集文本框】中输入选择集的名称，按＜Enter＞键即可。

(2)单击主工具栏上的“编辑命名选择集”按钮，弹出【命名选择集】对话框(图 2-3-5)，通过该窗口用户不仅可以新建、删除选择集，还可以选择对象添加到选择集(或从中移除)等多项操作。

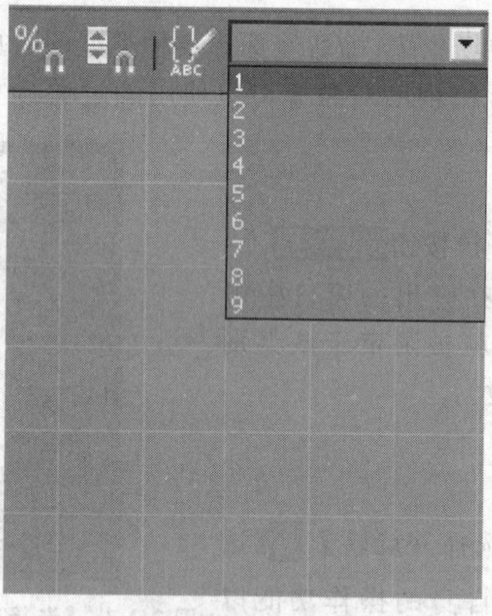

图 2-3-4 选择相应的选择集名称

图 2-3-5 【命名选择集】对话框

2.2 组

在创建复杂场景时，用户可以将具有相同属性以组的形式进行集合，在以后的操作过程中可将其视作一个物体。这样的好处是当选择组内的任何一个对象后，整个组都被选择，而且对组的编辑会影响到组中的每个对象，这使得用户可以同时对多个对象进行同一操作。

下面具体介绍组的创建、解散、打开、关闭、附加、分离和炸开等操作。

2.2.1 创建组

要使被选择的对象成组，其操作步骤如下：

(1)在场景中选择要进行成组的对象。

(2)选择【组】/【成组】菜单命令，弹出【组】对话框(图 2-3-6)。

(3)在打开的【组】对话框中的"组名"文本框中输入创建的组的名称,单击"确定"按钮,即可成组。

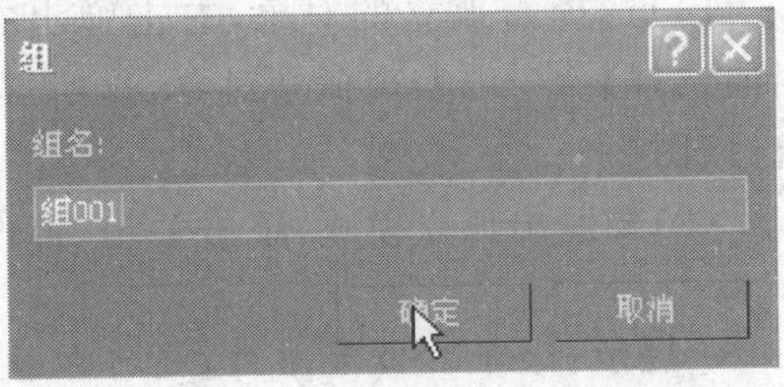

图 2-3-6 【组】对话框

2.2.2 解散组

解散组是创建组的逆操作,目的是解除组的合成,其操作步骤如下:

(1)在场景中选择一个对象组。

(2)选择【组】/【解组】菜单命令即可。

2.2.3 打开组

当在视图中选择一个组后,组内所有的对象都被选择,如果只对组内的某个对象进行编辑,就必须打开组,其操作步骤如下:

(1)选择组中的任何一个对象。

(2)选择主菜单栏中的【组】/【打开】命令,这时就可以选择要编辑的对象进行编辑操作了。

2.2.4 关闭组

关闭组是打开组的逆操作,将单个对象编辑完成后,需要关闭被打开的组,其操作步骤如下:

(1)选择打开组内的任何一个对象。

(2)选择主菜单栏中的【组】/【关闭】菜单命令即可。

2.2.5 附加组

附加组就是将一个或几个单独对象或组添加到一个已存在的组中,其操作步骤如下:

(1)选择需要附加的对象。

(2)选择主工具栏中【组】/【附加】菜单命令。

(3)在视图中单击附加的组即可。

2.2.6 分离组

分离组是附加组的逆操作,就是将组中的对象或嵌套组从组内分离出来,从而不再受组的影响,其操作步骤如下:

(1)在视图中选择要被分离对象所在的组,选择【组】/【打开】菜单命令将组打开。

(2)选择要进行分离的对象或嵌套组,再选择【组】/【分离】菜单命令。

(3)选择分离后的组,再选择【组】/【关闭】菜单命令即可。

2.2.7 炸开组

在场景中选择一个组,然后选择【组】/【炸开】菜单命令,这时组内的所有对象都被独立出来,包括嵌套组包含的所有对象。

3 对象的孤立、冻结与隐藏

在编辑复杂场景中的单一或一组对象时,为防止对其他对象进行误操作,以及简化场景以提高显示速度,可以选择孤立、冻结与隐藏特定对象。

3.1 孤立对象

孤立对象就是所有视图中只显示被孤立的当前选择对象。

要孤立对象,其操作步骤如下:

(1)选择需孤立的对象,右击弹出右键菜单,选择【孤立当前选择】命令以实现孤立对象,这时屏幕上会显示【警告:】窗口(图 2-3-7)。

(2)要退出孤立模式,单击关闭“警告”窗口即可。

图 2-3-7 【警告:】窗口

提示:除了右键菜单外,还可以执行【工具】/【孤立当前选择】菜单命令或使用快捷键＜Alt＋Q＞。

3.2 冻结对象

冻结对象就是暂时将不需要编辑或已编辑完成的对象锁定在场景中,默认情况下,无论是线框模式还是渲染模式,冻结对象都会变成深灰色。这些对象仍保持可见,但无法选择,也不能对其进行变换或修改。

要冻结、解冻对象,其操作步骤如下:

(1)选择需冻结对象,右击弹出右键菜单,选择【冻结当前选择】命令以实现冻结对象。

(2)要退出冻结状态,右击弹出右键菜单单击【全部解冻】命令即可。

3.3 隐藏对象

隐藏对象就是将场景中的部分或全部对象暂时使其不显示在视图。

要隐藏或取消隐藏对象,其操作步骤如下:

(1)选择需要隐藏的对象,右击弹出右键菜单,选择“隐藏选定对象”命令以实现隐藏对象。

(2)要退出隐藏状态,在视图空白处右击弹出右键菜单,选择“按名称取消隐藏”或“全部取消隐藏”。

任务 4 对象复制与变换操作

学习领域

- 对象复制。
- 对象变换操作。

工作领域

- 掌握对象复制的方法、理解“克隆选项”的含义。
- 理解不同类型参考坐标系和变换中心的功能。
- 掌握常用变换工具的使用。

行动领域

- 能够根据绘图需要对对象进行基本变换操作。

任务知识讲解

1 对象复制

1.1 【克隆】菜单复制及克隆选项

在建模的过程中经常会遇到一些重复的对象,这时用复制的方法就可以快速地完成这些对象的创建工作。利用【克隆】菜单复制对象是最简单的办法,其操作步骤如下:

(1)在场景中选择要复制的对象。

(2)执行【编辑】/【克隆】命令,弹出【克隆选项】对话框(图 2-4-1),选择需要的克隆选项,并对复制对象命名,单击“确定”按钮即可。

(3)由于克隆对象与源对象重叠,无法显现复制的效果。这时在视图中右击调出快捷菜单,执行【选择并移动】命令,将复制对象移动一定距离,即可显现克隆对象,【选择并移动】的使用详见项目 2 任务 4 中的相关内容。

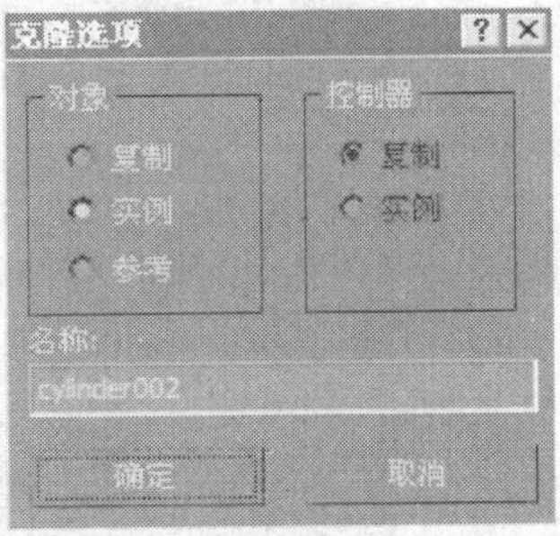

图 2-4-1 【克隆选项】对话框

【克隆选项】中各参数含义如下:

◆复制:创建与源对象完全无关的克隆对象,各自是独立的物体。对其中任何一对象的修改,都不会对另一个对象产生影响。

◆实例:创建与源对象双向关联的克隆对象,对其中任何一对象的修改,都会影响到另一对象。

◆参考:创建与源对象单向关联的克隆对象,对源对象修改,克隆对象会做出相应的变化,而对克隆对象修改则不影响源对象。

提示: 这里所说的修改,主要是指修改器操作,而非简单的参数修改。

1.2 ＜Shift＞键+变换工具复制

使用移动、旋转、缩放等命令时,还可以实现复制对象功能,其操作步骤如下:

(1)在场景中选中要复制的对象,按住＜Shift＞键后,执行移动、旋转、缩放等变换操作。

(2)执行以上操作后,会弹出【克隆选项】对话框,选择需要的克隆选项,确定克隆对象数量,单击“确定”按钮即可(图 2-4-2)。

提示: 利用【克隆】菜单复制对象,一次只能复制一个,且需要执行【选择并移动】工具才能显现复制效果,而利用“＜Shift＞键+变换工具”复制对象不仅可以决定复制数量,而且同时还可实施移动等变换命令,因此实际工作中后者使用较多。

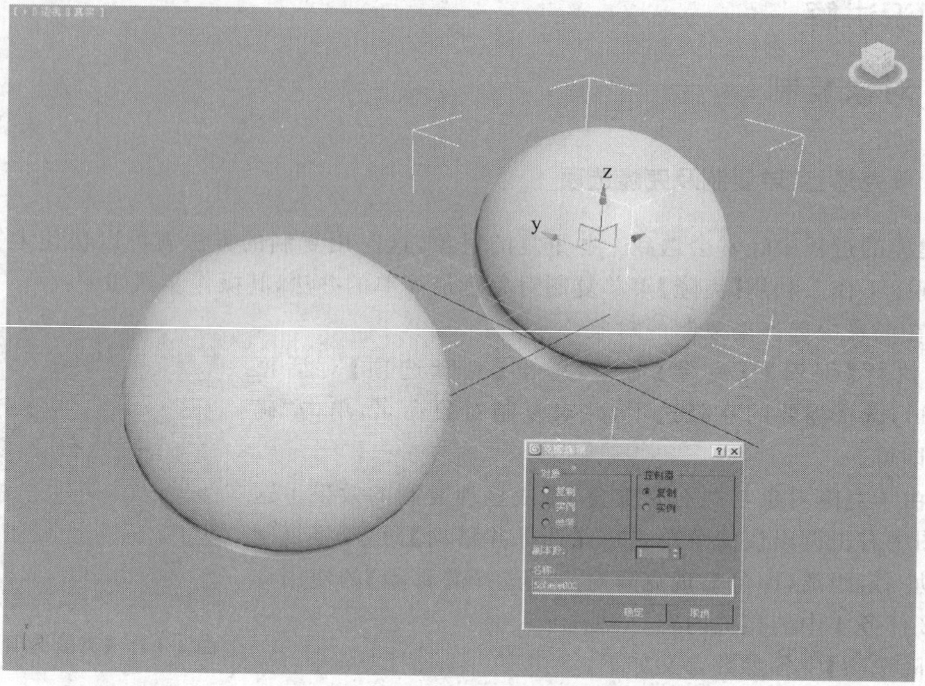

图 2-4-2 【克隆选项】对话框

2 对象变换操作

2.1 变换基础知识

在 3ds Max 场景中创建模型，大部分操作都需要涉及到诸如移动、旋转、缩放、阵列等基本变换命令。在进行变换之前，用户需要掌握变换坐标、变换中心等基本概念。

2.1.1 参考坐标系

参考坐标系主要用于确定变换使用的坐标系 X、Y、Z 轴向，为方便变换操作，用户可选取不同的参考坐标系。3ds Max 提供了 9 种类型的参考坐标系，分别是【视图】、【屏幕】、【世界】、【父对象】、【局部】、【万向】、【栅格】、【工作】和【拾取】。

单击主工具栏上的【参考坐标系】下拉菜单可实现不同坐标系的切换(图 2-4-3)。

图 2-4-3 参考坐标系的切换

【世界坐标系】:是 3ds Max 的系统内部坐标系，打开 3ds Max，在每个视口的左下角有一个由红、绿和蓝 3 个轴组成的图标，该图标显示了世界坐标系的轴向。从对象正面看，X 轴为水平方向，Y 轴为纵深方向，Z 轴为垂直方向。这个轴向在 4 个默认视图中都固定不变，这意味着无论在哪个视图中执行变换操作效果都一致。

【屏幕坐标系】:是对应计算机屏幕的一种坐标系统，屏幕为 XY 平面，向右为 X 轴正方向，向上为 Y 轴正方向，垂直屏幕平面向外为 Z 轴正方向。选择不同的视图，该坐标系轴向就会发生相应的变化，X 轴总是水平指向屏幕的右边，Y 轴总是垂直指向屏幕的上方，这意味着在激活的视口中，变换的 XY 平面总是面向用户。

在前视图、顶视图和左视图等二维视图中，使用屏幕坐标系执行变换操作是非常方便的，但在透视视图、正交视图等三维视图中，一旦旋转对象或视图，坐标系轴向会发生相应变化，在二维视图和三维视图中执行变换操作效果就会不一致。

【视图坐标系】：采用视图坐标系则可以解决屏幕坐标系的上述问题，它是 3ds Max 默认的坐标系统，是屏幕坐标系和世界坐标系的结合，在顶视图、左视图、前视图采用屏幕坐标系统，在透视图中采用世界坐标系统。

【父对象坐标系】：该坐标系可使子对象和父对象之间保持依附关系，使子对象以父对象的轴向为参考坐标，如果对象未链接至特定对象，则其为世界坐标系的子对象，其父坐标系与世界坐标系相同。

【局部坐标系】：在该坐标系中，创建的每个对象都有自身的局部坐标系统，单击一个选中对象，会显示出一个与世界坐标系方向一致的图标，但原点在对象本身的轴心点上。

【栅格坐标系】：以活动栅格的自身坐标轴为坐标系统，栅格物体主要用来辅助制作。

【拾取坐标系】：使用场景中某个对象的轴心点作为坐标系的原点。选择【拾取】后，单击选择对象，该对象的名称会显示在【参考坐标系】窗口中。

2.1.2 变换中心

3ds Max 提供了 3 种变换中心，分别是【使用轴点中心】、【使用选择中心】和【使用变换坐标中心】，单击主工具栏“使用轴点中心”按钮不放，会显示其下的弹出按钮(图 2-4-4)。

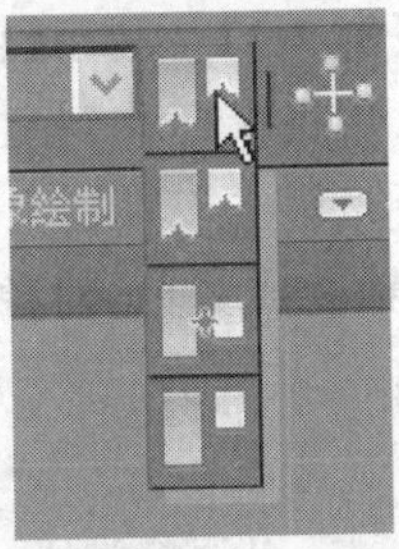

图 2-4-4 变换中心的切换

【使用轴点中心】：以选择对象的轴点作为变换中心，是选择单个对象的默认设置。以缩放为例，选择单个对象，则以对象自身的轴点作为缩放中心(图 2-4-5)。

【使用选择中心】：以当前选择集的中心作为变换中心，是选择多个对象的默认设置(图 2-4-6)。

【使用变换坐标中心】：以当前指定的变换坐标系原点作为变换中心(图 2-4-7)。

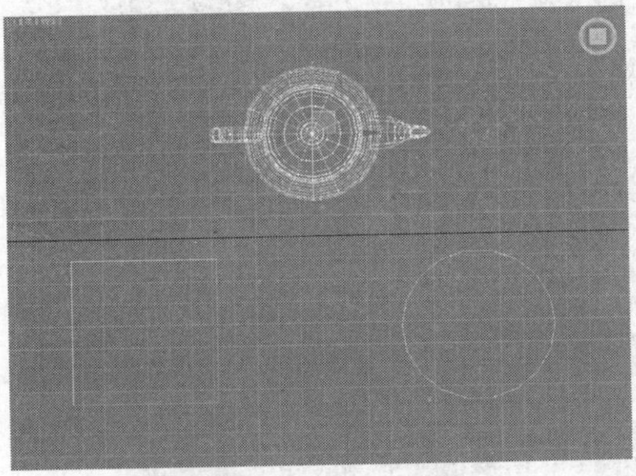

图 2-4-5 使用轴点中心

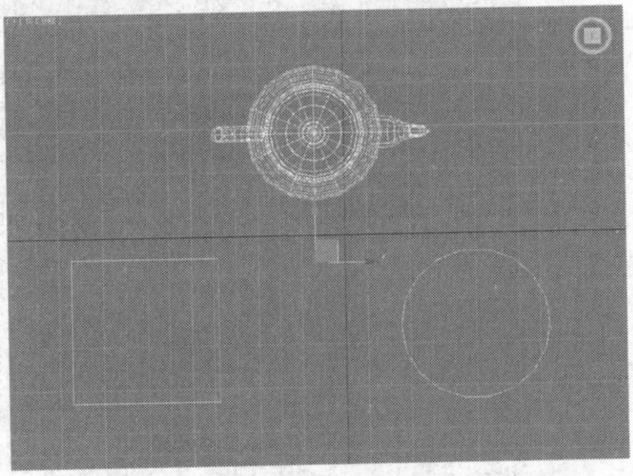

图 2-4-6 使用选择中心

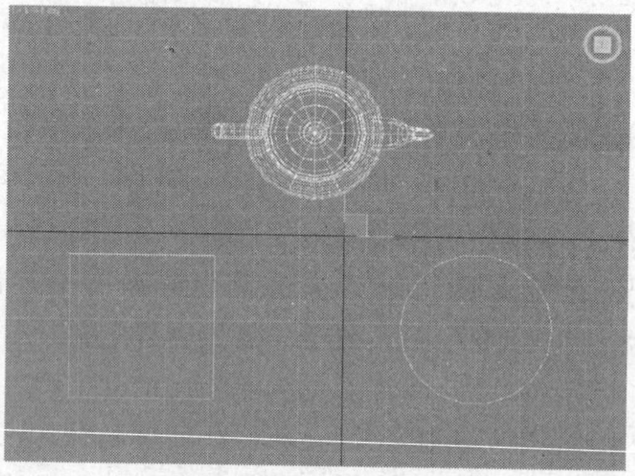

图 2-4-7　使用变换坐标中心

提示：对象默认的轴心一般都位于对象的底部或中部，选择【使用轴点中心】作为变换中心时，若要改变轴心位置，可执行【层次】命令面板/【轴】/【调整轴】/【仅影响轴】命令，选择对象的轴心后做出相应的调整。

2.1.3　轴约束

在进行变换操作时，如果要将变换限定在一个轴或两个轴（即两轴之间的平面）上，这就是轴约束。轴约束效果可以利用轴约束工具栏和变换模框两种方式来实现。

【例 2-1】　利用【轴约束】工具栏将对象沿 X 轴、XY 平面移动。

(1)将鼠标移到主工具栏中空白处，右击调出【轴约束】工具栏。

(2)单击工具栏上【选择并移动】工具，按下【轴约束】工具栏上的"X"按钮，这时视图中的 X 轴变成黄色，对象则被限定在此轴上移动(图 2-4-8)。

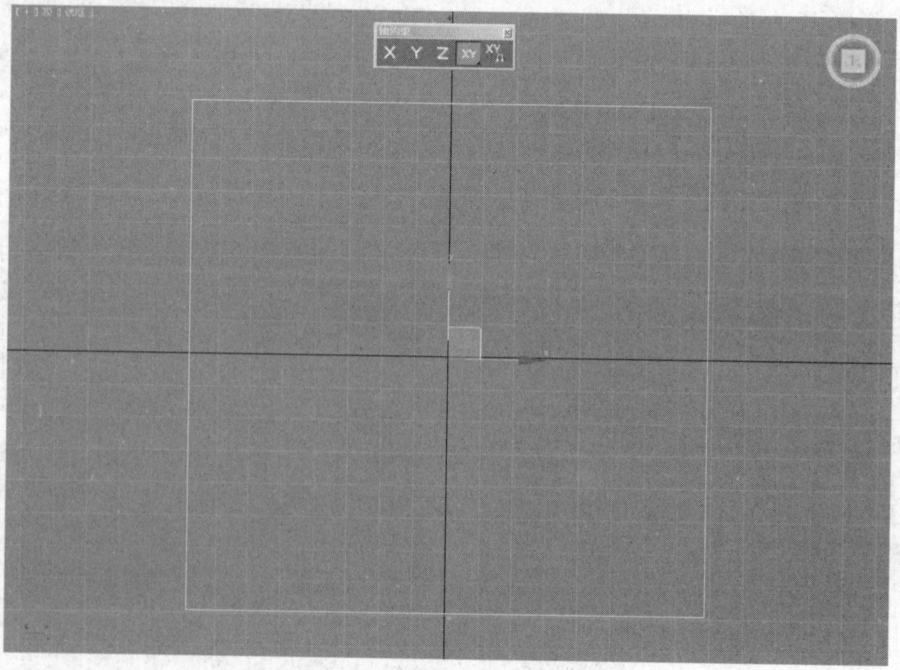

图 2-4-8　对象被约束在 X 轴

(3)按下【轴约束】工具栏上的“XY”按钮，这时视图中的XY轴之间的矩形区域变成黄色，对象则被限定在XY平面移动(图2-4-9)。

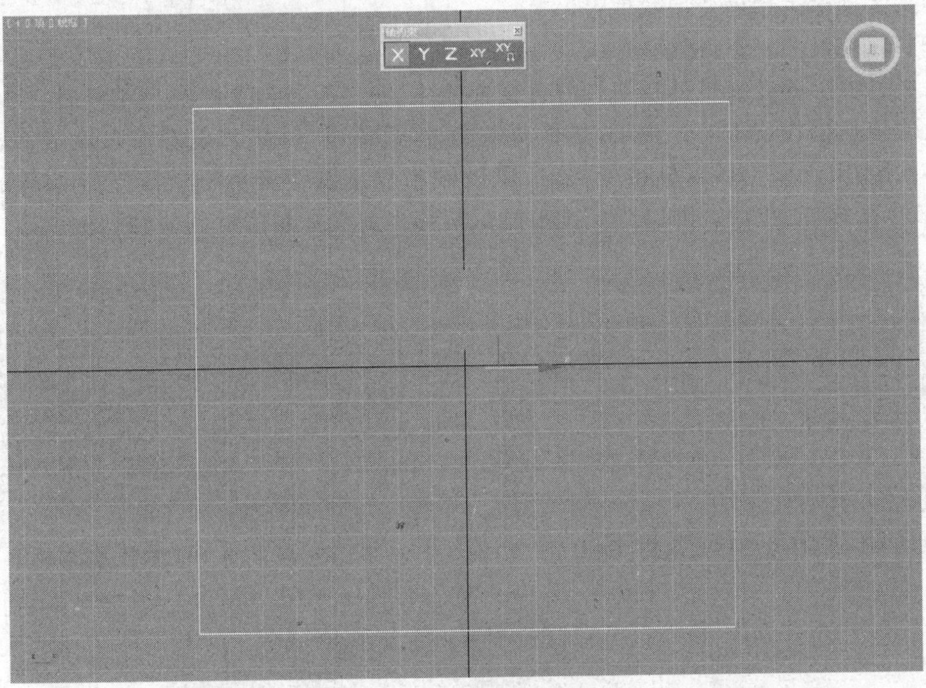

图2-4-9 对象被约束在XY平面

【轴约束】工具栏上的是“轴约束”和“捕捉”状态的切换按钮。默认情况下，在3ds Max中使用“捕捉”进行变换时，“轴约束”失效。通过启用【轴约束】工具栏中的“使用轴约束/捕捉切换”功能或在【栅格和捕捉设置】对话框中启用“使用轴约束”捕捉选项时，可以将其覆盖，即优先应用“轴约束”，“捕捉”设置失效。

> **提示:**按键盘上的＜F5＞可将轴约束限制到X轴，＜F6＞限制到Y轴，＜F7＞限制到Z轴，＜F8＞循环切换三个平面限制。

当选定一个或多个对象，并为其执行变换操作或加载修改器后，便会在视口中显示模框(Gizmo)。在进行变换操作时，每种变换命令使用不同的变换Gizmo。变换Gizmo除了可以显示当前坐标系的轴向外(默认情况下，X轴为红色，Y轴为绿色，Z轴为蓝色)，还可以直接在视图中快速执行“轴约束”，这意味着使用变换Gizmo比使用浮动工具栏更便捷(利用变换Gizmo执行移动、旋转、缩放对象详见本任务2.2.1～2.2.3相关内容)。

> **提示:**＜X＞键可以打开/关闭变换模框的显示，＜＋＞、＜－＞键可放大/缩小模框的显示。选择【自定义】/【首选项】菜单命令，在弹出的【首选项设置】对话框的Gizmo选项卡中可设置变换模框的参数。

2.1.4 变换数值的输入

在进行对象的变换操作时，有时需要确定变换在场景中发生的准确位置，这时可通过以下两种方式来实现输入精确变换数值：

(1)利用【变换输入】对话框输入。

右击工具栏上的变换工具按钮，调出【变换输入】对话框。当变换类型不同时，该对话框中输入的数值信息也代表不同的含义，如移动变换时，数值以 X、Y、Z 坐标值来显示基于当前坐标系偏移的距离(图 2-4-10)，旋转变换时，以度数来显示围绕坐标轴或旋转轴偏移的角度值(图 2-4-11)，而缩放变换时，则以百分比来显示偏移当前坐标系的比例值(图 2-4-12)。

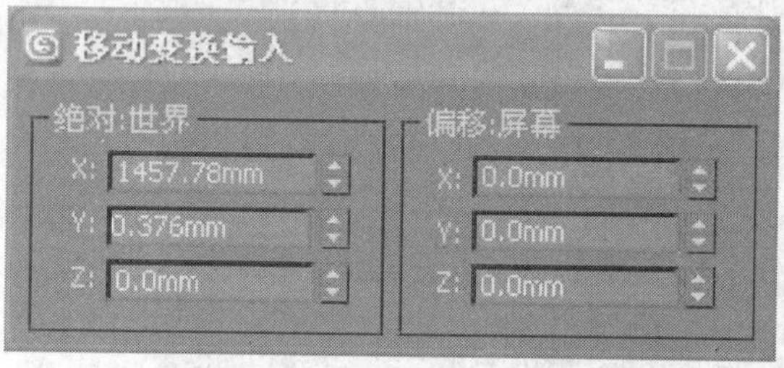

图 2-4-10 【移动变换输入】对话框

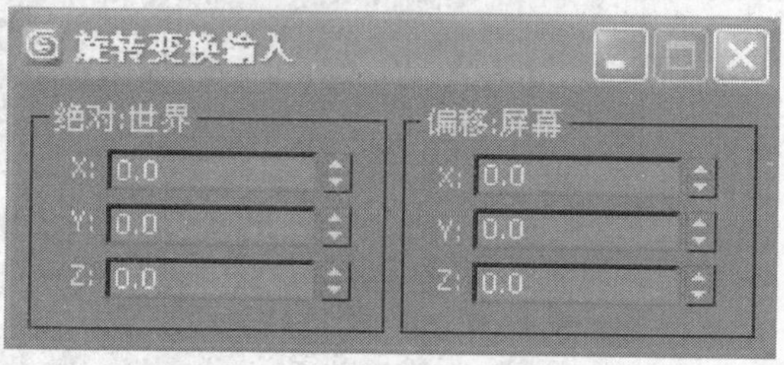

图 2-4-11 【旋转变换输入】对话框

图 2-4-12 【缩放变换输入】对话框

【变换输入】对话框由绝对和偏移两种模式的数值框组成，其含义区别如下：

“绝对模式”：在该模式下输入数值，相对于世界坐标系原点进行变换操作。

“偏移模式”：在该模式下输入数值，相对于对象的当前位置进行变换操作。

提示：按下键盘上的<F12>也可调出【变换输入】对话框。

(2)利用【坐标显示】框输入。

【坐标显示】框位于状态行上，执行变换操作时，可在框中直接输入变换值。单击显示框左边的按钮，可在绝对模式(图 2-4-13)和偏移模式下切换(图 2-4-14)。

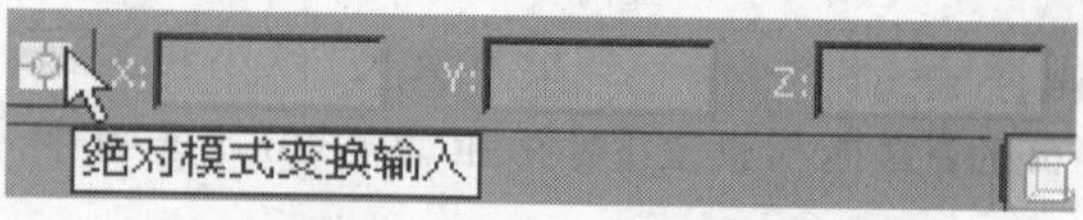

图 2-4-13 绝对模式状态

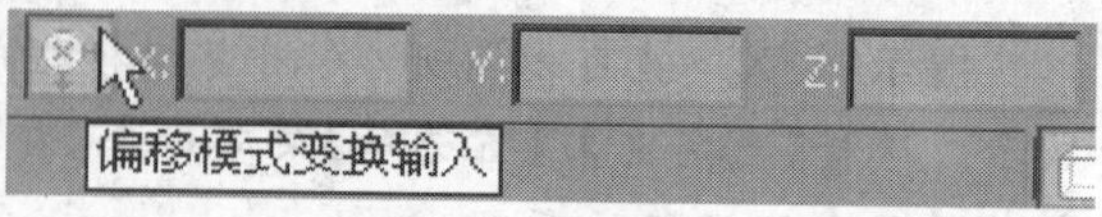

图 2-4-14 偏移模式状态

2.2 常用变换工具

2.2.1 移动

使用主工具栏上【选择并移动】工具可以在选择对象的同时，使其在指定方向移动一定的距离(图 2-4-15)。

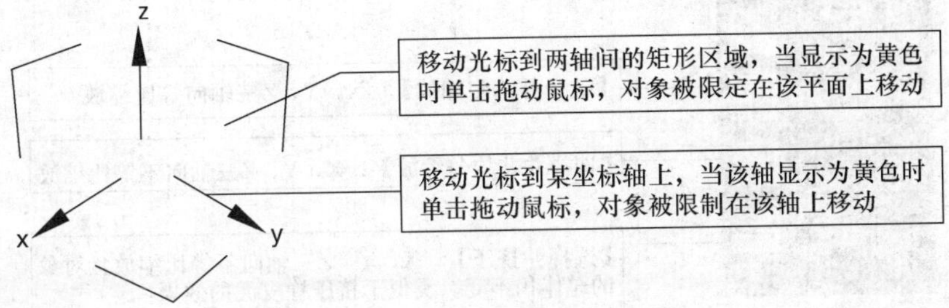

图 2-4-15 轴约束使用移动工具

要移动对象，其操作步骤如下：

(1)单击工具按钮。

(2)若要实现轴约束移动对象，在视图中选择对象，沿指定坐标轴或两轴之间单击并拖动鼠标即可。

(3)若要实现对象的精确移动，配合执行 2.1.4 中相关操作即可。

2.2.2 旋转

使用主工具栏上【选择并旋转】工具可以在选择对象的同时，并使其绕指定轴向或自由旋转。

单击该工具选中对象后，在透视视图中的对象上会显示由 5 个轨迹圆组成的变换 Gizmo (图 2-4-16)，其中红、绿、蓝 3 个轴向轨迹圆分别代表沿 X、Y、Z 轴旋转形成的平面，内侧深灰色圆为自由旋转轨迹圆，外侧浅灰色圆为视图旋转轨迹圆。在顶、前、左视图中的变换 Gizmo 只有 4 个轨迹圆，包括 2 个互为垂直的轴向轨迹圆、视图旋转轨迹圆，自由旋转轨迹圆则与另一轴向轨迹圆重合。

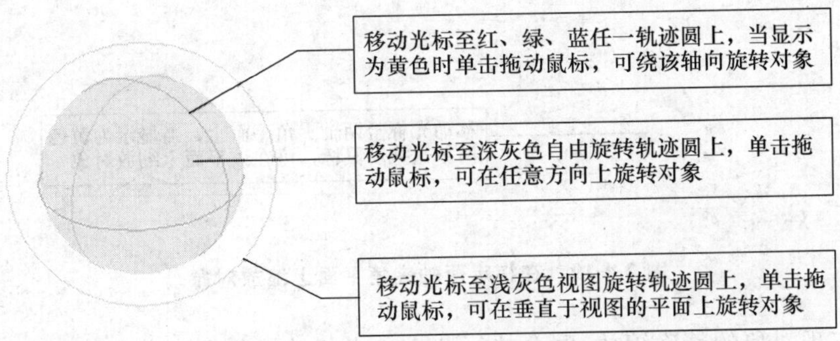

图 2-4-16 轴约束使用旋转工具

要旋转对象，其操作步骤如下：

(1)单击工具按钮。

(2)若要实现轴约束旋转对象，在视图中选择对象，在指定轨迹圆上单击并拖动鼠标即可。

(3)若要实现对象的精确旋转,配合执行 2.1.4 中相关操作即可。

2.2.3　缩放

使用主工具栏上【选择并均匀缩放】工具可以在选择对象的同时,对其进行均匀缩放,该工具按钮下还有两个弹出按钮,分别是"选择并非均匀缩放"和"选择并挤压",三者的区别如图 2-4-17 所示。

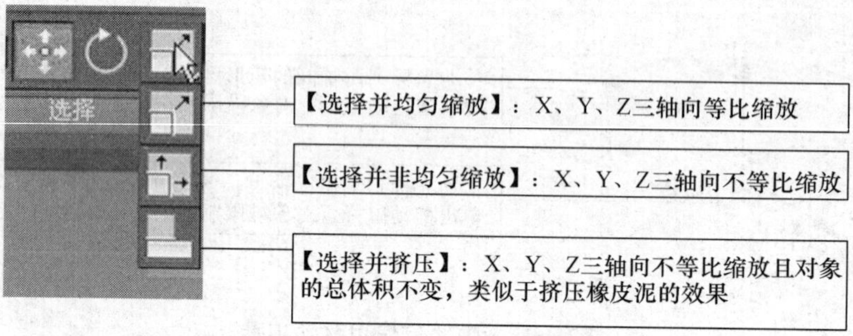

图 2-4-17　缩放工具各按钮功能

在实际工作中要旋转对象,使用变换 Gizmo 往往比使用工具按钮操作更便捷,其操作步骤如下:

(1)单击工具按钮。

(2)若要实现轴约束旋转对象,在视图中选择对象,在指定坐标轴、两轴或三轴之间夹角上单击并拖动鼠标即可(图 2-4-18、图 2-4-19)。

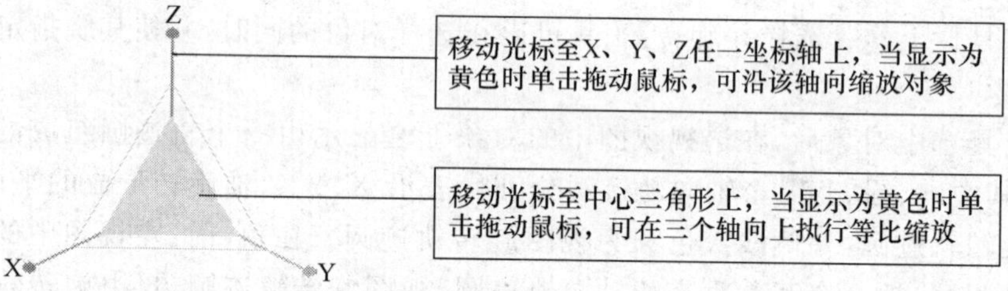

图 2-4-18　在指定轴上缩放对象或等比缩放对象

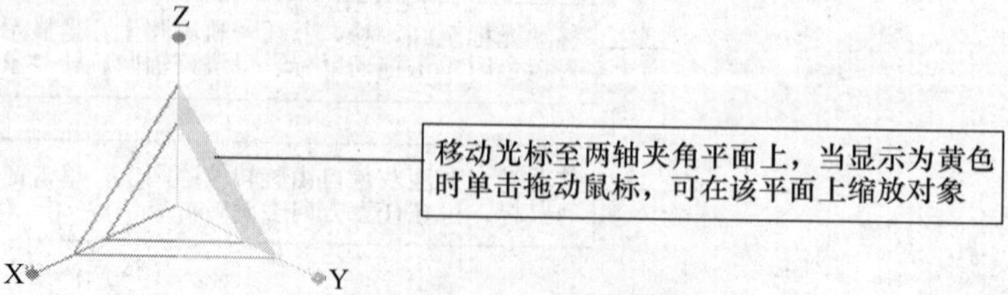

图 2-4-19　在指定两轴夹角平面上缩放对象

(3)若要实现对象的精确缩放,配合执行 2.1.4 中相关操作即可。

提示:要移动、旋转、缩放变换操作,除了在主工具栏上单击相应按钮外,还可右击调出右键菜单,选择执行相关命令,或者执行【编辑】/【移动】/【旋转】/【缩放】菜单命令。

2.2.4 镜像

在园林效果图建模时经常会遇到具有镜像关系的对象，如对面放置的两个圆凳、对称的建筑构件等，使用工具栏上的【镜像】工具可将对象沿指定的坐标轴镜像至另一方向，同时也可产生具备多种特性的复制对象。

要调用该命令，首先在视图中选择对象，执行【工具】/【镜像】菜单命令，或在主工具栏上单击“阵列”按钮，调出【镜像：屏幕坐标】对话框，对话框主要由【镜像轴】组、【克隆当前选择】组和【镜像 IK 限制】复选框 3 部分组成（图 2-4-20）。

【镜像轴】组用于设置镜像对象的位置，即相对于源对象的方向和距离。

◆坐标轴：6 个单选按钮提供了 6 种不同的坐标轴向供用户选择，点击不同的轴表示在当前视图中相应的轴上执行镜像变换。这里要注意 3ds Max 中的镜像轴与 Auto CAD 中的镜像轴是不同的概念，CAD 中的物体以镜像轴为界对称地实现镜像复制，而 3ds Max 中的物体则是沿着镜像轴实现镜像复制，且不仅可以在单轴向还可在双轴向上镜像，如上例除了在透视图中选择 Z 轴为镜像轴外，还可以 YZ 轴为镜像轴。

◆偏移：指镜像对象的轴心相对于源对象轴心的坐标值。

【克隆当前选择】组用于确定是否复制及复制选项。

◆ 不克隆：只保留镜像对象，删除源对象。

◆“复制”、“实例”、“参考”的含义见本任务 1 对象复制中“克隆选项”内容，这里不再复述。

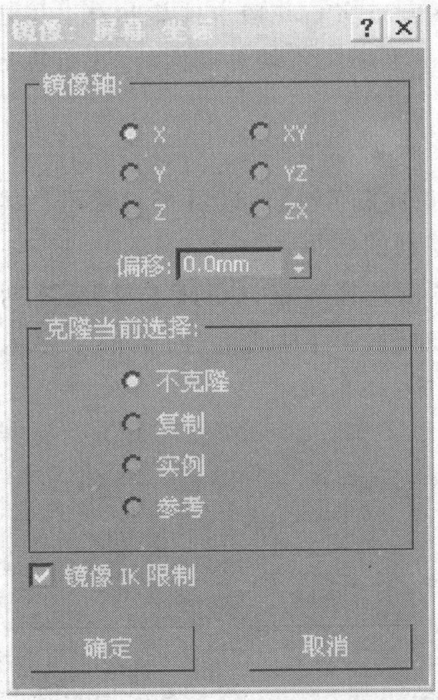

图 2-4-20 【镜像：屏幕 坐标】对话框

【例 2-2】 利用【镜像】工具镜像茶壶的倒影。

(1)选择【创建】/【几何体】/【标准基本体】/【对象类型】/【茶壶】工具，在顶视图中单击并拖拽鼠标创建一个茶壶。

(2)在透视视图中选择该茶壶，单击【镜像】工具，或执行【工具】/【镜像】菜单命令，打开【镜像：世界 坐标】对话框。

(3)按图 2-4-21 中所示进行参数设置,单击“确定”按钮,得到茶壶与其倒影的效果。

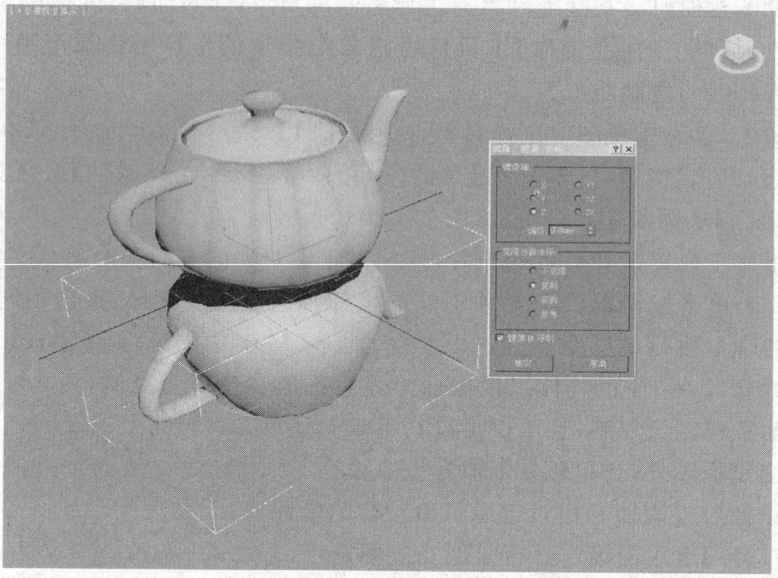

图 2-4-21 【镜像:屏幕 坐标】对话框中各参数及茶壶效果

> 提示:选择镜像轴时,一定要在当前视图中选择相应坐标轴,如上例在透视视图中选择 Z 轴为镜像轴,但如果在别的视图再选择 Z 轴为镜像轴,就无法形成茶壶倒影的镜像效果了。

2.2.5 阵列

使用【附加】浮动工具栏上的【阵列】工具可将对象进行大量、有序地复制,并产生一维、二维、三维的矩形或环形阵列复制的效果。

要调用该命令,首先在视图中选择对象,执行【工具】/【阵列】菜单命令,或打开【附加】浮动工具栏,单击【阵列】工具,调出【阵列】对话框,对话框主要由【阵列变换】组、【对象类型】组和【阵列维度】组 3 部分组成(图 2-4-22)。

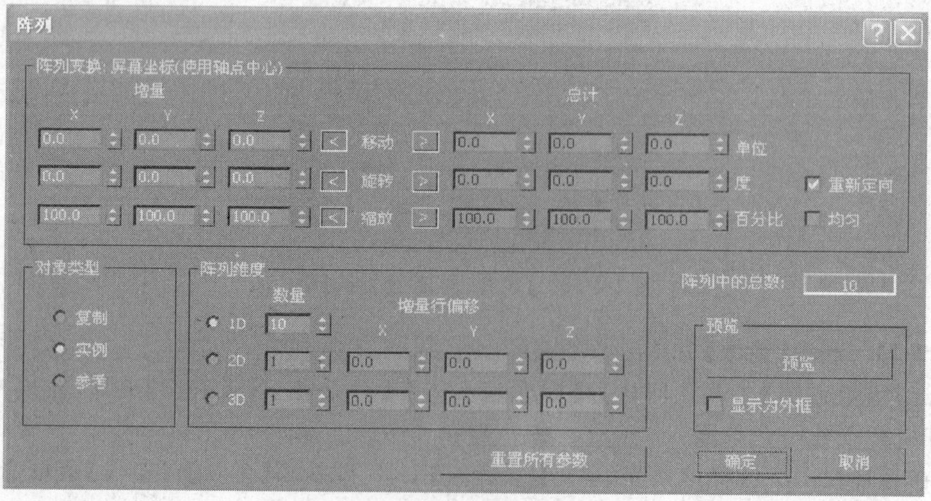

图 2-4-22 【阵列】对话框

【阵列变换】组显示了当前坐标系类型及变换中心类型，并设置在1D阵列中阵列对象间位置、角度、比例3类变量值。左侧为“增量”计算方式，要求设置两个相邻阵列对象之间的移动距离、旋转角度和缩放比例，右侧为“总计”计算方式，要求设置第一个和最后一个阵列对象之间的移动距离、旋转角度和缩放比例，使用时只能在两者之中选择一种计算方式。

◆ 移动：设置阵列对象沿X、Y、Z三个轴移动的偏移值。

◆ 旋转：设置阵列对象绕X、Y、Z三个轴旋转的角度值。

◆ 缩放：设置阵列对象沿X、Y、Z三个轴缩放的百分比例值。

◆ 重新定向：选中该复选框，将生成的对象围绕世界坐标旋转的同时，也使其围绕其局部轴旋转，清除此选项时，对象会保持其原始方向，在环形阵列中选中该复选框可产生效果。

◆ 均匀：选中该复选框，在“增量”中的“缩放”数字框中，只有X文本框允许输入参数，这样可以锁定对象的比例，实现均匀缩放。

【对象类型】设置阵列复制对象的属性，“复制”、“实例”、“参考”的含义见本任务1.对象复制中“克隆选项”内容，这里不再复述。

【阵列维度】设置二维、三维阵列的数量和变量值。

◆ 1D：设置一维阵列对象的总数。

◆ 2D：设置二维阵列对象的总数和变量值。

◆ 3D：设置二维阵列对象的总数和变量值。

【例2-3】 使用【阵列】工具实现三维矩形阵列效果。

(1)选择【创建】/【几何体】/【标准基本体】/【对象类型】/【球体】工具，在顶视图中单击并拖拽鼠标创建一个球体。

(2)单击【阵列】工具，调出【阵列】对话框。

(3)在对话框中设置如图2-4-23的参数，单击“确定”按钮，可实现三维矩形阵列效果。

使用【阵列】工具实现环形阵列的过程，参见本项目实训1环形楼梯踏板的制作。

2.2.6 对齐

使用主工具栏上的【对齐】工具可以将操作对象与其他对象在特定位置上对齐，实际工作中常常在其他变换操作之前要进行【对齐】操作。

要调用该命令，首先在视图中选择对象，执行【工具】/【对齐】菜单命令，或在主工具栏上单击【对齐】工具，调出【对齐当前选择】对话框，对话框主要由【对齐位置(屏幕)】组、【对齐方向(局部)】组和【匹配比例】组3部分组成。

【对齐位置(屏幕)】组可根据当前的参考坐标系来确定对齐的方式。

◆X位置/Y位置/Z位置：指定当前对象与目标对象位置对齐依据的轴向，可单轴对齐，也可多轴对齐。

◆当前对象/目标对象：用于设置当前对象与目标对象，当前对象为执行【对齐】工具之前选择的对象，目标对象为执行【对齐】工具之后选择的对象，在视图中移动位置的是当前对象。

◆最小：以对象在选择轴向上的最小值进行对齐。

◆中心：以对象中心点进行对齐。

◆轴点：以对象轴心点进行对齐。

◆最大：以对象在选择轴向上的最大值进行对齐。

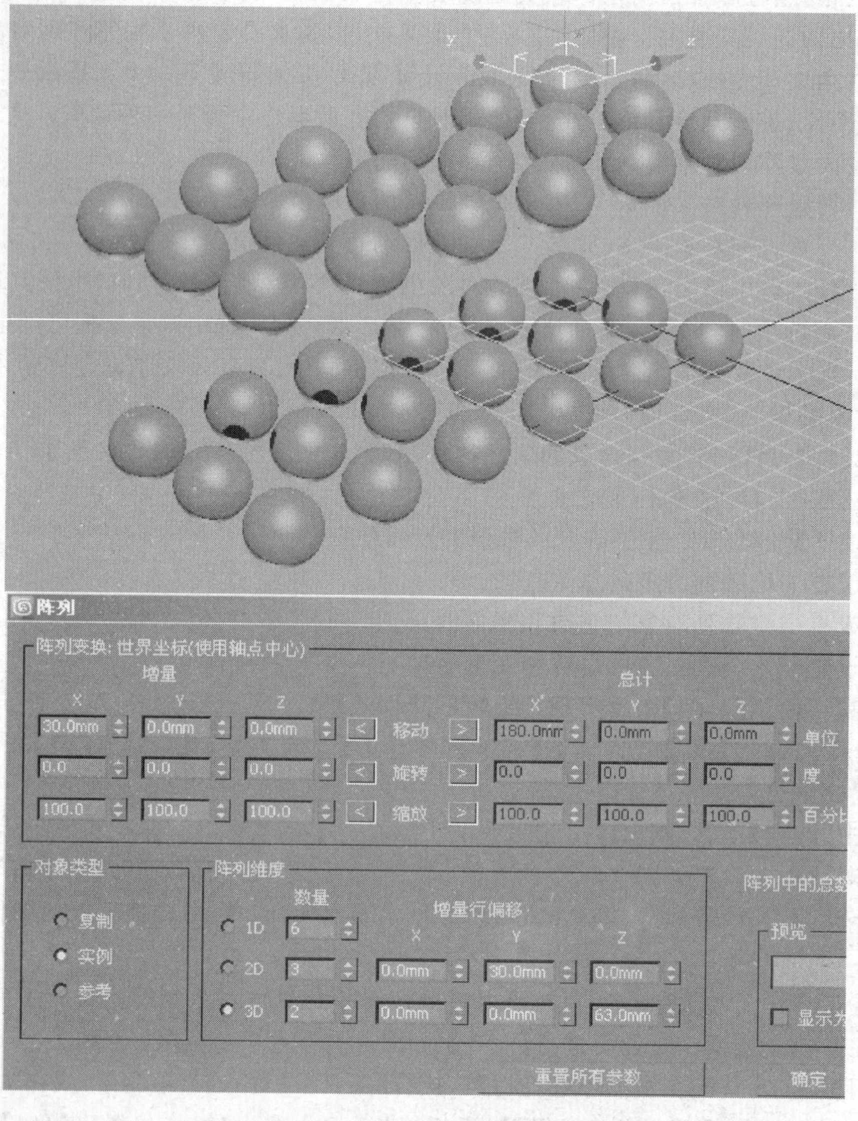

图 2-4-23　三维矩形阵列效果及参数设置

【对齐方向(局部)】组：用于设置在选定轴向上匹配两个对象之间的局部坐标系的方向，即旋转当前对象以与目标对象的方向匹配。需要注意的是对齐方向使用的是局部坐标系。

【匹配比例】组：将目标对象的缩放比例沿指定的坐标轴施加到当前对象上，前提是目标对象事先已经进行了缩放修改，否则无法将该比例值应用到当前对象上。

【例 2-4】　使用【对齐】工具将球体 X 轴方向最小值的点与长方体 X 轴方向最大值的点对齐。

(1)选择【创建】/【几何体】/【标准基本体】/【对象类型】/【球体】工具，在顶视图中单击并拖拽鼠标创建一个球体，选择【长方体】工具，在顶视图中单击并拖拽鼠标创建一个长方体(图 2-4-24)。

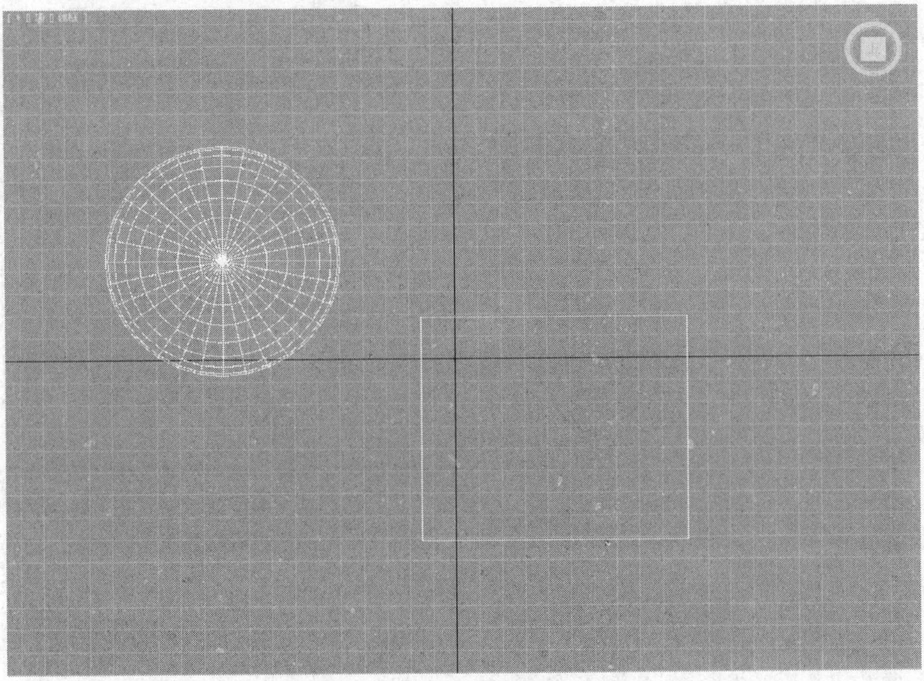

图 2-4-24 未对齐的球体和长方体

(2)选择球体作为“当前对象”，单击“对齐”按钮，然后回到视图中单击长方体作为“目标对象”，调出【对齐当前选择】对话框。

(3)按图 2-4-24 所示进行参数设置，单击“确定”按钮，得到球体 X 轴方向最小值的点与长方体 X 轴方向最大值的点对齐的效果。

提示：在进行环形阵列时，常常要应用【对齐】工具将需阵列的对象与变换中心对齐。

2.2.7 间隔工具

【间隔工具】与 Auto CAD 中的定距等分和定数等分的功能类似，是基于当前选择的样条线或两个点定义的样条线作为路径来分布对象。

要调用该命令，首先在视图中选择对象，执行【工具】/【对齐】/【间隔工具】菜单命令，或打开【附加】浮动工具栏，在【阵列】弹出按钮上单击“间隔工具”按钮，调出【间隔工具】对话框，对话框由“拾取路径/拾取点”按钮、【参数】组和【前后关系】组、【对象类型】组几部分组成(图 2-4-25)。

“拾取路径/拾取点”按钮用于指定路径。

◆拾取路径：从场景中选择要用作路径的样条线。

◆拾取点：拾取一个起点和一个终点，以定义一条样条线作为路径。使用完间隔工具后，3ds Max 会删除此样条线。

【参数】组用于选择间隔选项。

◆计数：设置分布对象的数量。

◆间隔：指定对象之间的间距。3ds Max 会根据用户选择的是边还是中心来确定此间隔。

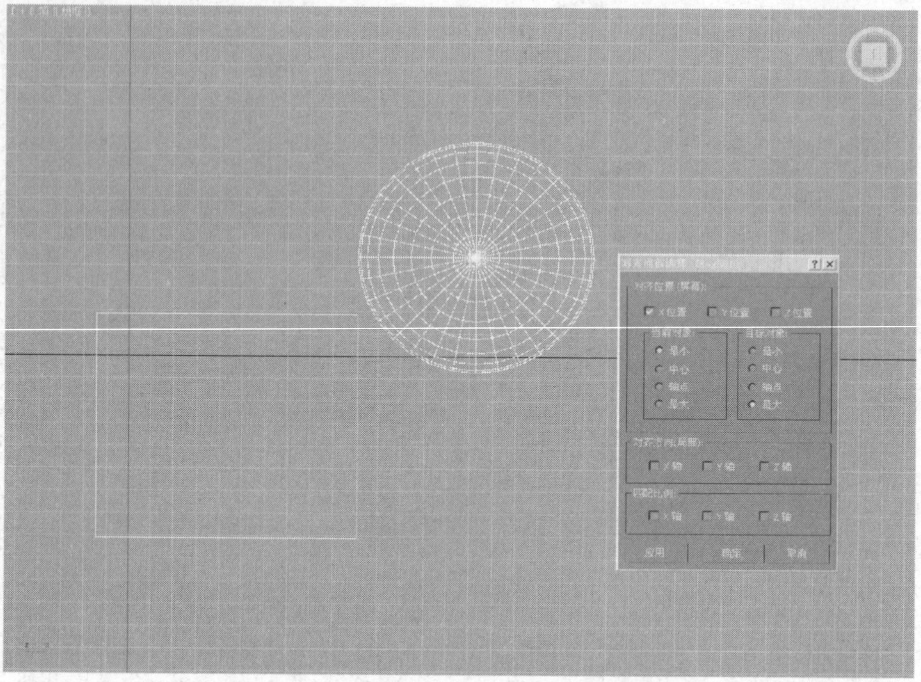

图 2-4-25　对齐后的球体和长方体及参数设置

◆始端偏移：指定距路径始端偏移的单位数量。单击锁定图标，可针对间隔值锁定始端偏移值并保持该数量。

◆末端偏移：指定距路径末端偏移的单位数量。单击锁定图标，可针对间隔值锁定末端偏移值并保持该数量。

◆分布下拉列表：包含沿路径分布对象方式的各种选项。

【前后关系】组用于确定分布对象前后间隔方式。

◆边：以各对象边界框的相对边来确定间隔。

◆中心：以各对象边界框的中心确定间隔。

◆跟随：将分布对象的轴点与样条线的切线对齐。

【对象类型】设置间隔分布对象的属性，"复制"、"实例"、"参考"的含义见本任务 1.对象复制中"克隆选项"内容，这里不再复述。

【例 2-5】　使用【间隔工具】沿路径定数、定距复制球体

(1)选择【创建】命令面板/【图形】/【样条线】/【对象类型】/【线】工具，在顶视图中单击并拖拽鼠标创建一条曲线，选择【创建】命令面板/【几何体】/【标准基本体】/【对象类型】/【球体】工具，在顶视图中单击并拖拽鼠标创建一个球体。

(2)选择球体，单击【附加】浮动工具栏上的【间隔工具】工具，调出【间隔工具】对话框。

(3)单击"拾取路径"按钮，回到视图中单击曲线作为路径。

(4)若要沿路径分布 16 个球体的效果，在对话框中设置如图 2-4-26 的参数，单击"应用"按钮即可；若要沿路径分布球体中心间距为 30 mm 的效果，在对话框中设置如图 2-4-27 的参数，单击"应用"按钮即可。

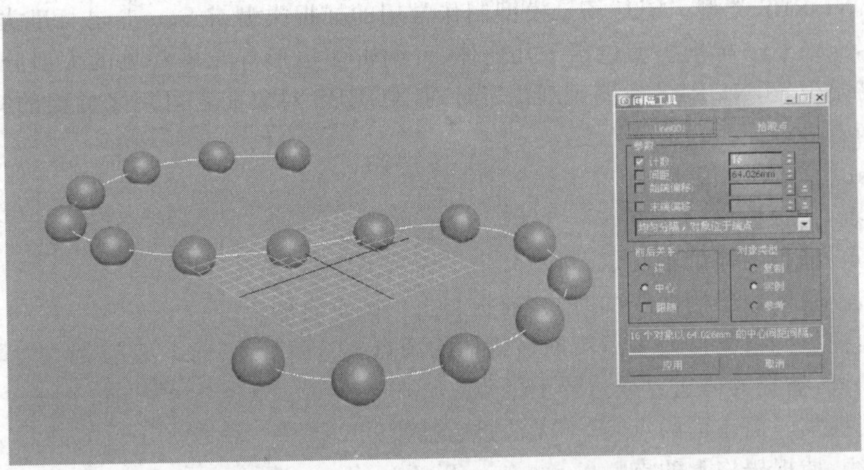

图 2-4-26 沿路径分布 16 个球体效果

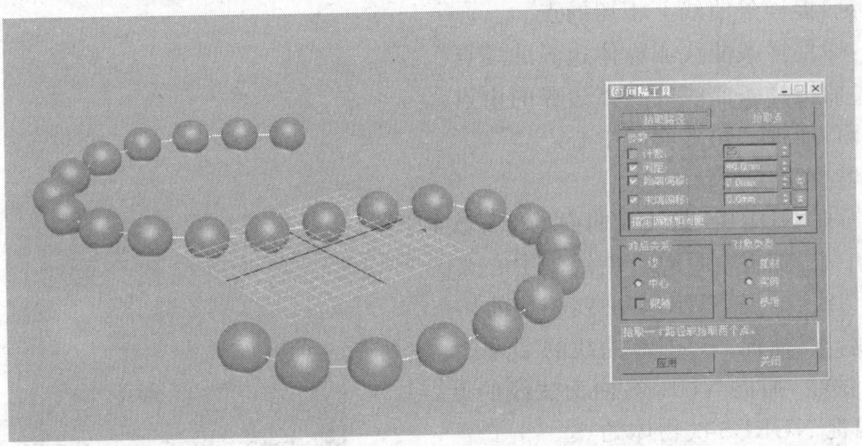

图 2-4-27 沿路径分布球体中心间距为 30 mm 的效果

2.3 对象捕捉

在创建和变换对象时，3ds Max 提供的捕捉工具可以将光标精确地捕捉到顶点、中点、垂点、轴心等对象的特定位置，极大地提高了绘图的精准。

2.3.1 捕捉设置

在开启捕捉开关之前，需要对捕捉选项进行一定的设置。在主工具栏上右击 4 个工具按钮中的任意一个，就可调出【栅格和捕捉设置】对话框，对话框由【捕捉】、【选项】、【主栅格】和【用户栅格】4 个选项卡组成(图 2-4-28)。

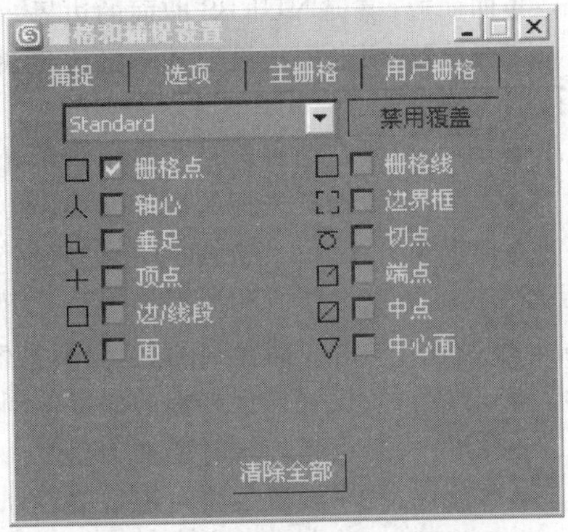

图 2-4-28 【栅格和捕捉设置】对话框

【捕捉】选项卡用于设置捕捉类型，根据模型对象的不同，可分为 Standard 标准类型、Body

Snap 类型、NURBS 类型。园林场景模型制作常用的捕捉类型有 Standard 标准类型、NURBS 类型，其中，Standard 标准类型包括了几何体、可编辑多边形等几乎常见的大部分对象上可用来捕捉的特定位置，NURBS 类型则列出了针对 NURBS 对象而言可用来捕捉的特定位置，接下来对这两者进行介绍。

Standard 标准类型：

◆栅格点：捕捉栅格的交点。

◆轴格点：捕捉物体的轴心点。

◆垂足：在视图中绘制曲线的时候，捕捉与上一次垂直的点。

◆顶点：捕捉网格物体或可编辑网格物体的顶点。

◆边/线段：捕捉物体边界或边界上的点。

◆面：捕捉某一面正面的点，背面无法进行捕捉。

◆栅格线：捕捉栅格上的点。

◆边界框：捕捉物体边界框的 8 个角。

◆切点：捕捉样条曲线上相切的点。

◆端点：捕捉样条曲线或物体边界的端点。

◆中点：捕捉样条曲线或物体边界的中点。

◆中心面：捕捉三角形面的中心。

NURBS 标准类型：

◆CV：捕捉 NURBS 曲线或曲面的 CV 次物体。

◆曲线中心：捕捉 NURBS 曲线的中心点。

◆曲线切线：捕捉 NURBS 曲线相切的切点。

◆曲线端点：捕捉 NURBS 曲线的端点。

◆曲面法线：捕捉 NURBS 曲面法线的点。

◆点：捕捉 NURBS 次物体的点。

◆曲线法线：捕捉 NURBS 曲线法线的点。

◆曲线边：捕捉 NURBS 曲线的边界。

◆曲面中心：捕捉 NURBS 曲面的中心点。

◆曲面边：捕捉 NURBS 曲面的边界。

【选项】选项卡用于设置捕捉的强度、范围等项目（图 2-4-29）。

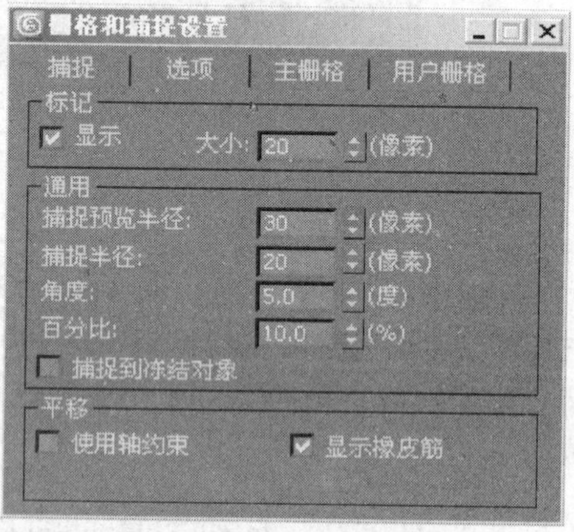

图 2-4-29 【选项】选项卡

◆显示：控制在捕捉时是否显示指示光标。

◆大小：设置捕捉光标的尺寸大小。

◆捕捉预览半径：当光标与潜在捕捉到的点的距离在捕捉预览半径值和捕捉半径值之间时，捕捉标记跳到最近的潜在捕捉到的点，但不发生捕捉，默认值设置是 30。

◆捕捉半径：设置捕捉光标的捕捉范围，值越大越灵敏。

◆角度：用来设置旋转时递增的角度。

◆百分比：用来设置放缩时递增的百分比。

◆捕捉到冻结对象：启用该选项后，将启用捕捉到冻结对象。默认设置为禁用状态。

◆使用轴约束：将选择的物体沿着指定的坐标轴向移动。

◆显示橡皮筋：当启用此选项并且移动一个对象时，在原始位置和鼠标位置之间显示橡皮筋线。

【主栅格】选项卡用于设置主栅格的特性，【用户栅格】选项卡用于控制用户创建的辅助栅格对象，这里不作叙述。

2.3.2　空间捕捉

3ds Max 提供了三种空间捕捉类型，分别是 2D、2.5 D 和 3D 捕捉。主工具栏中“捕捉开关”按钮默认显示的是 3D 捕捉，单击鼠标不放可显示其弹出按钮进行 2D、2.5 D 捕捉(图 2-4-30)。

图 2-4-30　捕捉切换

【2D 捕捉】：光标仅捕捉活动构造栅格，包括该栅格平面上的任何几何体，并忽略 Z 轴或垂直尺寸。

【2.5D 捕捉】：光标仅捕捉活动栅格上对象投影的顶点或边缘，如果在开启 2.5D 捕捉时对远处的对象捕捉端点进行描边，效果就像举起一片玻璃并在其上描图。

【3D 捕捉】：光标直接捕捉到 3D 空间中的任何几何体，该捕捉类型用于创建和移动所有尺寸的几何体，而无需考虑构造平面。

要使用空间捕捉，其具体操作如下：

(1)右击【捕捉开关】工具或执行【工具】/【栅格和捕捉】/【栅格和捕捉设置】菜单命令，调出【栅格和捕捉设置】对话框。

(2)在【捕捉】选项卡设置捕捉类型后，单击“捕捉开关”按钮或按＜S＞键便可开启捕捉，再次单击或按＜S＞键即可退出捕捉状态。

2.3.3　角度捕捉

使用主工具栏上的【角度捕捉切换】工具，用户可以按设置的角度增量快速准确地旋转对象。

要使用角度捕捉，其具体操作与空间捕捉类似：调出【栅格和捕捉设置】对话框，在对话框中切换到【选项】选项卡，在“角度”数值框中输入需要捕捉的角度(图 2-4-28)。

2.3.4　百分比捕捉

使用主工具栏上的【百分比捕捉切换】工具，用户可以按设置的缩放百分比增量对对象进行缩放或挤压操作。

要使用百分比捕捉，其具体操作与空间捕捉类似：调出【栅格和捕捉设置】对话框，在对话框中切换到【选项】选项卡，在“百分比”数值框中输入需要捕捉的百分比(图 2-4-29)。

项目实训 1　环形楼梯的制作

打开配套光盘上的文件：项目 2/实训 1 环形楼梯踏板的制作/初始文件.max，利用本项目中已学知识，完成楼梯踏板的复制，如图 2-5-1 所示。

演示视频位置：项目 2/实训 1 环形楼梯踏板的制作/操作视频.swf。

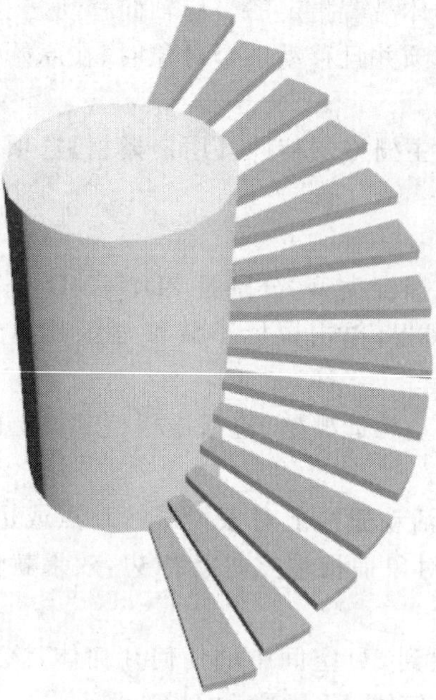

图 2-5-1　环形楼梯

操作提示

模型由 1 个楼梯踏板围绕圆柱体柱子选中复制形成，相邻踏板在旋转的过程中还有一个高度方向上的移动，【阵列】工具可以同时实现旋转、移动、复制对象的效果。

1. 将柱子与踏板一端对齐，并将柱子中心设为变换中心；

2. 执行环形阵列。

项目实训 2　树池座椅的制作

打开配套光盘上的文件：项目 2/实训 2 树池座椅的制作/初始文件.max，利用本项目中已学知识，完成树池座椅模型的制作，如图 2-5-2 所示。

演示视频位置：项目 2/实训 2 树池座椅的制作/操作视频.swf。

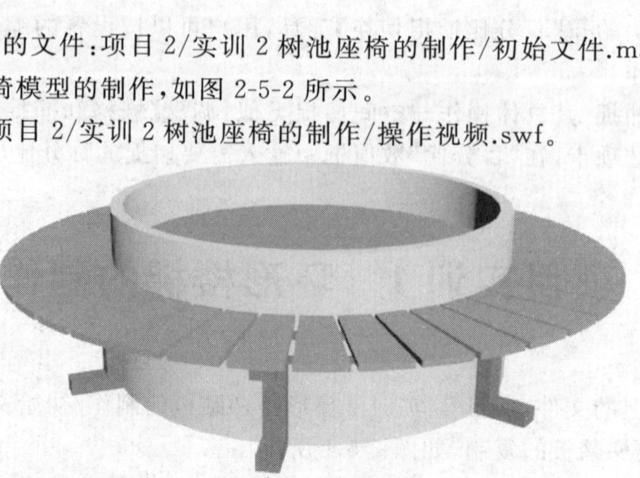

图 2-5-2　树池座椅

操作提示

模型由若干个C形支架、木质座椅条围绕树池旋转复制形成，【阵列】和【选择并旋转】工具都可同时实现旋转、复制对象的效果。

(1)将相关构件与树池中心对齐，并将树池中心设为变换中心；

(2)执行旋转复制或阵列命令。

项目3

创建模型

任务1 建模基础知识

学习领域

- 3ds Max 模型对象分类及常用建模方法。
- 修改器基础知识。

工作领域

- 了解不同类型的模型对象、不同建模方法的特点。
- 掌握修改器堆栈、塌陷、排序等知识。

行动领域

- 能够掌握 3ds Max 建模基础知识。

任务知识讲解

1 模型对象分类

在 3ds Max 中，建模的过程如同大家所熟悉的雕塑过程，可以分为前期的粗胚制作和后期的细部雕琢两个阶段，最后将制作好的对象组装在一起就可创建出各种复杂的模型。

3ds Max 场景中的对象可分为“参数化对象”和“可编辑对象”两类，实际建模时，往往要根据模型特点综合运用这两类对象。参数化对象通常都是通过命令创建的，如标准、扩展基本体等，这如同雕塑中的粗胚制作，其几何形态由各种参数变量控制，修改起来较为方便，但缺点是对象外观简单，无法展现复杂对象的多变轮廓，为弥补这一局限，我们可通过对“参数化对象”添加各种修改器来创造更为复杂的模型。

“可编辑对象”是从“参数化对象” 转换得来的，包括“可编辑网格”、“可编辑多边形”、“可编辑面片”、“NURBS 对象”等。“可编辑对象”虽然不像“参数化对象”那样通过简单调整参数就可实现修改，但它的优势在于具有多种编辑工具，可以对子对象(点、线、面等元素)进行更加复杂的编辑修改。

2 常用建模方法

2.1 几何体建模

几何体建模是最基础的建模方法，通过在【创建】/【几何体】命令面板下的【标准基本体】与【扩展基本体】来实现对象的创建(图 3-1-1、图 3-1-2)，然后用户可以进入【修改】命令面板、对创建对象进行修改。

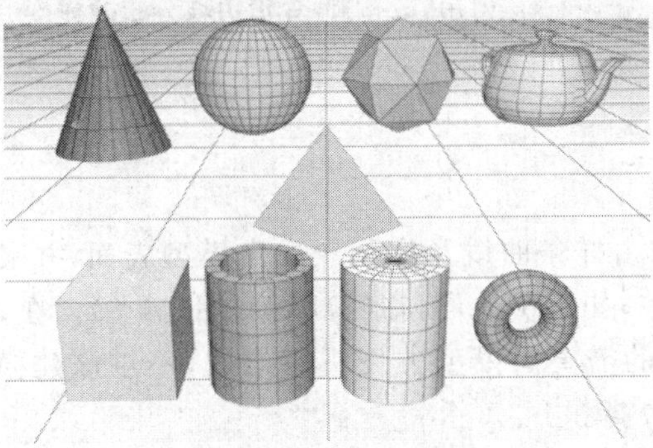

图 3-1-1 标准基本体

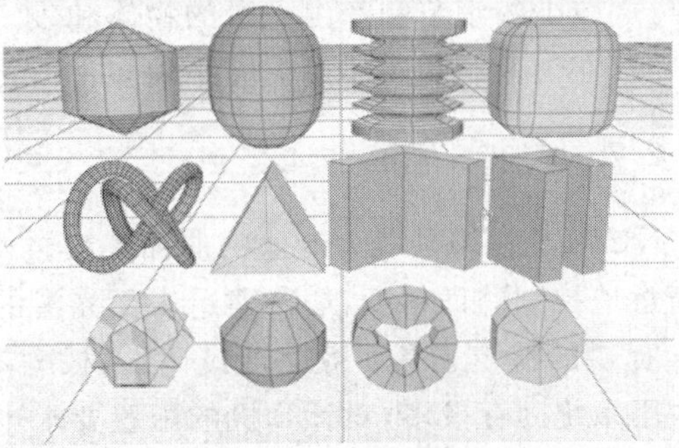

图 3-1-2 扩展基本体

2.2 二维图形转换建模

将二维图形转换为三维模型是比较常用的一种建模方法，优点是创建方式灵活、占用系统资源较少，无需进行复杂的编辑修改。但这种建模方法需要结合一定的修改命令(如车削、挤出等)来完成模型的创建(图 3-1-3)。

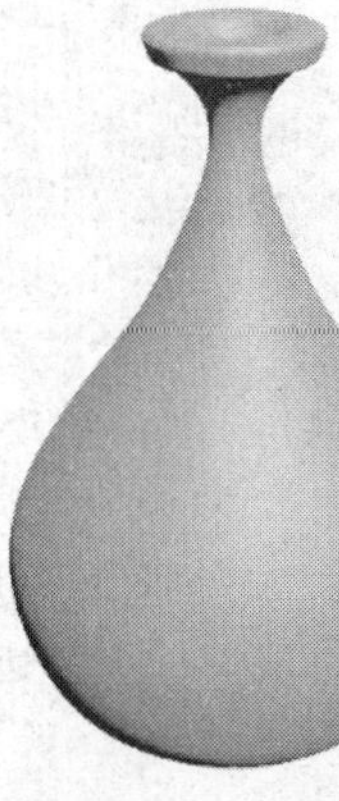

图 3-1-3 使用【车削】修改器制作的花瓶

2.3 复合对象建模

复合对象并不是直接创建对象，而是将两种或两种以上的对象进行合并，在合并的过程中使原有的对象产生变化，常用的复合对象命令有放样、布尔、地形、散布等(图 3-1-4)。

2.4 网格建模

3ds Max 早期版本的一种建模方法，在使用上几乎与多边形相同，只是网格是由三角面构成的框架结构，相对多边形而言，网格对象的编辑工具少、效率低，已被多边形建模取代。

2.5 多边形建模

多边形建模由网格建模发展而来，是基于拓扑理论的一种模型类型，它的特点是易于操作、修改，适合制作较为规则的物体，因此在建筑设计、室内家具建模时使用较多（图3-1-5），但这种建模方法具有较大的随机性，尤其是建造一些复杂模型时，对操作者的空间构造能力要求较高。

图 3-1-4　使用【散布】命令沿山坡分布的树

2.6　面片建模

面片建模在多边形的基础上发展而来的一种建模方式，它基于贝赛尔曲线定义面片建造曲面物体，解决了多边形表面不易进行弹性编辑的难题。其优点是编辑顶点较少，可用较少的细节制作出光滑的物体和表皮褶皱，在工业和动画建模上应用较多。

2.7　NURBS 建模

NURBS 建模是最为专业的曲面建模技术，它由样条曲线及控制点决定模型表面，并且能够随意地控制曲面精度，适合建造表面光滑的物体，如起伏地形与张拉膜等（图 3-1-6）。在 3ds Max 提供的特定工具面板上，用户可以根据不同的需要对模型方便进行修改，不过该建模方法占用系统内存较多，对计算机的配置要求也比较高。

图 3-1-5　多边形建模制作的茶几

图 3-1-6　NURBS 建模制作的张拉膜

3　修改器基础知识

在 3ds Max 中，对对象的修改工作主要是在【修改】命令面板中进行的，而集合修改器的堆栈及其组件则是【修改】面板的核心。所谓修改器，就是对模型进行编辑、改变其几何形状及属性的命令，通过为对象加载各种修改器，就可创造出复杂多样的模型。

3.1　修改器堆栈

进入【修改】面板，可以观察到对象的【名称和颜色】、【修改器列表】、【修改器堆栈】、【堆栈管理工具】、【参数卷展栏】等组成部分（图 3-1-7），接下来主要介绍【修改器堆栈】及其管理工具。

在视图中创建一个对象时，在修改器堆栈中就会出现该对象的名称，如图 3-1-7 中的“Cylinder”，如果需要加载修改器对其进行调整，就在修改器下拉列表中或菜单栏中的【修改器】菜单下选择所需修改器，加载的修改器就会由下至上依次出现在堆栈中。

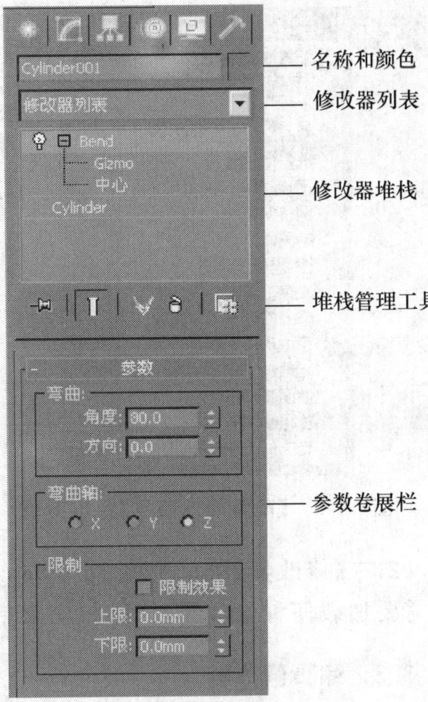

图 3-1-7 【修改】命令面板

在修改器堆栈中，某些修改器前会出现和两个按钮。

◆修改器开关：当灯泡呈点亮状态时，表示此修改器的修改效果可以在视图中显示出来，单击此按钮灯泡为熄灭状态时，则此修改器的修改效果不会在视图中显示。

◆子对象开关：当该按钮显示为“＋”时，表示该修改器有子对象（或子修改器）级别，单击该按钮显示为“－”时，可以展示其下的子对象，如图 3-1-7 中【Bend】弯曲修改器下的“Gizmo”和“中心”。

堆栈管理工具可配合修改器右键菜单用来管理堆栈。

◆锁定堆栈：单击此按钮时，可以锁定当前对象的修改器堆栈，即使在选择了视口中的其他对象之后，也可以继续对该锁定堆栈的对象进行编辑。

◆显示最终结果开/关切换：显示启用此选项后，会在选定的对象上显示整个堆栈的最终效果；禁用此选项后，会仅显示到当前高亮修改器时堆栈的效果。

◆使唯一：只有当场景中存在组或选择集对象时，该按钮才可激活，单击激活该按钮，可以将关联的对象修改成各自独立，这样就可对组或选择集中的对象进行独立操作。

◆从堆栈中移除修改器：在堆栈中选中任一修改器，单击该按钮可删除当前的修改器，从而消除由该修改器引起的所有更改。

◆配置修改器集：单击该按钮将显示一个弹出菜单（图 3-1-8），若在菜单中选择【配置修改器集】，可调出【配置修改器集】对话框（图 3-1-9），用户可在此配置在【修改】面板中显示的修改器；若在菜单中选择【显示按钮】可显示所配置的修改器，反之则关闭；若在菜单中选择【显示列表中的所有集】，可将修改器下拉列表中所有修改器按照不同的功能集合进行显示，以便用户在操作中查找和选取，反之则按默认的“选择修改器”、“世界空间修改器”、“对象空间修改器”3 种类型进行显示。用户若需自定义修改器集，具体操作见本书项目 1 任务 3 中相关内容。

3.2 加载修改器

选择需要修改的对象后，可通过以下两种方式加载修改器：

(1)进入【修改】面板，单击【修改器列表】右侧的按钮，在弹出的下拉列表中选择相应的修改器即可。要快速定位某修改器，只需在列表框中单击，输入该修改器名称，则该修改器会在下拉列表中高显出来。

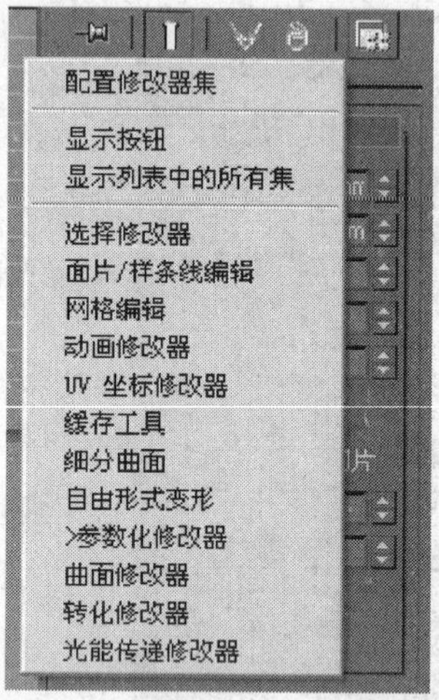

图 3-1-8 【配置修改器集】弹出菜单

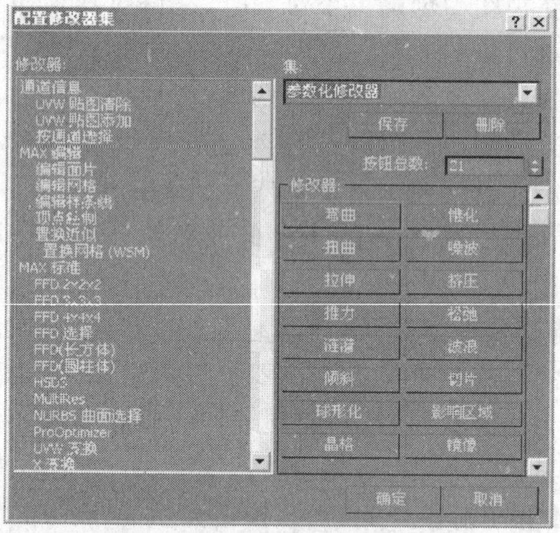

图 3-1-9 【配置修改器集】对话框

(2)在【修改器】菜单中将 3ds Max 修改器细分为【选择】、【面片/样条线编辑】等 16 种类型,需要加载何种修改器,执行相应菜单命令即可。

3.3 编辑修改器

在修改器堆栈中的某个修改器上右击可调出一个右键菜单,该菜单中包含一些对修改器进行编辑的常用命令(图 3-1-10)。

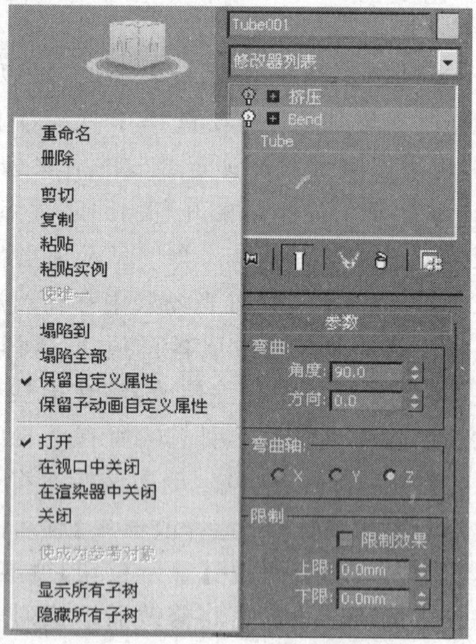

图 3-1-10 修改器右键菜单

3.3.1 剪切/复制、粘贴修改器

通过对修改器执行剪切/复制、粘贴等命令,可以将某个修改器应用于别的对象或本对象堆栈上相应的位置,其操作方法有以下两种:

(1)在修改器上右击调出一个右键菜单,选择【剪切/复制】命令,然后在需要的堆栈位置上右击,在菜单上选择【粘贴】命令即可。

(2)要将修改器应用于别的对象,可在堆栈中将该修改器拖拽到场景中的该对象上即可。

3.3.2 塌陷修改器堆栈

修改器堆栈上的每一个步骤都将占据内存,有时为了使被编辑的对象占用尽可能少的内存,用户可以在堆栈中将修改器塌陷,塌陷后的对象转换为可编辑的网格对象,并删除其中所有的修改器,这样一来,在简化对象、节约内存的同时,用户就再不能对其参数进行调节和恢复了。

塌陷修改器堆栈的方法有两种,即在图 3-1-10 中的右键菜单中选择【塌陷到】或【塌陷全部】。

【塌陷到】:该命令可将塌陷到当前选定的修改器,也就是说删除位于当前修改器下面的所有修改器,保留当前修改器及以上的所有修改器。

【塌陷全部】:该命令可塌陷整个修改器堆栈,即删除所有修改器,将对象转换成网格对象。

在执行【塌陷到】和【塌陷全部】命令时,系统会弹出【警告:塌陷到】和【警告:塌陷全部】对话框(图 3-1-11),若单击“暂存(H)/是”按钮可以将当前对象的状态保存到暂存缓冲区,然后才应用【塌陷到】命令,执行【编辑/取回】菜单命令,可以恢复到塌陷前的状态;若“是(Y)”按钮可以将当前修改器以下的修改器(执行【塌陷到】时)或全部修改器(执行【塌陷全部】时)塌陷。

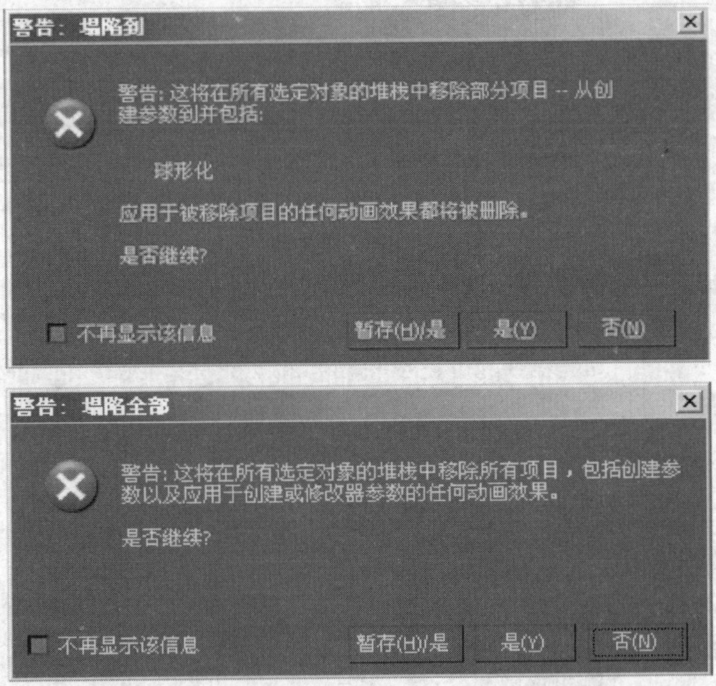

图 3-1-11 【警告:塌陷到】和【警告:塌陷全部】对话框

3.3.3 修改器排序

修改器在堆栈中的顺序排列很重要,先加载的修改器位于堆栈下方,后加载的修改器位于堆栈顶部,不同的排序对同一对象所起到的效果是不一样的,如对同一个管状体加载参数一样的【弯曲】和【挤压】修改器,在堆栈中将两个修改器顺序对调,最终管状体发生了很大的变化(图 3-1-12、图 3-1-13)。

要调整修改器的排序,方法是在堆栈中用鼠标单击该修改器不放,将其拖拽到需要的位置时释放鼠标即可。

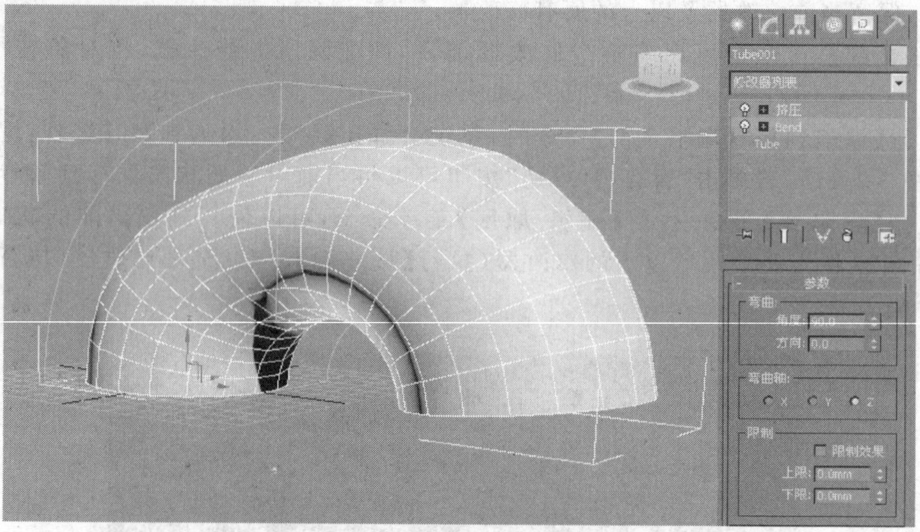

图 3-1-12　先【弯曲】后【挤压】的效果

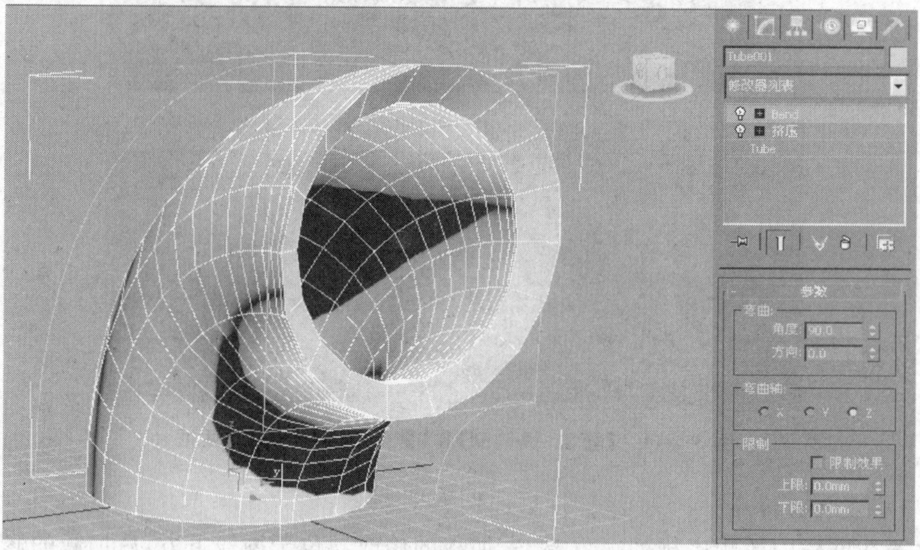

图 3-1-13　先【挤压】后【弯曲】的效果

任务 2　二维图形转换建模

学习领域

- 二维图形的创建与编辑。
- 二维图形转换三维模型常用修改器。

工作领域

- 掌握基本二维图形的创建方法。
- 掌握二维图形不同对象层级的编辑方法。
- 掌握【挤出】、【车削】等修改器的应用。

行动领域

- 能够创建、编辑二维图形，并将其转换为三维模型。

任务知识讲解

1 二维图形的创建

二维图形是指由两个及以上节点构成的线段组合体或由样条线构成的平面图形。在 3ds Max 中二维图形是一种矢量线条，由基本的顶点、线段和样条线等元素构成。一般情况下，二维图形被用作制作平面和线条对象、【挤出】或【车削】等加工成型的截面图形、【放样】物体或运动的路径，也可直接渲染成网格对象。

3ds Max 中的二维图形的创建是通过【创建】/【图形】面板上的【样条线】与【扩展样条线】下拉列表选项实现的，其中【样条线】涵盖了 11 种常用的二维图形，包括线、圆、圆弧、多边形、文本、截面、矩形、椭圆、圆环、星形、螺旋线(图 3-2-1)，【扩展样条线】则包括了墙矩形、宽法兰等 5 种工程设计中常用到的二维图形，由于两者的创建和编辑方法类似，本书仅以【样条线】对象为例。

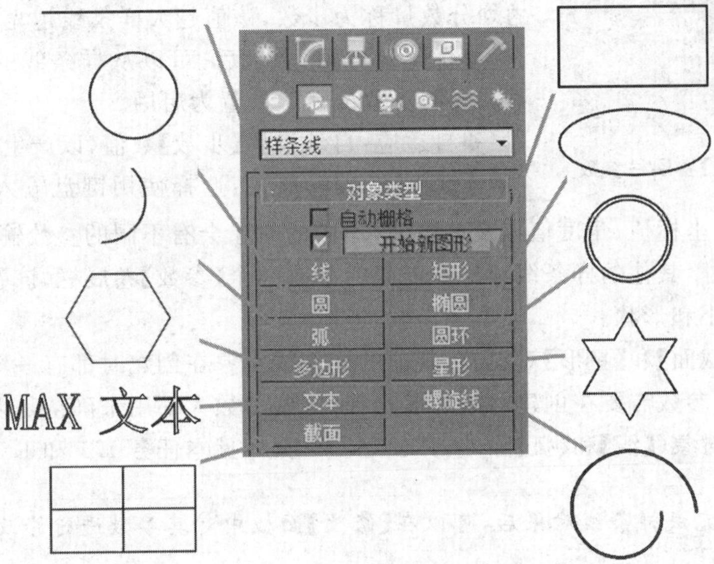

图 3-2-1 【样条线】创建面板

大多数【样条线】对象创建时都有【名称和颜色】、【渲染】、【插值】、【创建方法】、【键盘输入】、【参数】卷展栏，接下来对这些卷展栏参数进行介绍。

【名称和颜色】卷展栏：用来设置样条线的名称和显示在视口中的颜色。

【渲染】卷展栏：用于设置样条线的渲染属性(图 3-2-2)。

◆在渲染中启用：选中该复选框，可以在渲染时直接将图形渲染成三维网格。

◆在视口中启用：选中该复选框，可以直接在视口中将图形显示为三维网格(但对渲染不产生影响)。

◆生成贴图坐标：选中该复选框可对样条线应用贴图坐标，即贴图沿 U 轴向围绕样条线包裹一次，沿 V 轴向围绕长度贴图一次。

◆真实世界贴图大小：控制应用于该对象的贴图材质所使用的缩放方式，缩放值由贴图材质【坐标】卷展栏中的“使用真实世界比例”控制。在选中“生成贴图坐标”后，该复选框方可用。

◆视口：选中该单选按钮可为图形指定截面的形状。当选中【在视口中启用】复选框，并选中【使用视口设置】复选框时，视口效果将显示在视图中。

◆径向：选中该单选按钮，可以将图形的截面设置为圆形，并可调整截面的厚度(即截面直径)、边(圆截面的边数)和角度(截面的旋转角度)。

◆矩形：选中该单选按钮可以将样条线截面显示为矩形，并可整截面的长度、宽度、倾斜角度、长宽比。

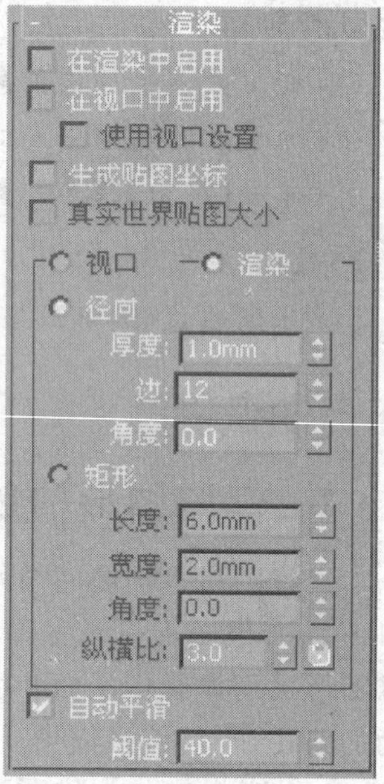

图 3-2-2 【渲染】卷展栏参数

【插值】卷展栏：用于设置曲线样条线的光滑程度(图 3-2-3)。

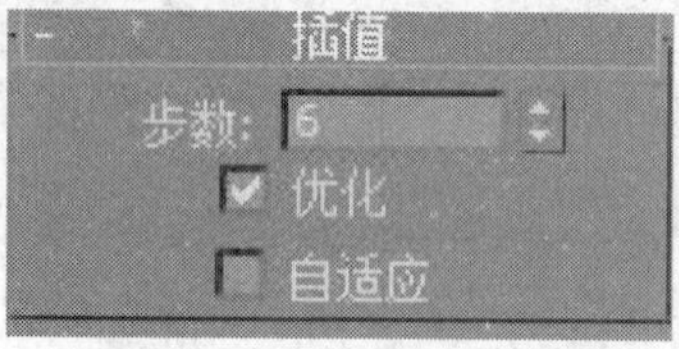

图 3-2-3 【插值】卷展栏参数

◆步数：设置样条曲线的步数，样条线上的每个顶点之间的划分数量称为步数，该值越大样条线越光滑。

◆优化：启用此选项后，可以从样条线的直线线段中删除不需要的步数。默认设置为启用。

◆自适应：自动设置【步数】数值，以产生光滑的曲线。

【键盘输入】卷展栏：选择使用键盘输入的方式创建样条线，如输入所需的坐标值、角度值以及参数值，不同的对象会有不同的参数输入方式。

除【线】对象外，其他的样条线对象在创建时都有一个【参数】卷展栏，该卷展栏用于设置创建对象的基本大小和形状。

除【文本】、【截面】和【星形】对象外，其他的样条线对象在创建时都有一个【创建方法】卷展栏，该卷展栏中的参数需要在创建对象之前选择，这些参数大都用来确认是以图形边缘还是中心作为起点创建对象(【线】和【弧】除外，其创建方法具体见本任务 1.1 和 1.3 节内容)。

提示：创建完成样条线对象后，可以在【修改】面板中对其参数进行修改。

1.1 线

线是最基本也是最常用的一种样条线类型，使用【线】工具可以绘制出任意形状(包含直线和曲线段)、开放或封闭的线条对象(图 3-2-4)。

【例 3-1】 绘制折线和曲线样条线。

(1)选择【创建】/【图形】/【样条线】/【对象类型】/【线】工具。

(2)若绘制由若干直线段组成的折线,首先在任意视图中单击确定直线的起始位置,然后将鼠标移动到下个顶点的位置,依次单击,在需要结束的位置右击结束绘制;若绘制曲线,首先在任意视图中单击确定曲线的起始位置,然后将鼠标移动到下个顶点的位置,依次单击并拖动、释放鼠标,在需要结束的位置右击结束绘制;若绘制同时包含直线和曲线的样条线,在绘制过程中参照上述方法改变鼠标操作即可(图 3-2-4)。

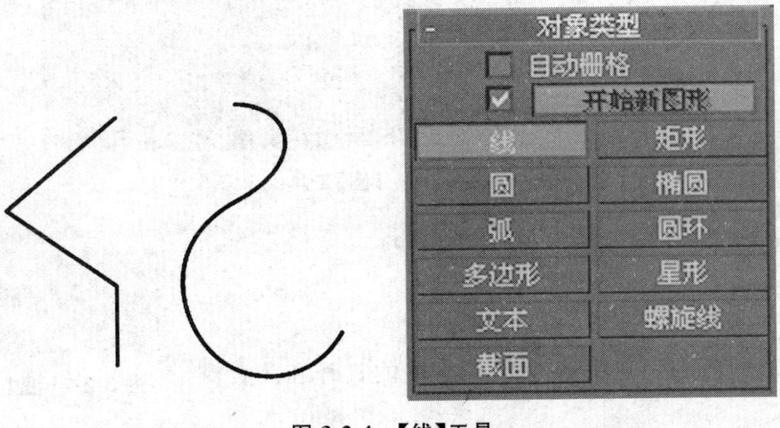

图 3-2-4　【线】工具

当样条线的终点与顶点重合时,系统会提示是否封闭图形。若要封闭该图像,单击“是”按钮,反之则单击“否”按钮继续创建线条。

当样条线的终点与顶点重合时,系统会提示是否封闭图形。若要封闭该图像,单击“是”按钮,反之则单击“否”按钮继续创建线条。

提示:在创建【样条线】对象时,若勾选【对象类型】卷展栏下的“开始新图形”复选框,则每次创建的样条线对象都是独立的二维图形;若取消勾选,则接下来无论创建多少样条线对象,都将视为一个复合图形。

【创建方法】卷展栏用于选择样条线的顶点类型(图 3-2-5)。

◆初始类型:设置单击鼠标时创建的点是角点还是平滑类型,可以分别绘制出直线和曲线。

◆拖动类型:设置单击并拖动鼠标时创建的点是角点、平滑顶点,还是 Bezier(贝兹)顶点,可以分别绘制出直线、曲线和 Bezier 曲线。Bezier 曲线是最灵活的曲度调节方式,通过两个滑杆来调节曲线的弯曲形状。

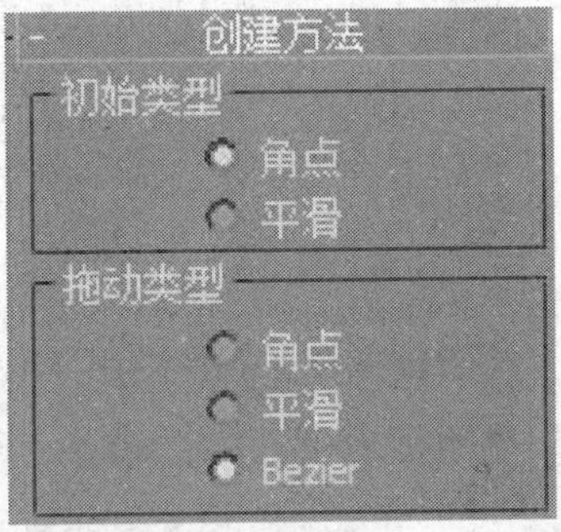

图 3-2-5　【创建方法】卷展栏

1.2　圆

使用【圆】工具可以创建由 4 个顶点组成的闭合圆形样条线(图 3-2-6)。

选择【创建】/【图形】/【样条线】/【对象类型】/【圆】工具,在任意视图中按住鼠标左键并拖动,在需要结束的位置释放鼠标即可。

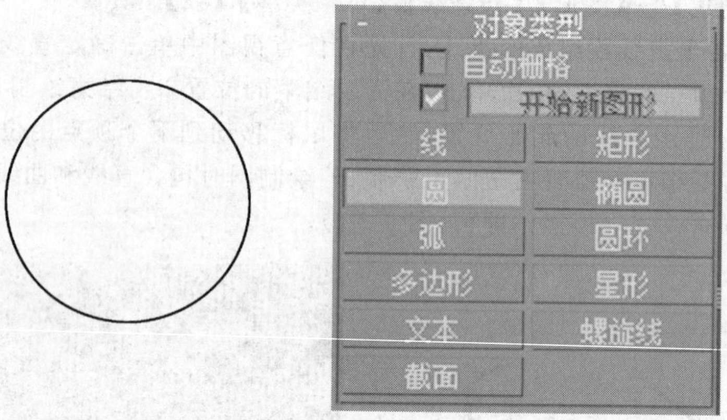

图 3-2-6 【圆】工具

【参数】卷展栏用于设置圆的半径(图 3-2-7)。

图 3-2-7 圆【参数】卷展栏

1.3 弧

使用【弧】工具可以创建由 4 个顶点组成的打开和闭合圆弧形或扇形。

选择【创建】/【图形】/【样条线】/【对象类型】/【弧】工具，在任意视图中单击鼠标确定一个起点，拖拽鼠标画一条直线确定弧的弦长，释放鼠标，在视图中移动鼠标以调整弧的大小和开口方向至合适位置，单击完成弧的创建(图 3-2-8)。

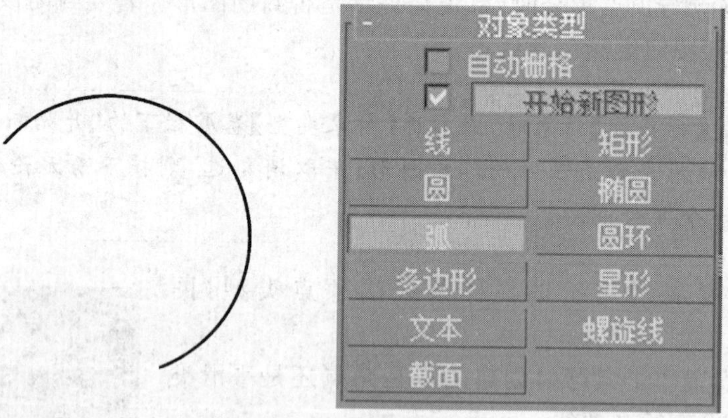

图 3-2-8 【弧】工具

【创建方法】卷展栏用于设置弧的创建方式(图 3-2-9)。

◆端点-端点-中央：先引出一条直线，以直线的两端点作为弧的两端点，然后移动鼠标，确定弧长。

◆中间-端点-端点：先引出一条直线作为圆弧的半径，然后移动鼠标，确定弧长。

【参数】卷展栏用于调整弧的形状(图 3-2-9)。

◆半径：用来设定弧的形状大小。

◆从/到：用来设定弧开口的方向和弧长。

◆饼形切片：若选中此项，弧会从圆心处至弧两端分别增加两条半径而形成一个封闭的扇形。

◆反转：若选中此项，反转弧形样条线的方向，并将第一个顶点放置在打开弧形的相反末端。

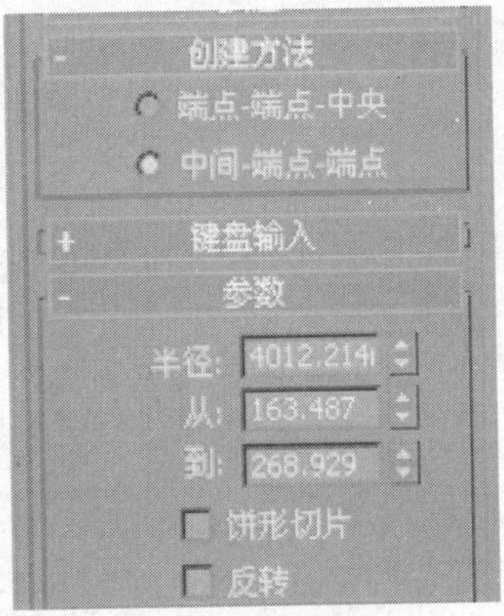

图 3-2-9 【创建方法】和【参数】卷展栏

1.4 多边形

使用【多边形】工具可以创建具有任意边数的正多边形和圆角多边形(图 3-2-10)。

选择【创建】/【图形】/【样条线】/【对象类型】/【多边形】工具，在任意视图按住鼠标左键并拖动到适当位置后松开鼠标，确定正多边形内接圆或外接圆的半径，右击即可完成。

【参数】卷展栏用于调整多边形的形状(图 3-2-11)。

◆半径：设置正多边形内接圆或外接圆的半径。

◆内接/外接：选择以内接圆的半径或外接圆的半径作为多边形的半径。

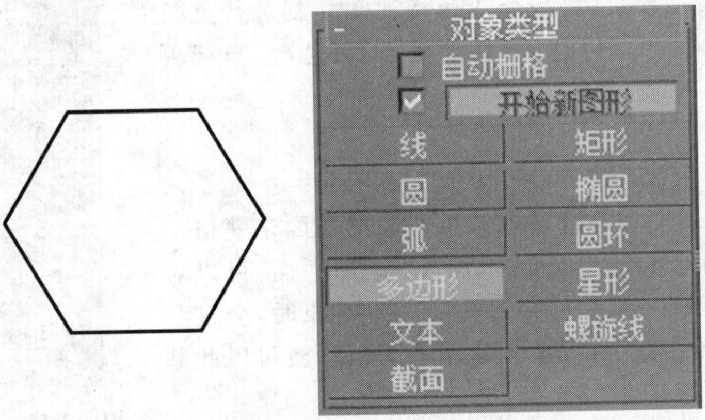

图 3-2-10 【多边形】工具

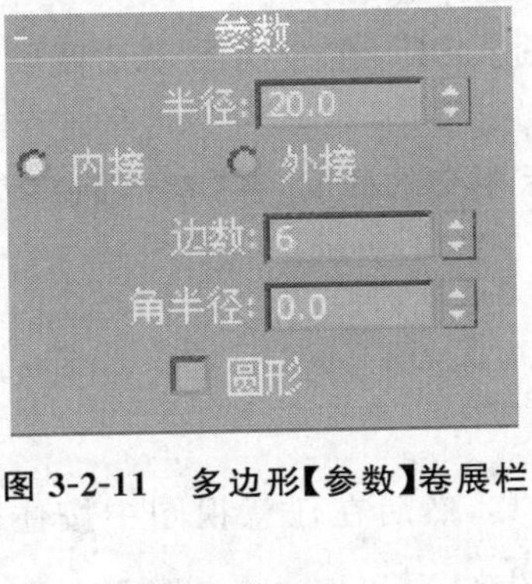

图 3-2-11 多边形【参数】卷展栏

◆边数：用来设置正多边形的边数。

◆角半径：设置圆角的半径大小，可创建带圆角的多边形。

◆圆形：设置多边形为圆形。

1.5 文本

在园林效果图中有时会需要创建文字模型，比如指示牌、匾额、楹联上的文字等。使用【文本】工具可以直接创建文字图形(图 3-2-12)。

选择【创建】/【图形】/【样条线】/【对象类型】/【文本】工具，在【参数】卷展栏(图 3-2-13)中的【文本】框中输入所需文本，在视图中单击即可创建该文本，默认情况下【文本】框中显示的是“MAX 文本”。

【参数】卷展栏用于调整文本的形状(图 3-2-13)。

◆大小：设置文字的字号。

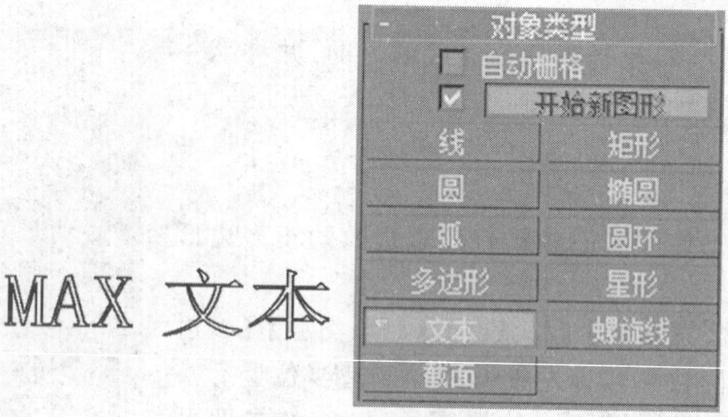

图 3-2-12 【文本】工具

◆字间距：用来设定文字的间距。

◆行间距：用来设定文字的行距。

◆文本：输入或修改文字。

◆更新：设置修改参数后，是否选择将视图立刻进行更新显示，若文本量较大时，可以选中【自动更新】复选框，自行更新视图。

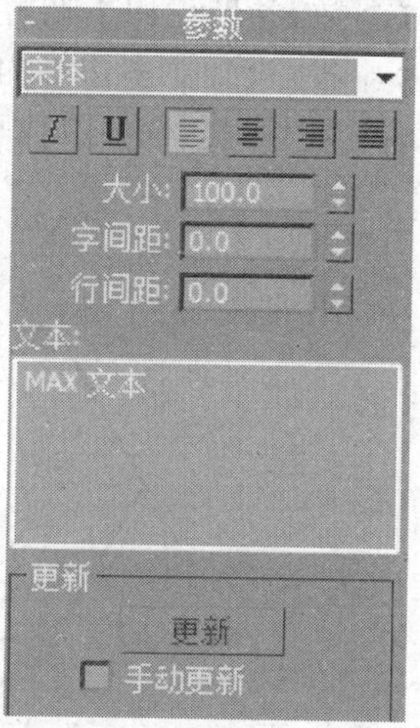

图 3-2-13 文本【参数】卷展栏

1.6 截面

使用【截面】工具可以通过截取三维对象的截面来获得一个二维图形。使用此工具首先会创建一个矩形平面，可以对其移动、旋转或缩放，当该平面穿过一个三维对象时，会显示相交的截面，在命令面板中单击“创建图形”按钮，就可以此截面创建一个二维图形。

【例 3-2】 创建茶壶的截面。

(1)选择【创建】/【几何体】/【茶壶】工具，在顶视图中创建茶壶对象。

(2)选择【创建】/【图形】/【样条线】/【对象类型】/【截面】工具，在左视图建立截面对茶壶进行相切。

(3)单击【选择并移动】命令，将截面与茶壶相交，这时会显示相交的截面，在【参数】卷展栏中单击“创建图形”按钮，就可以此截面创建一个二维图形，如图 3-2-14 所示。

1.7 矩形

使用【矩形】工具可以创建方形和矩形样条线。

选择【创建】/【图形】/【样条线】/【对象类型】/【矩形】工具，然后在任意视图中按住鼠标左键并拖动，在需要结束的位置释放鼠标即可，如图 3-2-15 所示。

【参数】卷展栏用于设置矩形的基本尺寸(图 3-2-16)。

◆长度/宽度：用来设定矩形的形状。

◆角半径：确定矩形的四个角是直角还是圆角，该值为“0”时为直角，该值为正值时即为圆角半径。

图 3-2-14 创建的茶壶截面

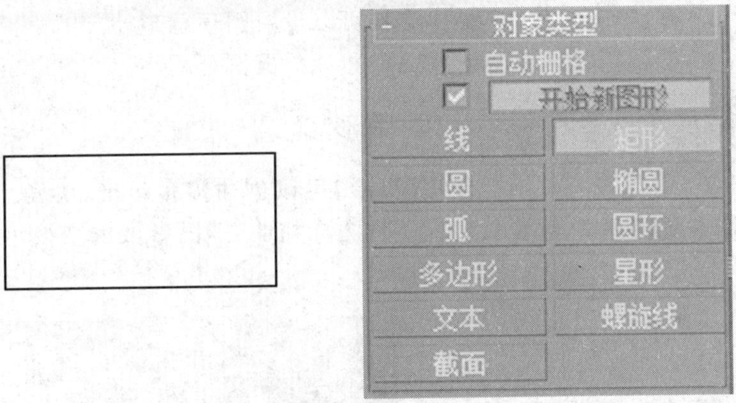

图 3-2-15 【矩形】工具

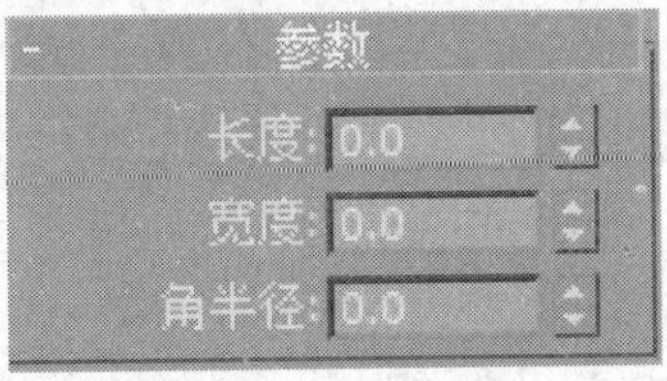

图 3-2-16 矩形【参数】卷展栏

1.8 椭圆

使用【椭圆】工具可以创建椭圆形和圆形样条线。

选择【创建】/【图形】/【样条线】/【对象类型】/【椭圆】工具(图 3-2-17),在任意视图中按住鼠标左键并拖动,在需要结束的位置释放鼠标即可。

【参数】卷展栏用于调整椭圆的大小(图 3-2-18)。

◆长度:指定椭圆沿局部 Y 轴的大小。

◆宽度:指定椭圆沿局部 X 轴的大小。

1.9 圆环

使用【圆环】工具可以创建两个同心圆形成的封闭形状,每个圆都由 4 个顶点组成。

选择【创建】/【图形】/【样条线】/【对象类型】/【圆环】工具,在任意视图中按住鼠标左键向外拖动,在合适位置释放鼠标即可形成单环,然后拖拽鼠标在需要结束的位置单击完成圆环的绘制,如图 3-2-19 所示。

【参数】卷展栏用于设置的圆环的基本尺寸(图 3-2-20)。

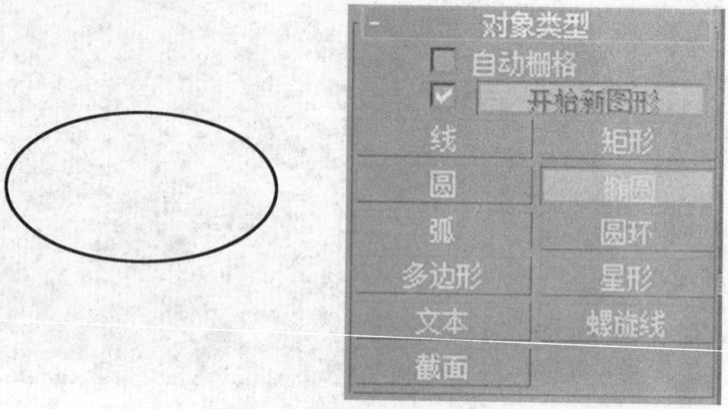

图 3-2-17 【椭圆】工具

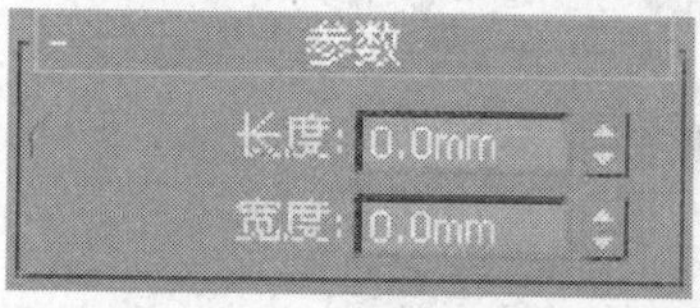

图 3-2-18 椭圆【参数】卷展栏

◆半径 1:可以设置圆环总半径。

◆半径 2:可以设置圆环粗细。

1.10 星形

使用【星形】可以创建多角星形,尖角可以钝化为圆角,也可以向不同方向扭曲,不同参数的变换可以产生许多图案(图 3-2-21)。

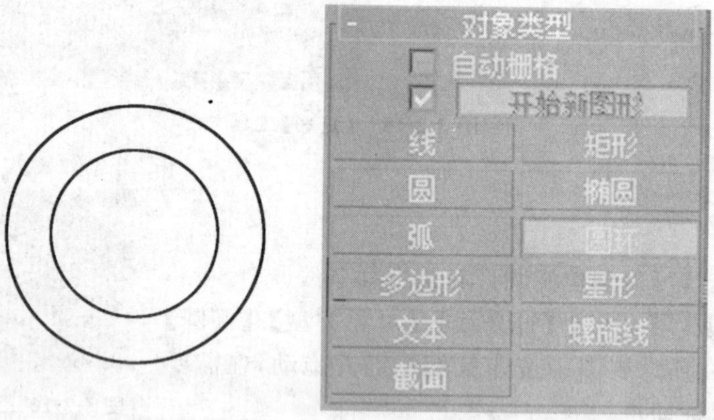

图 3-2-19 【圆环】工具

选择【创建】/【图形】/【样条线】/【对象类型】/【星形】工具,在任意视图中按住鼠标左键并拖动,在需要结束的位置释放鼠标即可。

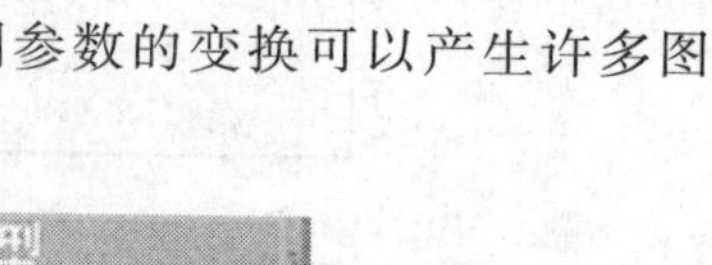

图 3-2-20 圆环【参数】卷展栏

【参数】卷展栏用来设置星形的尺寸及形状(图 3-2-22)。

◆半径 1/半径 2:分别设置星形的内外半径。

◆点:设置星形尖角的数量。

◆扭曲:设置尖角的扭曲的程度。

◆圆角半径 1/圆角半径 2:尖角内外倒角的圆半径。

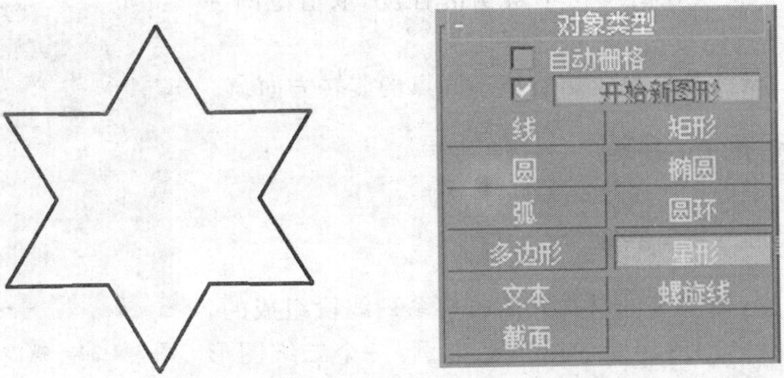

图 3-2-21　【星形】工具

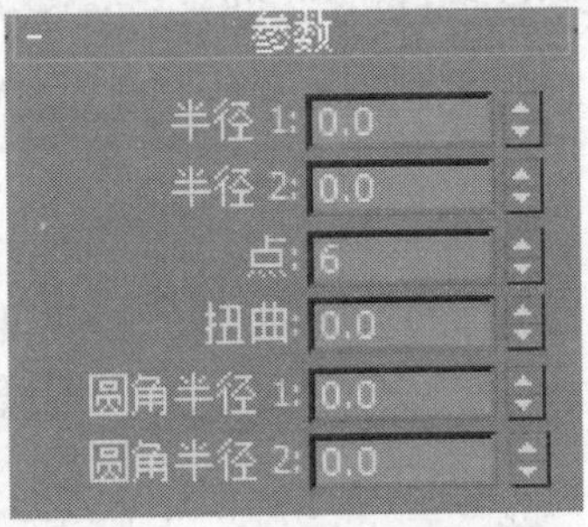

图 3-2-22　星形【参数】卷展栏

1.11　螺旋线

螺旋线是样条线中最特殊的一个二维图形，虽然它是二维的线，却又占据三维空间的，具备高度参数。使用【螺旋线】可以创建平面或空间的螺旋线，比如用来制作弹簧的造型或运动的路径(图 3-2-23)。

选择【创建】/【图形】/【样条线】/【对象类型】/【螺旋线】工具，在任意视图中单击并拖拽鼠标至合适位置释放，以确定螺旋线起点部分圆的半径，然后移动鼠标至合适位置单击确定螺旋线高度，再次移动鼠标至合适位置单击确定螺旋线终点部分圆的半径。

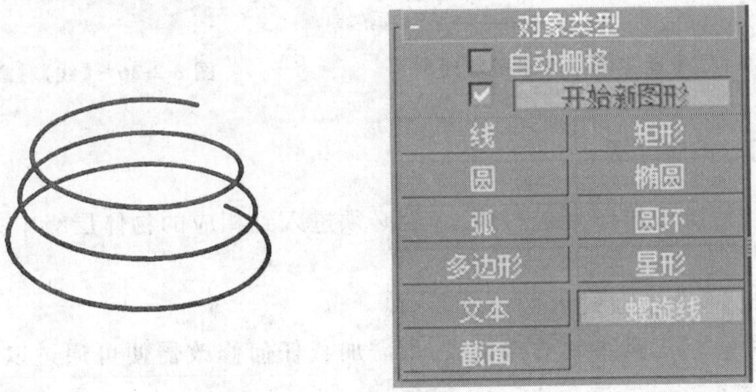

图 3-2-23　【螺旋线】工具

【参数】卷展栏用来设置螺旋线的尺寸及形状(图 3-2-24)。

◆半径 1/半径 2：分别代表螺旋线的上下圆的半径，即起点部分圆的半径、终点部分圆的半径。

◆高度：设置螺旋线的整体高度，该值为“0”时，则创建一个平面螺旋线。

◆圈数：设置螺旋线的总圈数。

◆偏移：设置螺旋线在高度上不均衡的程度，取值范围为－1～＋1。

◆顺时针/逆时针：分别设置螺旋线不同点的旋转方向。

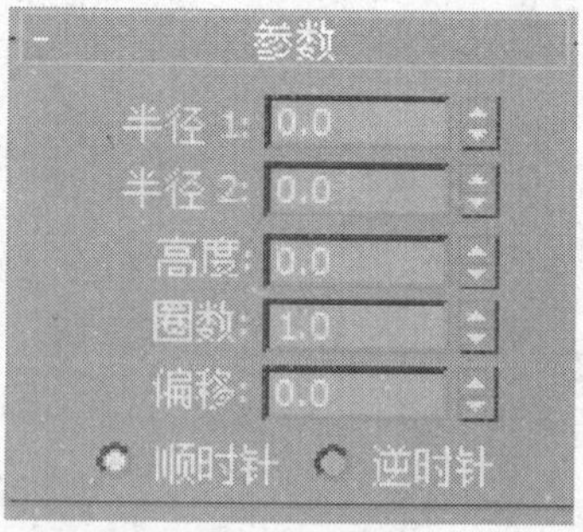

图 3-2-24 螺旋线【参数】卷展栏

2 二维图形的编辑

2.1 二维图形的物体层级

在 3ds Max 中，样条线可以看成是由一系列线段组成的，而线段是两个顶点之间的连线。以“线”为例，一个二维图形由顶点、线段、样条线三个子层级对象构成（图 3-2-25），而“线”则可看成是顶层级对象，它们的层级关系在二维图形【修改】面板的【修改器堆栈】中体现得非常清楚（图 3-2-26）。

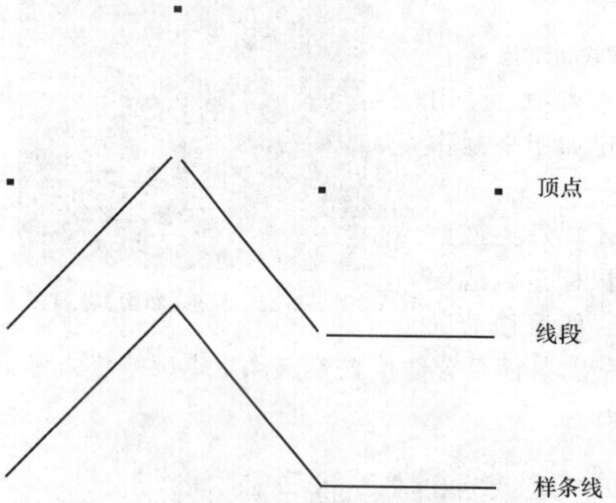

图 3-2-25 二维图形的三个子层级对象

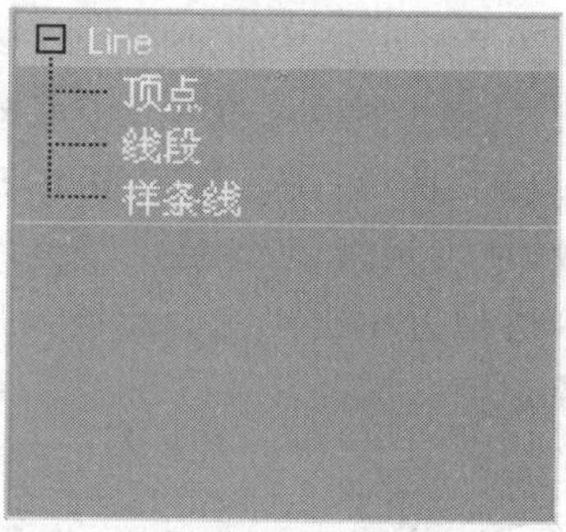

图 3-2-26 【线】对象的物体层级

2.2 进入图形相应层级

如果要对创建好的二维图形进行修改，就必须进入到相应的物体层级中去，进入方法主要有以下 3 种。

2.2.1 从【线】命令直接进入

二维图形中用【线】工具绘制的样条线，不需加载任何修改器便可通过以下三种方式直接进入相应物体层级：

（1）直接进入【修改】面板中的修改器堆栈，单击“Line”、“顶点”、“线段”、“样条线”可对各物体层级进行编辑（图 3-2-26）。

（2）在【修改】面板/【选择】卷展栏中单击“顶点”、“线段”、“样条线”按钮对各子对象进行编辑（图 3-2-27）。

（3）在视口中选择样条线，右击调出四元菜单，选择“顶层级”、“顶点”、“线段”、“样条线”进入不同物体层级进行编辑（图 3-2-28）。

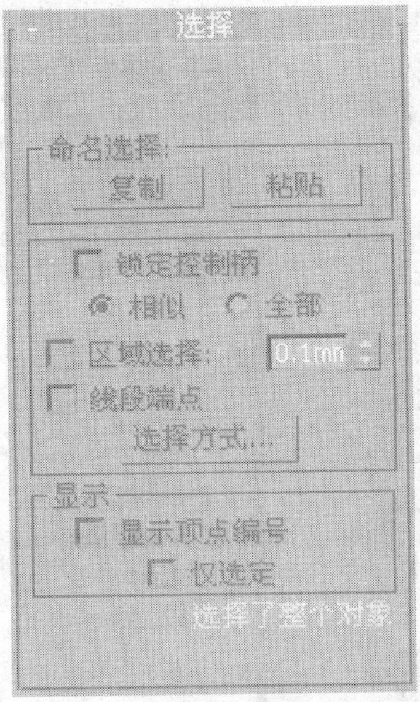

图 3-2-27 【选择】卷展栏

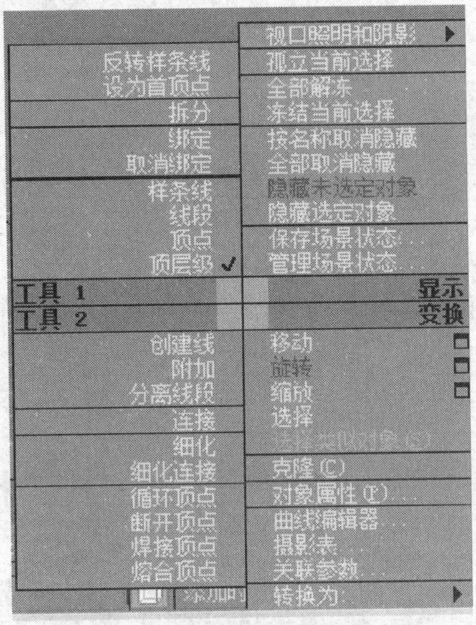

图 3-2-28 【样条线】创建后右键出现的物理层级

2.2.2 加载【编辑样条线】修改器

除【线】之外的其他创建工具绘制的样条线，则需在【修改】面板/【修改器列表】中加载【编辑样条线】修改器，然后进入不同物体层级进行编辑(图 3-2-29)。

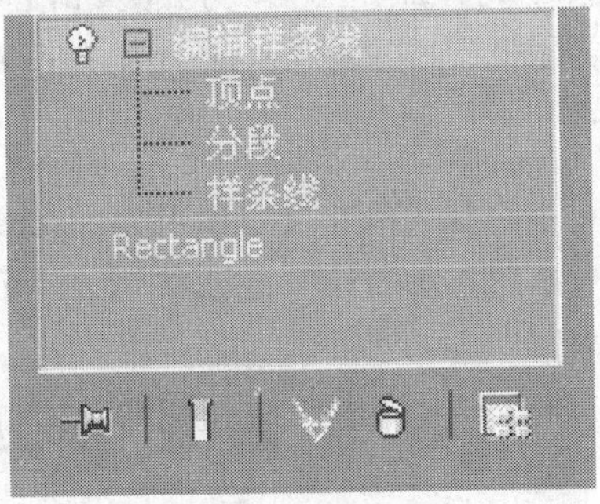

图 3-2-29 加载【编辑样条线】修改器

2.2.3 转换为【可编辑样条线】

除【线】之外的其他工具绘制的样条线还可通过以下两种方式转化为【可编辑样条线】:

(1)在视图中选择二维图形对象，右击调出快捷菜单，选择【转换为:】/【可编辑样条线】命令(图 3-2-30)。

(2)在【修改】面板/【修改器堆栈】选中创建二维图形的命令记录，右击，在弹出的快捷菜单中选择【转换为:】/【可编辑样条线】命令(图 3-2-31)。

提示:使用 2.2.3 方法将二维图形转换为可编辑样条线，将会使对象塌陷，不便于后期修改。

2.3 顶层级的编辑

进入二维图形顶层级，其下显示有【渲染】、【插值】、【选择】、【软选择】、【几何体】卷展栏，其中【渲染】、【插值】卷展栏参数含义同二维图形的创建，【选择】、【软选择】在顶层级是不可用的，接下来主要介绍【几何体】卷展栏中的常用命令。

◆创建线:单击该按钮，可以在现有的样条线上重新创建一条样条线，并且与原有的样条线结合为一个复合图形。

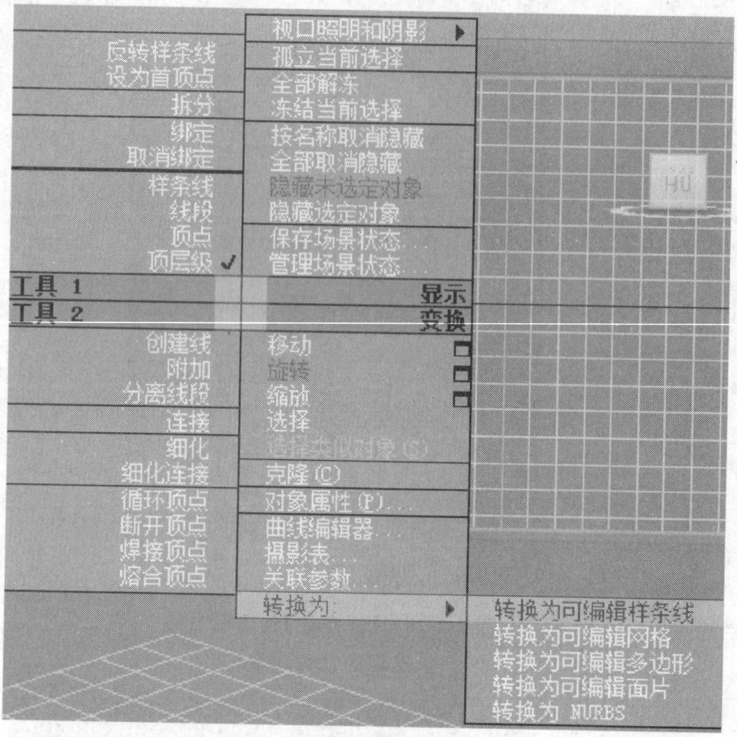

图 3-2-30 在视图中右键菜单转换

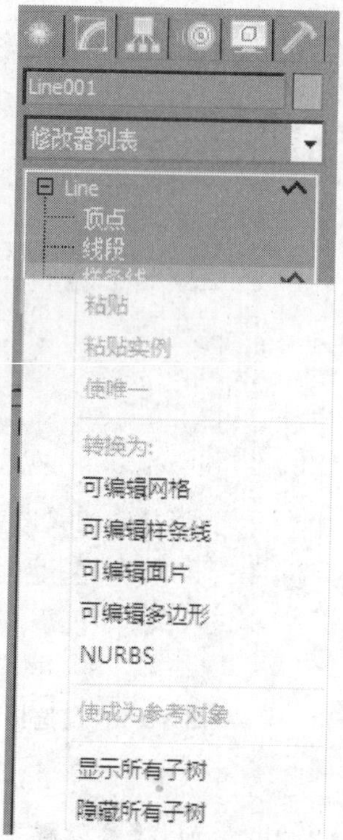

图 3-2-31 在修改器堆栈中右键菜单转换

◆附加：单击该按钮可以将场景中的其他样条线结合到当前编辑的样条线。

◆附加多个：单击该按钮，则可以在打开的列表中选择多个样条线结合到当前编辑的样条线中。

◆插入：单击该按钮可以在当前样条线的线段上插入新的顶点，拖动鼠标可改变样条线形状。

2.4 【顶点】子层级的编辑

在对二维图形进行编辑操作时，顶点的调整将直接影响到整条样条线的外观和弯曲程度，接下来就对【顶点】子层级的常用编辑命令做出介绍。

2.4.1 切换顶点类型

进入【顶点】子层级，选中一个顶点并右击，在弹出的右键菜单中可以看到有 4 种类型的顶点，分别是“平滑”、“角点”、“Bezier”、“Bezier 角点”，需要切换该顶点类型就单击勾选相应顶点即可，其中“平滑”、“角点”在选中状态下，是没有切线控制手柄的，而“Bezier”、“Bezier 角点”在选中状态下时，会显示切线控制手柄，单击并移动控制柄两端的端点可用来控制顶点相邻两线段的曲率(图 3-2-32)。

◆平滑：两边为平滑连续曲线的不可调整的顶点，用于创建平滑曲线，平滑顶点处的曲率由相邻顶点的间距决定。

◆角点：两边为直线的不可调整的顶点，用于创建转角直线。

◆Bezier：带有锁定连续切线控制柄的不可调整的顶点，用于创建平滑曲线，Bezier 顶点处

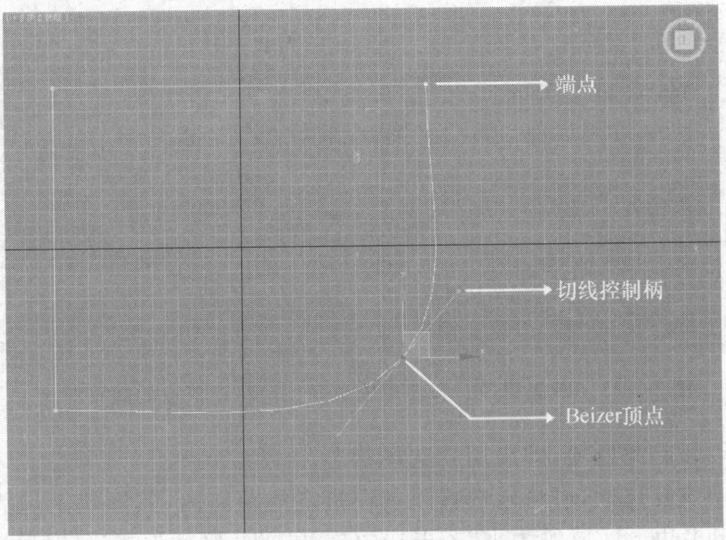

图 3-2-32 “Bezier”角点的组成

的曲率由两根联动的切线操纵柄控制，调节一侧的操纵柄会带动另一侧操纵柄。

◆Bezier 角点：带有不连续的切线控制柄的不可调整的顶点，用于创建带转角曲线，Bezier 角点处的曲率由两根独立的操纵柄控制，调节一侧的操纵柄不影响另一侧操纵柄，这可为调整曲线形状提供更大的灵活性。

2.4.2 【选择】卷展栏

◆锁定控制柄：默认状态下，用户每次只能变换一个 Bezier 和 Bezier 角点的切线控制柄，选中该复选框后可以同时变换多个控制柄。选择“相似”单选按钮，将相同方向的控制柄锁定，选择“全部”单选按钮，将所有控制柄锁定。

◆区域选择：选中该复选框后，系统将自动选择所单击顶点特定半径中的所有顶点，可使用其右侧的微调框设置半径。

◆显示：选中【显示顶点编号】复选框，可以显示顶点编号；选中【仅选定】复选框，则只显示所选定的顶点编号。

2.4.3 【软选择】卷展栏

在 3ds Max 中，二维图形的子对象层级都共享相同的【软选择】卷展栏参数值，在这里仅以【顶点】子对象层级为例，介绍【软选择】卷展栏的应用，其他子对象的应用不再复述。

在【顶点】子层级下，【软选择】卷展栏允许部分显式地选择当前顶点周围的其他顶点，效果就像当前顶点具有磁场一样，且随着距离或强度的增大而衰减。这样做最大的好处在于当要对所选顶点进行变换操作时，部分选择的顶点会根据选择值的高低做出相应地变换，保证了变换效果平滑柔和(图 3-2-33)。

提示：软选择的衰减效果在视图中表现为所选顶点周围的颜色渐变，显示选择的顶点为红色，最高值的软选择顶点为红橙色，这意味着这种颜色的顶点对变换的响应非常强烈，其次是橙色、黄橙、黄色、黄绿、蓝色，蓝色顶点实际上是未选择，并不会对变换作出响应(图 3-2-33 右)。

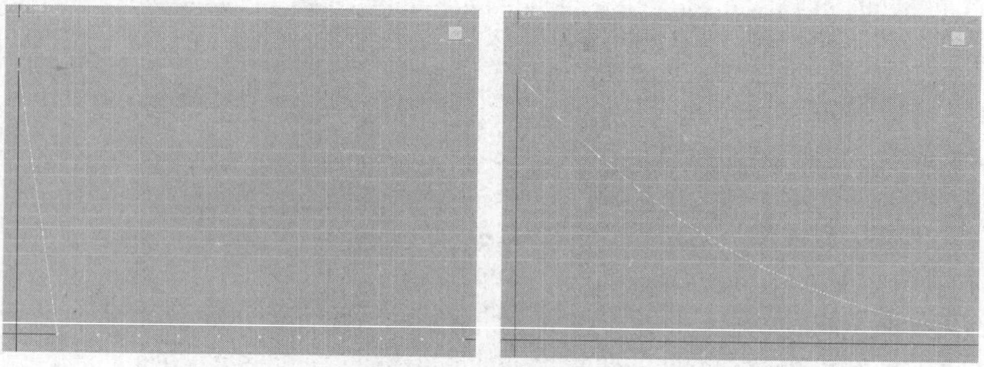

图 3-2-33　不使用(左)和使用软选择(右)移动顶点的效果对比

◆使用软选择：开启此选项，即启用软选择状态。

◆边距离：选中该复选框，可将软选择限制在指定的距离内，其影响区域为多边形，其右边的参数栏用于决定多边形区域的大小，若未选中该复选框，则软选择影响区域为圆形。

◆衰减：设定软选择影响范围的半径的大小，如果启用了边距离，“边距离”设置就限制了最大的衰减量。

◆收缩：设置【软选择】曲线图形中区域的相对“突出度”，可沿着垂直轴提高并降低曲线的顶点，并最终反映在变换效果上。该值为正值时，将产生凸起的点(图 3-2-34 左)，为负值时，将生成凹陷。

◆膨胀：设置【软选择】曲线图形中区域的相对“丰满度”，可沿着垂直轴展开和收缩曲线，并最终反映在变换效果上。“收缩”设为 0 且“膨胀”设为 1.0 将会产生最为平滑的凸起(图 3-2-34 右)。

◆曲线图形：以图形的方式直观地反映以上软选择参数的设置。

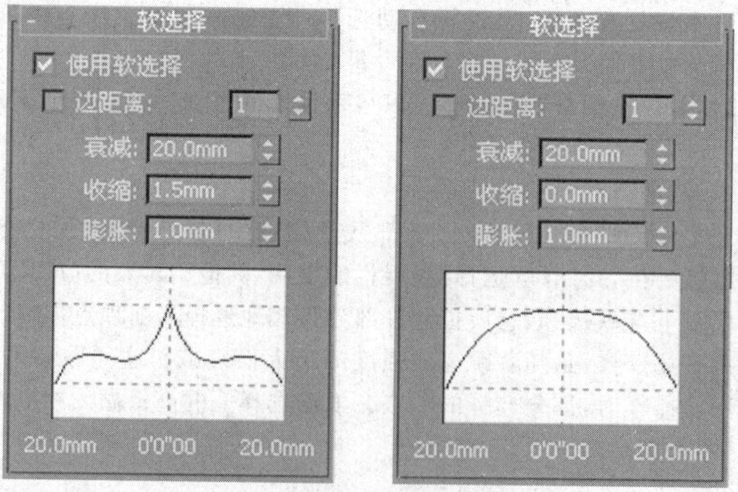

图 3-2-34　【软选择】卷展栏

2.4.4　【几何体】卷展栏

进入【顶点】子层级后，【几何体】卷展栏中常用的命令如下：

◆断开：使封闭的图形在选中的顶点处断开，从而变为开放的图形(图 3-2-35)。

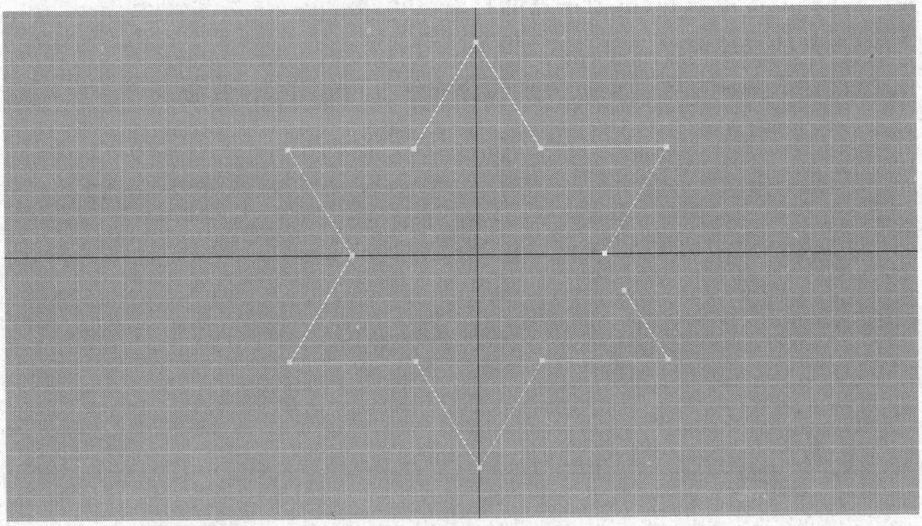

图 3-2-35 顶点的断开效果

◆优化:可以在当前的图形上添加顶点,而不更改样条线的曲率值。

单击该按钮,然后在样条线上单击鼠标左键即可创建顶点,如图 3-2-36 所示;

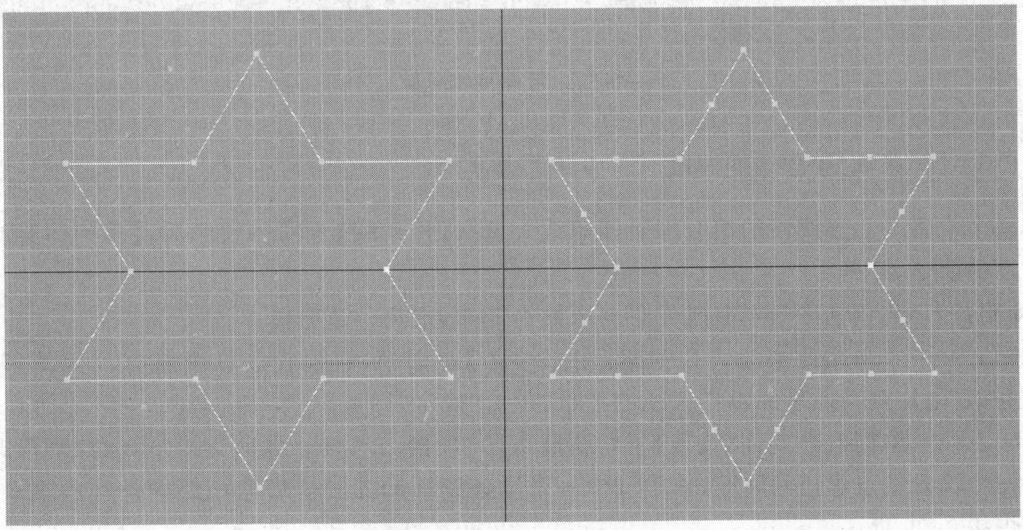

图 3-2-36 顶点优化前后对比

◆焊接:可以将阈值距离内的相邻两个端点转换为一个端点。在"焊接"数字框内输入焊接阈值,选中需要焊接的顶点,单击该按钮即可实现焊接。

◆圆角/切角:可以在线段会合的地方设置圆角或切角,并增加新的顶点。

2.5 【线段】子层级的编辑

线段是指连接两个点之间的分段,当用户对线段进行变换操作时也相当于在对两端的点进行变换操作。

进入【线段】子层级后,【几何体】卷展栏中常用的命令如下:

◆断开：将选择的线段断开，类似于点的打断。

◆删除：将选择的线段删除。

◆拆分：通过该微调框设置的顶点数来细分或等分所选线段，该命令可一次性地定数等分多条样条线，十分方便(图 3-2-37)。

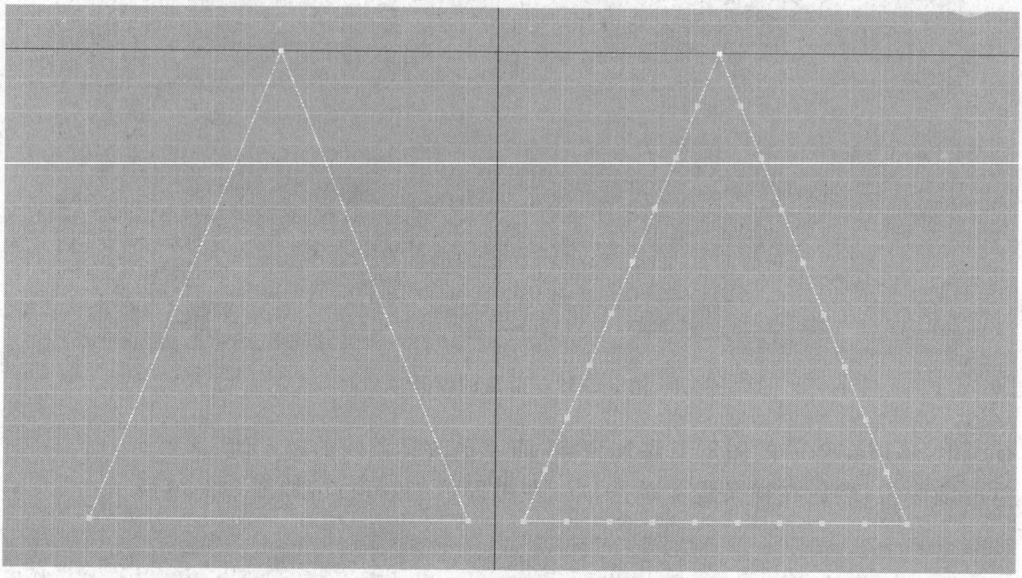

图 3-2-37 线段拆分前后对比

2.6 【样条线】子层级的编辑

一个或多个相连线段的组合即是样条线。进入【样条线】子物体层级后，【几何体】卷展栏中常用的命令如下：

◆附加：可将当前图形与其他图形对象结合起来，成为一个整体。

◆附加多个：单击此按钮可以显示【附加多个】对话框，它包含场景中所有其他图形的列表，选择要附加到当前可编辑样条线的形状，单击“确定”即可。

◆端点自动焊接：功能同【线段】子物体层级的“焊接”。勾选“自动焊接”后，在“阈值距离”数字框中输入端点焊接的间距，选中其中一个样条线移动并归位后两相邻样条线的端点即可自动焊接。

◆轮廓：可制作样条线的副本，其距离偏移量由该按钮右边的微调框指定。如果样条线是开口的，生成的样条线及其轮廓将生成一个闭合的样条线。该命令非常适合做墙线等双线的对象(图 3-2-38)。

◆布尔：布尔运算包括【并集】、【差集】和【相交】3 种方式，对二维图形进行运算前需使用【附加】命令将要运算的二维图形合并，且需保证二维图形处于同一平面。此外，二维图形的布尔运算只能在封闭的图形之间进行(图 3-2-39)。

◆镜像：可沿水平、垂直或对角方向镜像样条线，类似于主工具栏上的镜像工具。

◆修剪：可清除不同样条线的相交部分，使端点接合在一个点上。要进行修剪，需要将样条线相交。

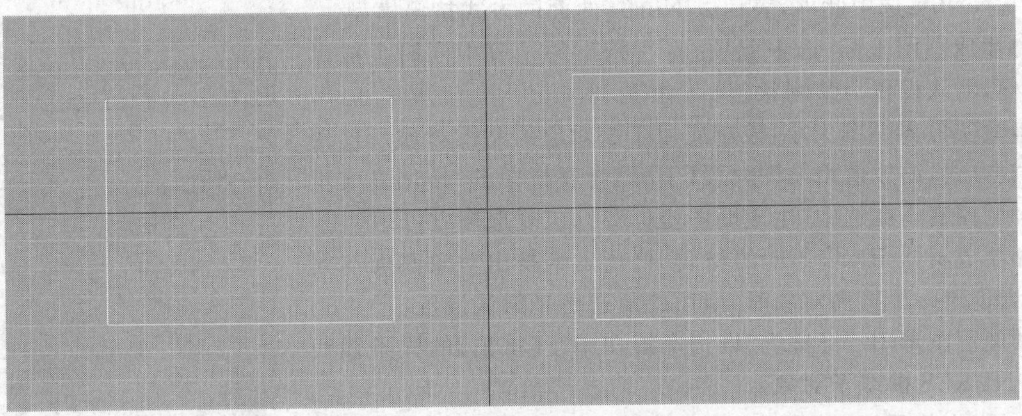

图 3-2-38 样条线轮廓前后的对比

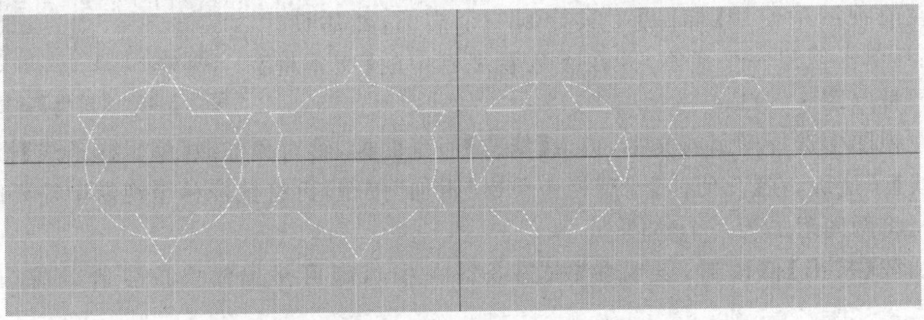

图 3-2-39 样条线原对象、并集、差集和交集运算的结果

◆延伸：可延伸一开放样条线至另一条相交的样条线上，使端点接合在一个点上。如果没有相交样条线，则不进行任何处理。

3 二维图形转换三维模型常用修改器

3.1 【挤出】

【挤出】修改器通过为二维样条线增加指定厚度，挤出生成实体模型。这是在园林效果图制作中最常用的修改器之一，适合创建单一断面且只有厚度变化的三维物体。

该修改器【参数】卷展栏各参数如图 3-2-40 所示。

◆数量：设置挤出的厚度。

◆分段：设置挤出厚度上的片段数。

◆"封口"组用来确定挤出模型顶端和底端是否封口以及封口类型。

• 封口始端/末端：将挤出模型的顶端和底端加面封口。

• 变形：以可重复的方式排列封口面，不进行面的精简计算，以便进行变形动画的制作。

• 栅格：以方形修剪栅格排列封口面，进行面的精简计算，不能进行变形动画的制作。

◆"输出"组用来确定挤出模型的类型。

• 面片：选中此项，表示以面片的方式挤出模型。

• 网格：选中此项，表示以网格的方式挤出模型。

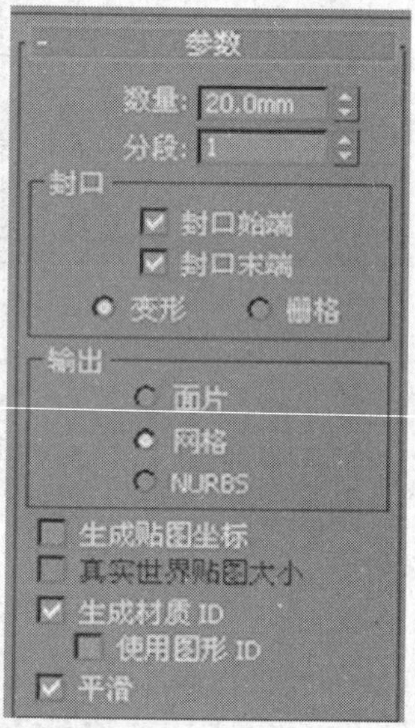

图 3-2-40 【挤出】参数卷展栏

• Nurbs:选中此项,表示以 Nurbs 曲面的方式挤出模型。

◆生成贴图坐标:选中此项,将在挤出的过程中同时生成贴图坐标,默认设置为禁用状态。

◆真实世界贴图大小:控制应用于该对象的贴图材质所使用的缩放方式,缩放值由贴图材质【坐标】卷展栏中的“使用真实世界比例”控制。在选中“生成贴图坐标”后,该复选框方可用。

◆生成材质 ID:将不同的材质 ID 指定给挤出对象侧面与封口。当创建一个挤出对象时,启用此复选框是默认设置。

◆使用图形 ID:将材质 ID 指定给在用于【挤出】的样条线线段或 NURBS 曲线子对象。

◆平滑:将平滑应用于挤出图形。

【例 3-3】 使用【挤出】修改器制作镂空广告牌。

(1)在前视图中使用【椭圆】工具绘制一个椭圆,然后使用【文本】工具单击创建一个文本,并在参数卷展栏中的【文本框】中输入“园林”(图 3-2-41 左)。

(2)在视图中选择椭圆或文本,进入【修改】命令面板,给对象加载【编辑样条线】修改器,进入【样条线】子层级,在【几何体】卷展栏中单击“附加”按钮,再将鼠标移至视窗中需要附加的图形上单击,将两图附加为一个整体。

(3)加载【挤出】修改器,设置参数(图 3-2-41 中),即可挤出镂空广告牌效果(图 3-3-41 右)。

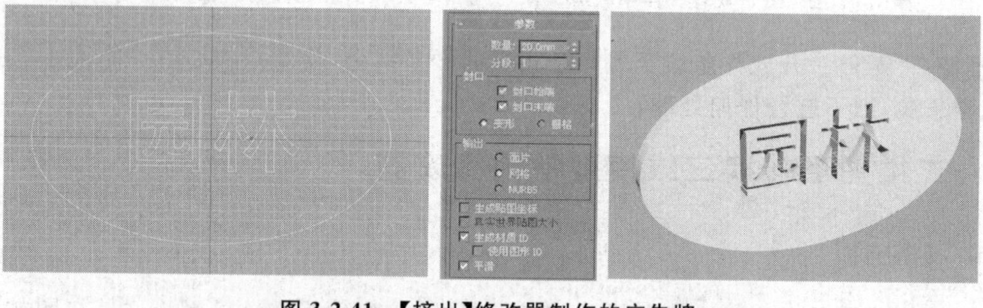

图 3-2-41 【挤出】修改器制作的广告牌

提示:【例 3-3】在执行【挤出】操作前需要先将两个二维图形附加为一个图形,附加后挤出的造型才是文字部分被镂空的实体造型。

3.2 【车削】

【车削】修改器可以一个二维图形为纵剖面,围绕指定的旋转轴旋转创建三维模型。适合应用【车削】修改器的模型需满足两个条件:一是中心存在一旋转轴,二是在任何高度对该模型设置的横剖面都是圆形。闭合的纵剖面图形旋转获得有壁、空心的三维模型,如花钵、花瓶等,开放的纵剖面图形旋转则可获得实心的三维实体,如桌凳、宝顶等。

该修改器【参数】卷展栏各参数如图 3-2-42 所示。

◆度数:用来设置车削旋转的角度,一般设置 360°。

◆焊接内核:用来确定样条线的端点和车削的轴心重合。选中该选项后,系统自动将这部分表面平滑化。

◆翻转法线:翻转模型的法线方向。

◆分段:用来控制光滑效果,缺省值为 16。

◆方向组的 X、Y、Z 按钮用来设置样条线的旋转轴。

◆对齐组用来设置与旋转轴对齐的样条线的位置。

• 最小:将样条线内边界与旋转轴对齐。

• 中心:将样条线中心与旋转轴对齐。

• 最大:将样条线外边界与旋转轴对齐。

"封口"组、"输出"组及其他参数含义同【挤出】修改器。

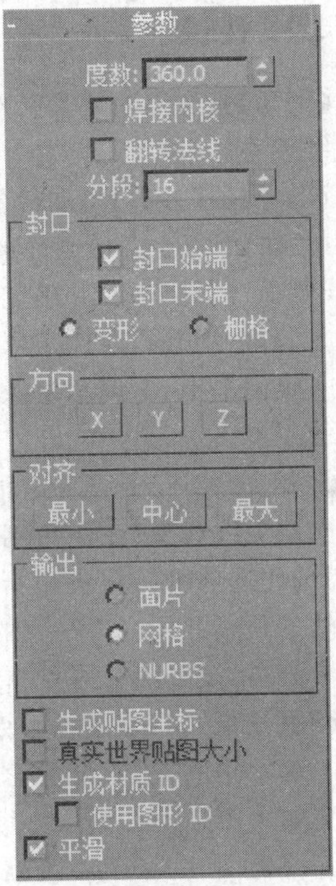

图 3-2-42 车削【参数】卷展栏

【例 3-4】 使用【车削】修改器制作花瓶。

(1)在前视图中使用【线】工具,绘制花瓶的纵剖面图形。

(2)选择绘制好的纵剖面图形,进入【修改】命令面板,加载【编辑样条线】修改器,进入【样条线】子层级,在【几何体】卷展栏中单击"轮廓"按钮,将样条线轮廓为双线(图 3-2-43 左)。

(3)加载【车削】修改器,设置参数如图 3-2-43 中,方向选择 Y 轴,对齐选择"最小",即可形成花瓶效果(图 3-2-43 右)。

(4)在【修改器堆栈】中进入【车削】子对象层级"轴",变换轴的位置,花瓶形状也会发生相应变化。

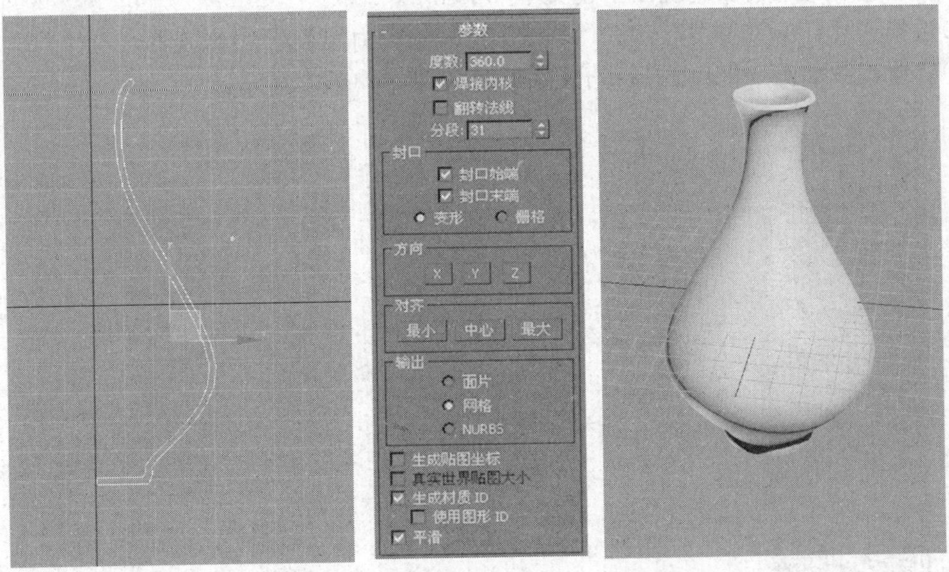

图 3-2-43 【车削】修改器制作的花瓶

3.3 【倒角】

【倒角】修改器主要是针对二维图形进行操作，通过【倒角】工具，使之成为带有厚度和角度的三维模型。

该修改器【参数】卷展栏各参数如图 3-2-44 所示。

◆“曲面”组：控制侧面的曲率、光滑度，可设定“线性侧面”和“曲线侧面”两种方式，并确定是否生成贴图坐标。

• 分段：用来设置倒角内部的片段数。

• 级间平滑：对倒角对象侧面进行平滑处理，封口使用与侧面不同的平滑。

◆“相交”组：防止从重叠的临近边产生锐角。

• 避免线相交：在倒角制作时，有些尖锐的折角会产生突出变形，勾选此选项可防止尖锐折角产生突出变形，它通过在轮廓中插入额外的顶点并用一条平直的线段覆盖锐角来避免此种情况。

• 分离：设置两个边界线之间保持的间隔距离。

◆“倒角值”组：设置起始级别三个级别的高度和轮廓参数。

• 起始轮廓：用来设置轮廓从原始图形的偏移距离，非零设置会改变原始图形的大小。

• 级别 1/2/3：包含“高度”和“轮廓”两个参数，“高度”表示相邻级别之间的距离，“轮廓”表示相邻级别轮廓的偏移距离，级别 2 和 3 是可选级别。

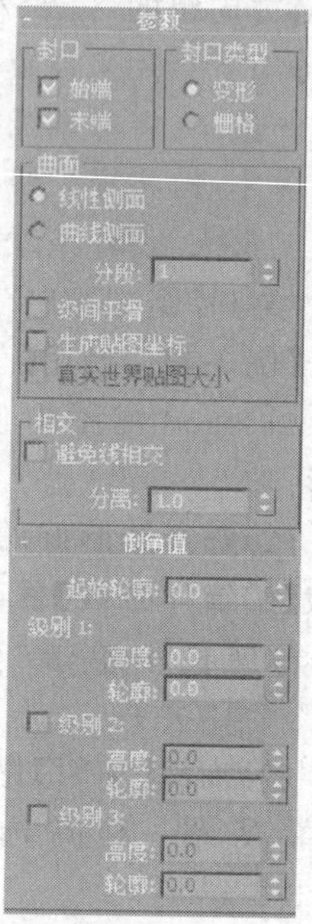

图 3-2-44 倒角【参数】卷展栏

“封口”组、“封口类型”组及其他参数含义同【挤出】修改器。

【例 3-5】 使用【倒角】修改器制作倒角文字。

(1)使用【文字】工具在前视图创建文本“3ds Max”。

(2)选择创建好的文字图形，进入【修改】命令面板，加载【倒角】修改器。

(3)修改参数如图 3-2-45 左所示，文字效果如图 3-2-45 右所示。

图 3-2-45 【倒角】修改器制作的文字

3.4 【倒角剖面】

【倒角剖面】修改器是从【倒角】衍生而来的，它要求提供一个二维图形作为路径，而另一个图形作为剖面，然后使剖面沿路径延伸生成三维模型。

该修改器【参数】卷展栏各参数如图 3-2-46 所示。

“倒角剖面”组：选择路径并添加修改器后，单击“拾取剖面”按钮，在视图中拾取一个图形或 NURBS 曲线来作为剖面。

“封口”组、“封口类型”组、“相交”组及其他参数含义同【倒角】修改器。

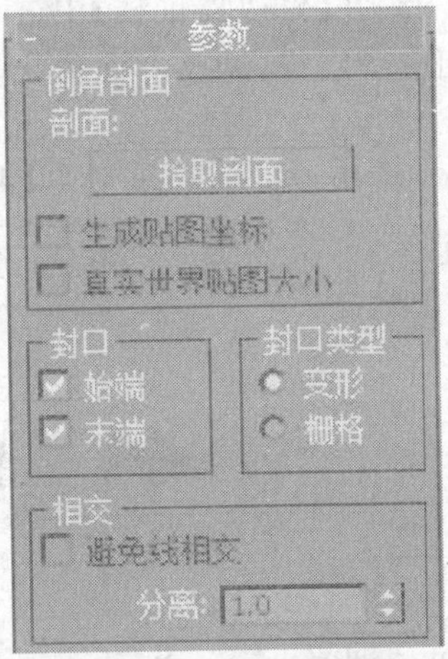

图 3-2-46 【倒角剖面】参数卷展栏

【例 3-6】 使用【倒角剖面】修改器制作圆形水池。

(1)在前视图中使用【线】工具，绘制水池的剖面图形；在顶视图中使用【圆】工具绘制一个圆形作为路径(图3-2-47)。

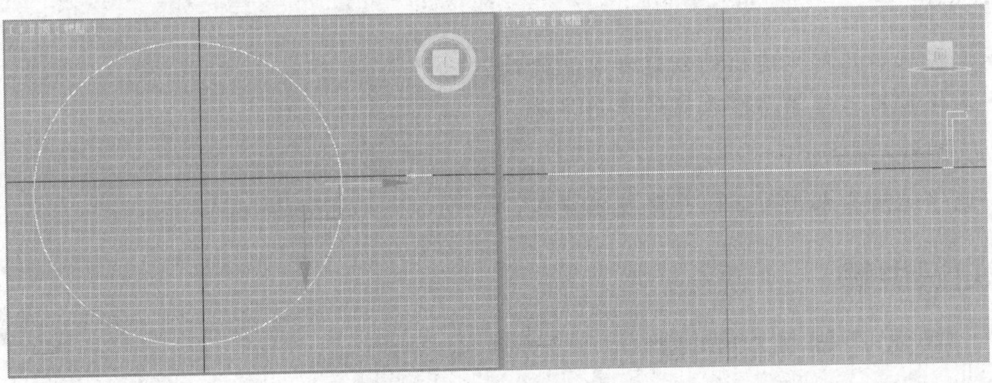
图 3-2-47 绘制圆形作为路径

(2)选择绘制好的圆形，加载【倒角剖面】修改器，单击“拾取剖面”按钮，回到视图中选择水池的剖面图形，即可形成圆形水池效果(图 3-2-48)。

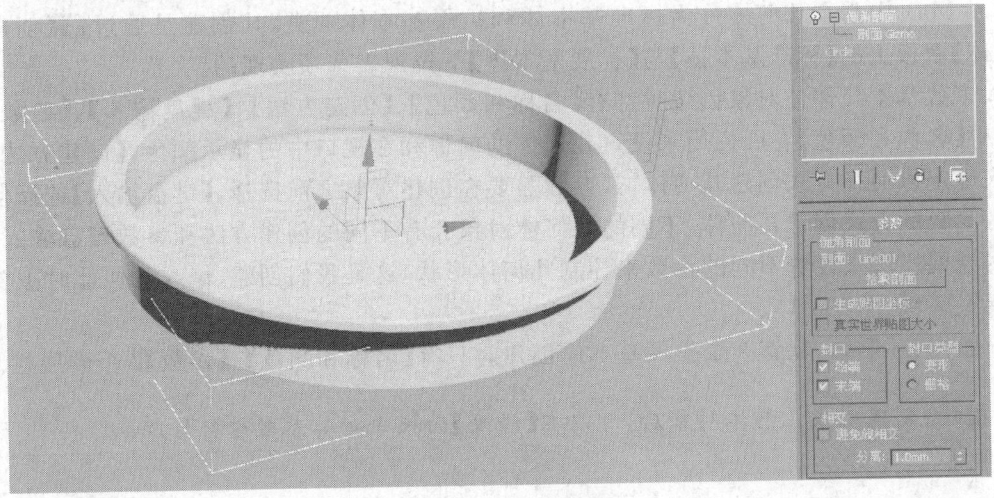
图 3-2-48 水池轮廓造型

(3)在【修改器堆栈】中进入【倒角剖面】子对象层级“剖面 Gizmo”，或者进入水池的剖面图形相应子层级，调整剖面形状，水池轮廓也会发生相应变化。

提示：使用【倒角剖面】工具生成三维造型后，作为剖面的二维图形不能被删除，否则生成的对象将一并消失。

任务3 几何体建模

学习领域

- 基本几何体的创建。
- 常用三维编辑修改器。

工作领域

- 掌握基本几何体建模的创建和参数修改。
- 掌握常用三维编辑修改器的使用方法。

行动领域

- 能够运用基本几何体配合修改器建模。

任务知识讲解

1 基本几何体的创建

基本几何体建模是最基础的建模方法，用户可以通过执行相应命令直接生成简单的三维模型，配合三维编辑修改器或者将其转换为“可编辑对象”进行进一步修改，可以生成更为复杂的模型。

3ds Max 中基本几何体分为标准基本体和扩展基本体两类，其创建是通过【创建】/【几何体】面板上的【标准基本体】与【扩展基本体】下拉列表选项实现的。

大多数基本几何体对象创建时都有【名称和颜色】、【创建方法】、【键盘输入】、【参数】卷展栏，其中【名称和颜色】卷展栏用来设置几何体的名称和在视口中的显示颜色，【创建方法】卷展栏用来确定以何种方式创建几何体，其参数需要在创建对象之前选择，【键盘输入】选择使用键盘输入参数的方式创建几何体，不同的几何体对象会有不同的创建方法和参数键盘输入方式，【参数】卷展栏用来设置不同的参数来控制几何体形状，这是我们创建、修改几何体时主要操作的卷展栏区域(图 3-3-1)。

异面体、环形结、软管 3 个扩展基本体创建时只有【名称和颜色】、【参数】2 个卷展栏。

提示：创建完成几何体对象后，可以在【修改】面板中对其参数进行修改。

1.1 标准基本体的创建

标准基本体包括10种常见的基本几何体，包括长方体、球体、圆柱体、圆环、茶壶、圆锥体、几何球体、管状体、四棱锥、平面（图3-3-2）。

图3-3-1 创建【长方体】卷展栏参数

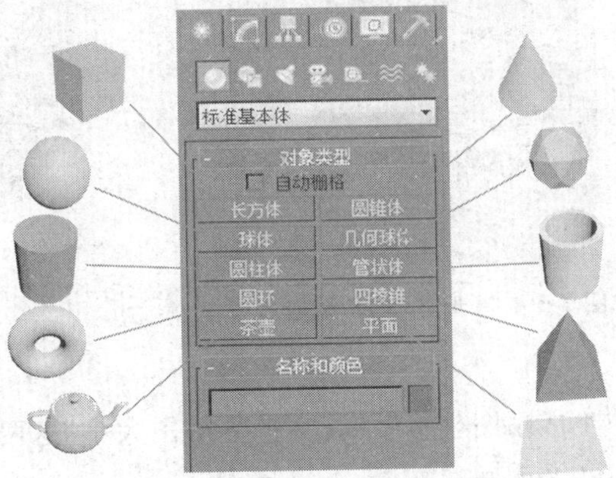

图3-3-2 【标准基本体】创建面板

1.1.1 长方体

使用【长方体】工具可以生成最简单的六面体，可以通过更改长、宽、高数值来控制长方体的形状，也可以通过增加分段数以方便对其进一步修改（图3-3-3）。

图3-3-3 【长方体】工具

选择创建面板/几何体/“长方体”按钮，或者执行【创建】/【标准基本体】/【长方体】菜单命令，在任意视图中拖动鼠标定义长方体的底部，待大小合适后松开鼠标确定长度和宽度；再次移动鼠标就可以设置长方体的高度，最后在适当的位置单击完成创建。

如果要创建以正方形为底面的立方体，可在创建长方体时配合<Ctrl>键或者在【创建方法】卷展栏中选中“立方体”。

该工具【参数】卷展栏如图 3-3-4 所示：

◆长度/宽度/高度：用于精确设定物体三个维度上的尺寸。

◆长度分段/宽度分段/高度分段：设置长方体在长、宽、高方向上的片段数，数值越大则物体分段越多，同时占用的内存越大，分段越少则不利于后期的编辑修改。

◆生成贴图坐标：选中该复选框可在创建对象时同时生成贴图坐标。

◆真实世界贴图大小：控制应用于该对象的贴图材质所使用的缩放方式(图 3-3-5)，缩放值由贴图材质【坐标】卷展栏中的“使用真实世界比例”控制。在选中“生成贴图坐标”后，该复选框方可用。

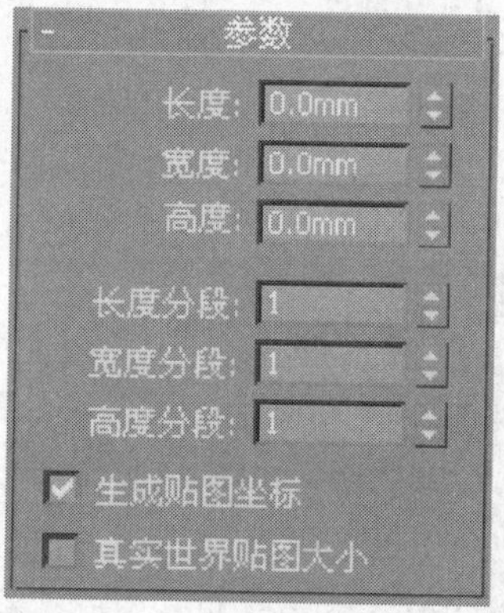

图 3-3-4 【长方体】参数卷展栏

图 3-3-5 不使用(左)与使用(右)真实世界贴图大小的效果对比

“生成贴图坐标”、“真实世界贴图大小”这两项是所有基本几何体【参数】卷展栏中的共有选项，含义相同，接下来不再复述。

1.1.2 球体

使用【球体】工具将生成完整的球体、半球体或球体的其他部分，还可以围绕球体的垂直轴对其进行切片(图 3-3-6)。

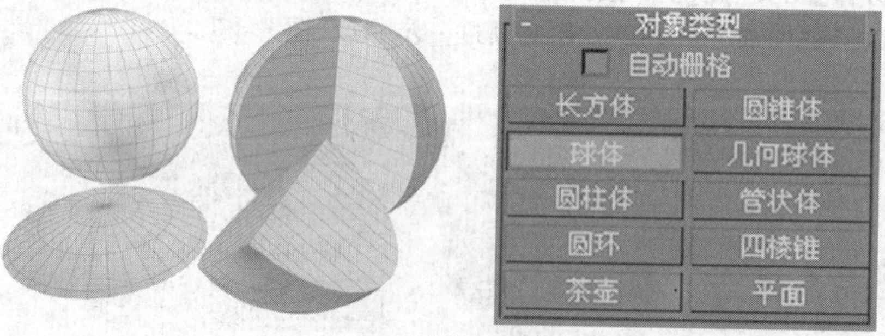

图 3-3-6 【球体】工具

选择创建面板/几何体/“球体”按钮，或者执行【创建】/【标准基本体】/【球体】菜单命令，在任意视图中单击并拖拽鼠标定义球体的半径，至合适位置松开鼠标左键完成球体创建。

该工具【参数】卷展栏如图 3-3-7 所示：

◆半径：用于指定球体的半径。

◆分段:用于设置球体表面划分的片段数,值越高,表明越光滑。

◆平滑:确定是否对球体表面进行自动光滑处理,默认为开启。

◆半球:取值范围从 0～1,默认值是 0,可以生成完整的球体;值为 0.5 时可以生成半球,设置为 1.0 时球体消失。

◆切除:形成半球时通过“切除”球体中的顶点和面来减少它们的数量。默认设置为启用。

◆挤压:形成半球时保持原始球体中的顶点数和面数,将几何体向着球体的顶部“挤压”,直到体积越来越小。

◆启用切片:用于确定是否开启切片设置。

◆切片起始位置/切片结束位置:用于定义切割起始位置和终止位置的角度。

◆轴心在底部:创建球体时,默认状态下球体轴心设置在球体正中心,勾选此项,轴心将设置在球体底部。

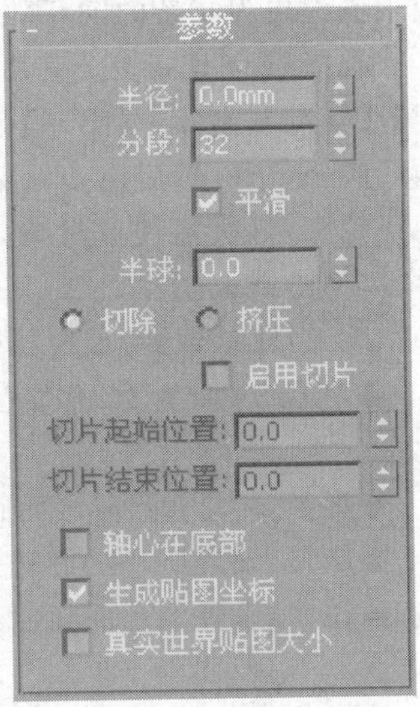

图 3-3-7 【球体】参数卷展栏

“平滑”、“启用切片”、“切片起始位置/切片结束位置”这几项是大多数基本几何体【参数】卷展栏中的共有选项,含义相同,接下来不再复述。

1.1.3 圆柱体

使用【圆柱体】工具可以生成圆柱体以及棱柱体,还可以围绕其垂直轴进行切片(图 3-3-8)。

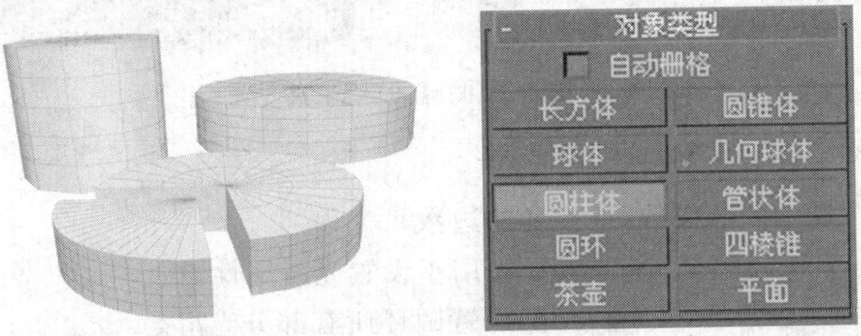

图 3-3-8 【圆柱体】工具

选择创建面板/几何体/“圆柱体”按钮,或者执行【创建】/【标准基本体】/【圆柱体】菜单命令,在任意视图中单击并拖拽鼠标以定义端面圆或正多边形外接圆的半径,释放鼠标后移动鼠标确定柱体的高度,单击完成创建。

该工具【参数】卷展栏如图 3-3-9 所示:

◆半径:设置柱体的端面圆或正多边形外接圆的半径。

◆高度:设置柱体的高度。

◆高度分段:设置柱体高度上的片段数。

◆端面分段:设置柱体上端面圆或正多边形外接圆同心片段数。

◆边数:设置圆周上的片段数或棱柱的边数。

1.1.4 圆环

使用【圆环】工具可生成截面为圆形或正多边形的环,还可以通过设置“旋转”和“扭曲”参数来创建更为复杂的圆环(图3-3-10)。

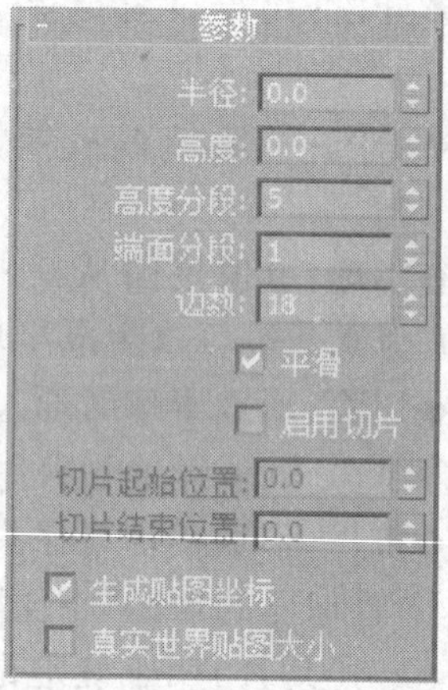

图 3-3-9 【圆柱体】参数卷展栏

选择创建面板/几何体/“圆环”按钮，或者执行【创建】/【标准基本体】/【圆环】菜单命令，在任意视图中单击确定圆环圆心位置，然后拖拽鼠标，在合适的位置释放鼠标以确定圆环轮廓，再次拖拽鼠标确定截面圆形或正多边形外接圆的半径，单击结束创建。

该工具【参数】卷展栏如图 3-3-11 所示：

◆半径 1：设置圆环圆心与截面圆形或正多边形的中心距离。

◆半径 2：设置圆环截面圆形或正多边形的半径。

◆旋转：设置圆环的旋转角度。

◆扭曲：设置圆环的扭曲角度。

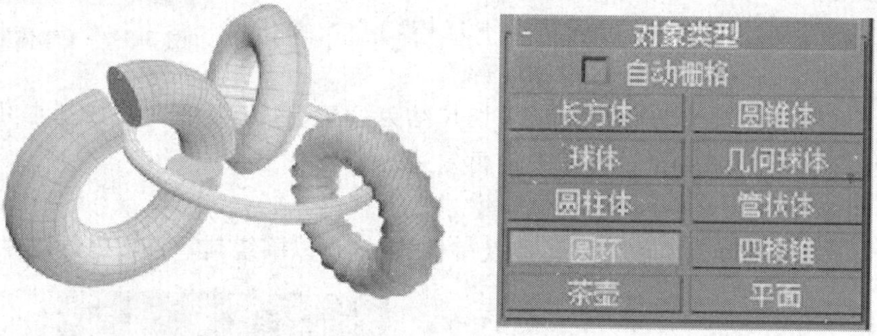

图 3-3-10 【圆环】工具

◆分段：设置圆环的片段数。

◆边数：设置圆周上的分段数(或棱环的边数)。

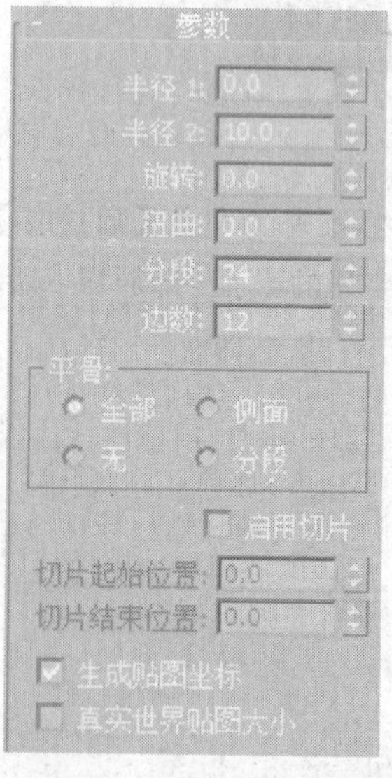

图 3-3-11 【圆环】参数卷展栏

“平滑”组用于设置光滑属性。

◆全部：设置圆环所有部分光滑。

◆侧面：设置圆环侧边光滑。

◆无：设置圆环不光滑。

◆分段：设置圆环分段数光滑。

1.1.5 茶壶

茶壶是计算机图形学中的经典模型，因为它复杂弯曲的表面特别适合材质和渲染效果的测试。使用【茶壶】工具可生成一个或部分茶壶(图 3-3-12)。

选择创建面板/几何体/“圆环”按钮，或者执行【创建】/【标准基本体】/【茶壶】菜单命令；在任意视图中单击并拖拽鼠标至合适位置即可创建茶壶。

该工具【参数】卷展栏如图 3-3-13 所示：

◆半径：设置茶壶的大小。

◆分段：设置茶壶端面片段数。

图 3-3-12 【茶壶】工具

◆茶壶部件：用于选择视窗中显示茶壶的完整性，分为“壶体”、“壶把”、“壶嘴”和“壶盖”四个构件，默认情况下，所有构件全选中，即显示一个完整的茶壶，若要去掉哪个构件，取消勾选即可。

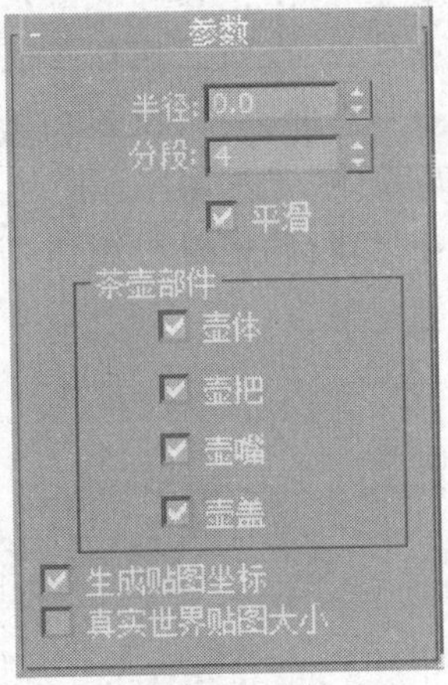

图 3-3-13 【茶壶】参数卷展栏

1.1.6 圆锥体

使用【圆锥体】工具可以产生完整或局部的圆锥、圆台、棱锥、棱台，甚至是圆柱体、三棱锥和四棱锥(图 3-3-14)。

选择创建面板/几何体/“圆环”按钮，或者执行【创建】/【标准基本体】/【圆锥体】菜单命令，在任意视图中单击鼠标确定锥体端面圆或正多边形外接圆的圆心位置，拖拽鼠标确定其半径，然后释放鼠标，移动鼠标指针生成锥体的高度，再次单击鼠标，移动鼠标以确定锥体另一个端面圆或正多边形外接圆的半径，单击结束创建。

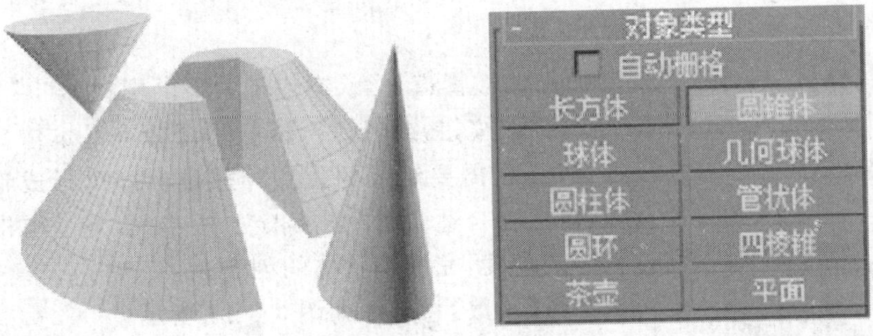

图 3-3-14 【圆锥体】工具

该工具【参数】卷展栏如图 3-3-15 所示：

◆半径 1/半径 2：分别设置锥体的底面、顶面的圆或正多边形外接圆的半径。

◆高度：设置锥体的高度。

◆高度分段：设置锥体高度上的片段数。

◆端面分段：设置锥体底面、顶面圆或正多边形外接圆同心片段数。

◆边数：设置圆周上的片段数(或棱柱的边数)。

1.1.7 几何球体

使用【几何球体】工具可以创建由三角面拼接而成的球体或半球(图 3-3-16)。几何球体和球体的区别在于:它不像球体那样可以产生切片效果,在点面数相同的情况下,几何球体更光滑,另外,由于几何球体时由三角面拼接而成,因而更适合制作面的分离特技。

选择创建面板/几何体/“几何球体”按钮,或者执行【创建】/【标准基本体】/【几何球体】菜单命令,在任意视图中单击鼠标确定几何球体的轴心位置,拖拽鼠标确定其半径即可完成创建。

该工具【参数】卷展栏如图 3-3-17 所示:

◆半径:用于精确设置几何球体的半径大小。

◆分段:设置几何球体表面的网格中三角形的数量。

◆基点面类型:设置由哪种类型的多面体组合成几何球体,包括“四面体”、“八面体”和“十二面体”3 个选项。

◆半球:确定是否制作半球。

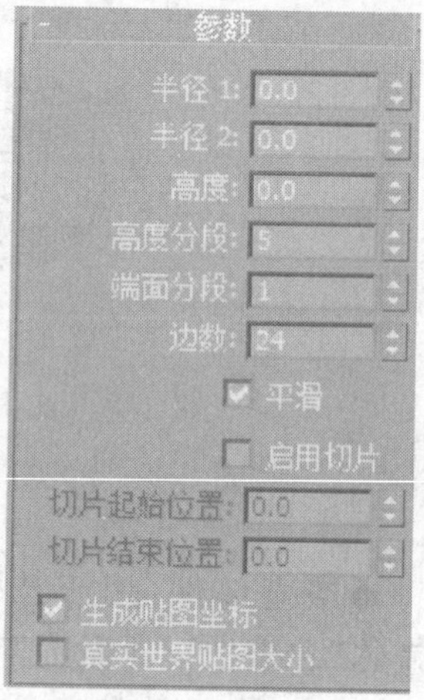

图 3-3-15 【圆锥体】参数卷展栏

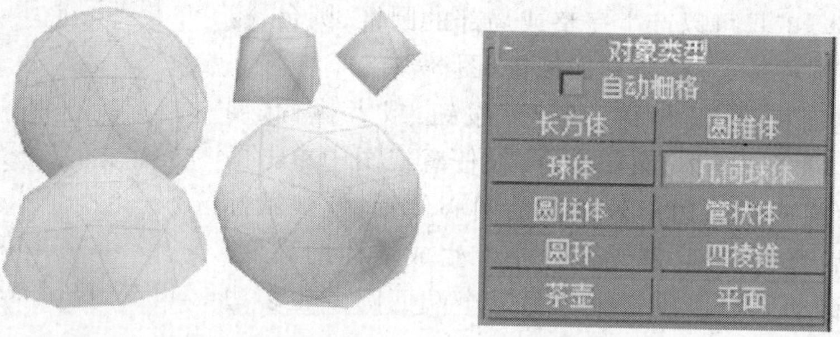

图 3-3-16 【几何球体】工具

1.1.8 管状体

使用【管状体】工具可以生成圆形和棱柱管道,形状类似于中空的圆柱体(图 3-3-18)。

选择创建面板/几何体/“管状体”按钮,或者执行【创建】/【标准基本体】/【管状体】菜单命令,在任意视图中单击并拖拽鼠标,在需要结束的位置释放鼠标即可形成管状体一级半径,移动鼠标在合适位置单击确定二级半径,然后移动鼠标单击确定管状体的高度,完成管状体的创建。

该工具【参数】卷展栏如图 3-3-19 所示:

◆半径 1/半径 2:设置圆形和棱柱管的内径和外径。

◆高度:设置管状体的高度。

◆高度分段:设置管状体高度上的片段数。

◆端面分段:用于设定管状体端面圆或正多边形外接圆同心片段数。

◆边数:用于设定圆周上的分段数或棱柱的边数。

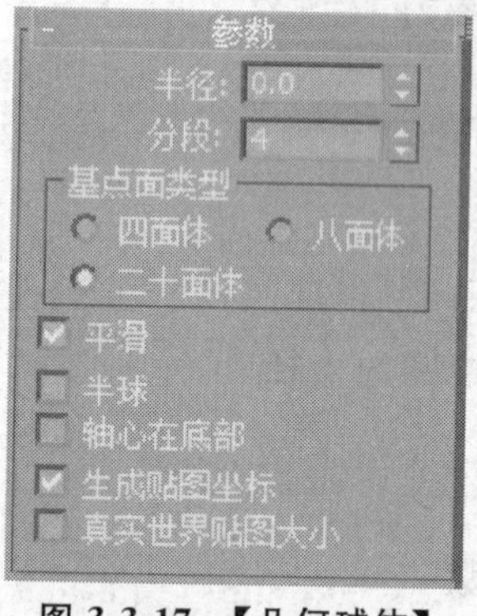

图 3-3-17 【几何球体】参数卷展栏

1.1.9 四棱锥

使用【四棱锥】工具可以生成方形或矩形底部和三角形侧面的椎体,类似于金字塔(图 3-3-20)。

图 3-3-18 【管状体】工具

选择创建面板/几何体/“四棱锥”按钮，或者执行【创建】/【标准基本体】/【四棱锥】菜单命令，然后在任意视图中单击并拖拽鼠标形成四棱锥的底面，释放并移动鼠标确定四棱锥的高度，在适当的位置单击即可完成四棱锥的创建。

该工具【参数】卷展栏如图 3-3-21 所示：

◆宽度/深度/高度：设置四棱锥底面的宽度、深度、高度。

◆宽度分段/深度分段/高度分段：设置四棱锥三个轴向上的片段数。

1.1.10 平面

使用【平面】工具可以创建网格平面，在渲染时可无限放大，通常用来创建地面或配合修改器制作起伏的地形(图 3-3-22)。

选择创建面板/几何体/“平面”按钮，或者执行【创建】/【标准基本体】/【平面】菜单命令，然后在任意视图中单击并拖拽鼠标，在适当的位置释放鼠标即可完成平面的创建。

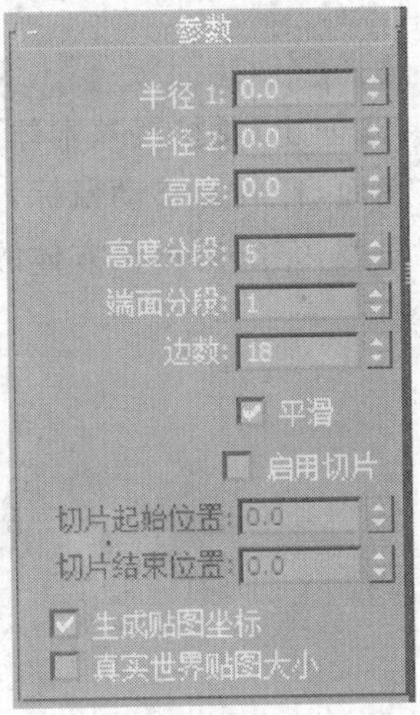

图 3-3-19 【管状体】参数卷展栏

图 3-3-20 【四棱锥】工具

该工具【参数】卷展栏如图 3-3-23 所示：

◆长度/宽度：用于设定平面的长度和宽度。

◆长度分段：用于设定平面在长度和宽度方向的片段数。

◆“渲染倍增组”：设置渲染效果的缩放值。

• 缩放：用于设定渲染的尺度。

• 密度：用于设定渲染的密度。

1.2 扩展基本体的创建

扩展基本体是标准几何体的延伸，3ds Max 默认有 13 种扩展基本体，包括异面体、环形结、切角长方体、切角圆柱体、油罐、胶囊、纺锤等(图 3-3-24)，接下来介绍几种常用扩展基本体的创建。

1.2.1 切角长方体

使用【切角长方体】工具可以创建具有倒角和圆角的长方体(图 3-3-25)。

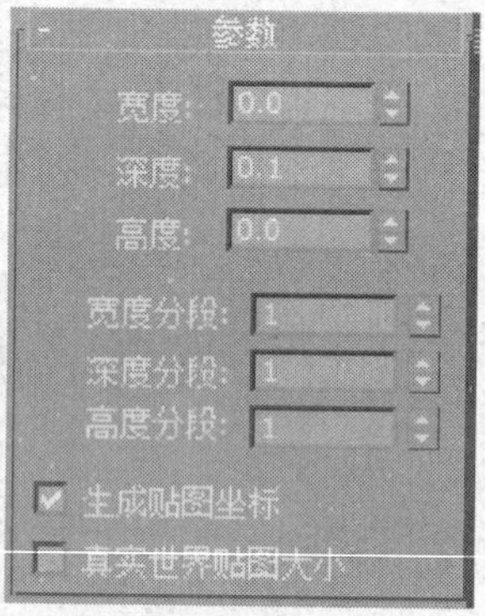

图 3-3-21 【四棱锥】参数卷展栏

选择创建面板/几何体/【扩展基本体】/【切角长方体】，或者执行【创建】/【扩展基本体】/【切角长方体】菜单命令，在任意视图中单击并拖拽鼠标创建长方体底面，释放并移动鼠标，在适当的位置单击确定长方体的高度，再次移动鼠标确定切角的平滑程度，完成切角长方体的创建。

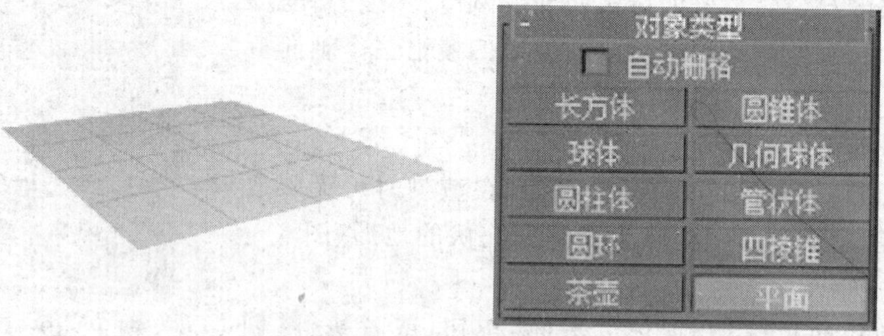

图 3-3-22 【平面】工具

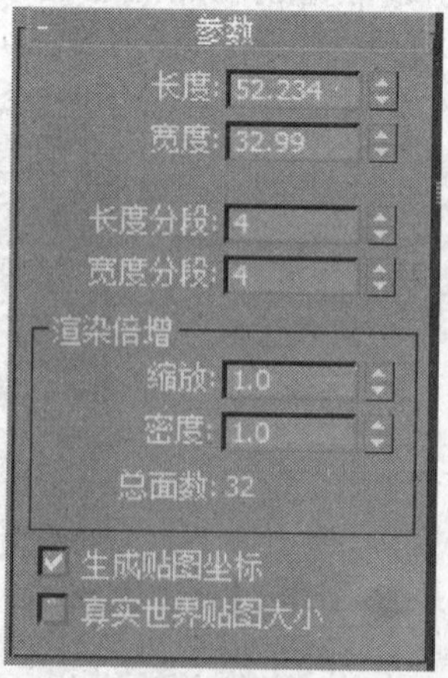

图 3-3-23 【平面】参数卷展栏

该工具【参数】卷展栏如图 3-3-26 所示：

◆长度/宽度/高度：设定切角长方体的长度、宽度、高度。

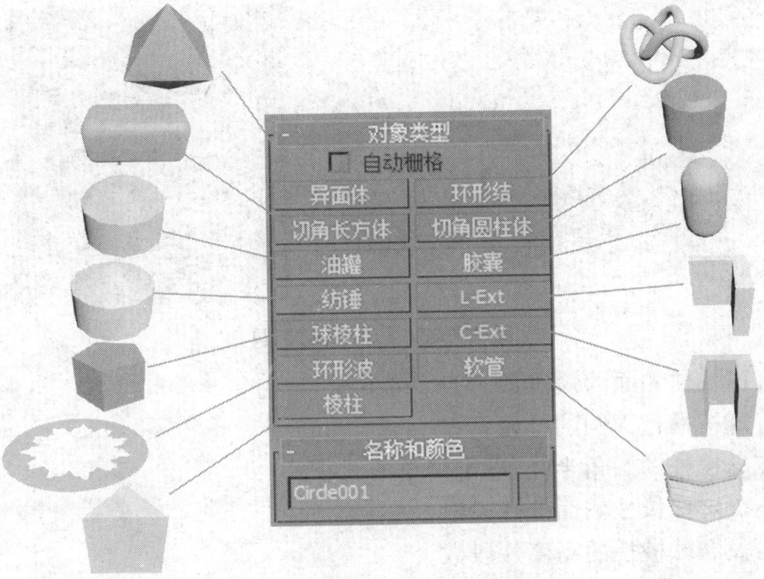

图 3-3-24 【扩展基本体】类型

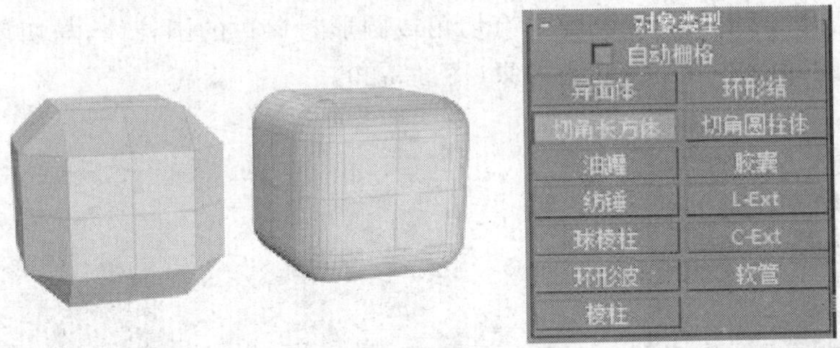

图 3-3-25 【切角长方体】工具

◆圆角：设定切角长方体的圆角半径。

◆长度/宽度/高度分段：设定切角长方体在长度、宽度、高度方向上的片段数。

◆圆角分段：设定圆角的段数，值越大，切角处光滑度越好。

1.2.2 球棱柱

使用【球棱柱】工具可以创建具有规则面的多边圆角棱柱（图 3-3-27）。

选择创建面板/几何体/【扩展基本体】/【球棱柱】，或者执行【创建】/【扩展基本体】/【球棱柱】菜单命令，在任意视图中单击并拖拽鼠标创建球棱柱底面，释放并移动鼠标，在适当的位置单击确定球棱柱的高度，再次移动鼠标确定圆角的平滑程度，完成球棱柱的创建。

该工具【参数】卷展栏如图 3-3-28 所示：

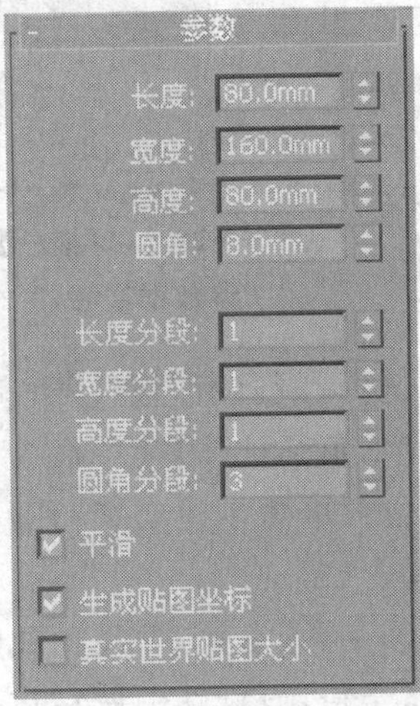

图 3-3-26 【切角长方形】参数卷展栏

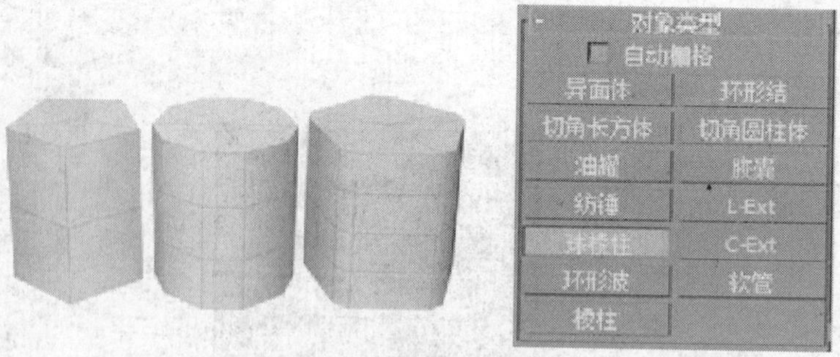

图 3-3-27 【球棱柱】工具

◆边数：设置球棱柱侧面的片段数。

◆半径：设置球棱柱截面圆的半径。

◆圆角：设定球棱柱的圆角半径，确定切角的大小。

◆侧面分段：设定球棱柱侧面的片段数。

◆高度分段：设定球棱柱的高度片段数。

◆圆角分段：设定圆角的片段数，数值越大，切角处光滑度越好。

1.2.3　切角圆柱体

使用【切角圆柱体】工具可以创建具有切角或圆形封口边的圆柱体，与切角长方体一样，均是在标准几何体的基础上增加了切角效果（图 3-3-29）。

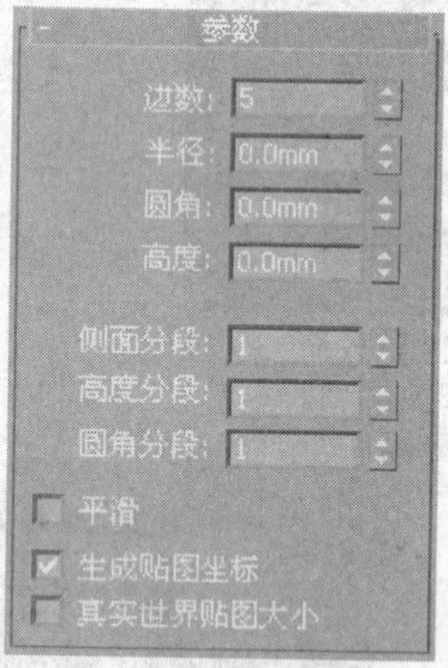

图 3-3-28 【球棱柱】参数卷展栏

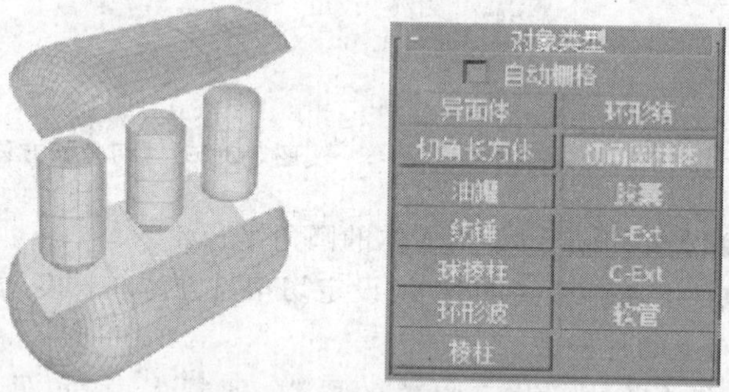

图 3-3-29 【切角圆柱体】工具

选择创建面板/几何体/【扩展基本体】/【切角圆柱体】，或者执行【创建】/【扩展基本体】/【切角圆柱体】菜单命令，在任意视图中单击并拖拽鼠标创建底面圆，释放并移动鼠标，在适当位置单击创建出切角圆柱体高度，再次移动鼠标确定切角的平滑程度，完成切角圆柱体的创建。

该工具【参数】卷展栏如图 3-3-30 所示：

◆半径：设定切角圆柱体的半径。

◆高度：设定切角圆柱体的高度。

◆圆角：设定切角圆柱体的倒角程度。

◆高度分段：设定切角圆柱体的高度片段数。

◆圆角分段：设定切角圆柱体的圆角片段数。

◆边数：设定切角圆柱体的侧面片段数。

◆端面分段：设定切角圆柱体的截面片段数。

1.2.4　L-Ext

使用【L-Ext】工具可创建L形体，常用于创建园林或建筑效果图的建筑外墙（图3-3-31）。

选择创建面板/几何体/【扩展基本体】/【L-Ext】，或者执行【创建】/【扩展基本体】/【L形挤出】菜单命令，在任意视图中单击并拖拽鼠标创建L形体底面，释放并移动鼠标，在适当位置单击创建出高度，再次移动鼠标确定厚度，完成L形体的创建。

【L-Ext】参数卷展栏如图3-3-32所示：

◆侧面/前面长度：指定L形体一条边的长度。

◆侧面/前面宽度：指定L形体一条边的宽度。

◆高度：指定L形体的高度。

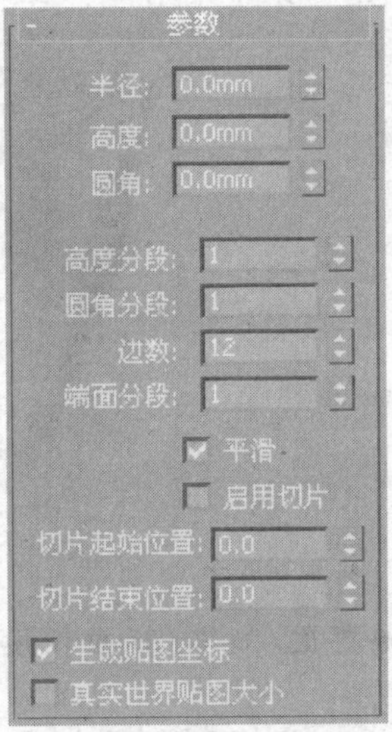

图3-3-30 【切角圆柱体】参数卷展栏

图3-3-31 【L-Ext】工具

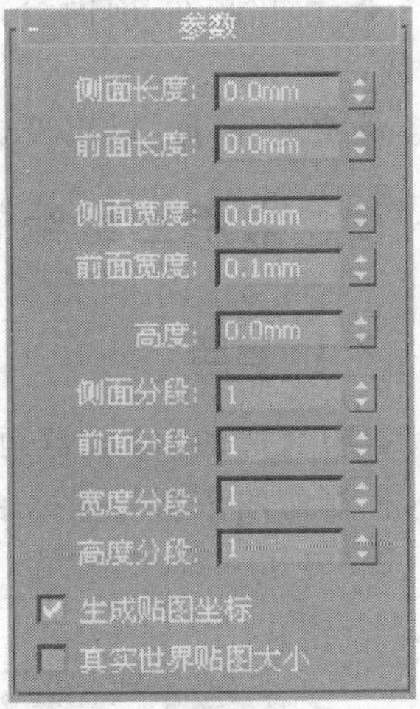

图3-3-32 【L-Ext】参数卷展栏

◆侧面/前面分段：指定该对象特定边的分段数。

◆宽度/高度分段：指定L形体整个宽度和高度的片段数。

1.2.5　C-Ext

使用【C-Ext】工具可创建出C形体，常用于创建园林或建筑效果图的建筑外墙（图3-3-33）。

选择创建面板/几何体/【扩展基本体】/【C-Ext】，或者执行【创建】/【扩展基本体】/【C形挤出】菜单命令，在任意视图中单击并拖拽鼠标创建C形体底面，释放并移动鼠标，在适当位置单击创建出高度，再次移动鼠标确定厚度，完成C形体的创建。

【C-Ext】参数卷展栏如图3-3-32所示：

图 3-3-33 【C-Ext】工具

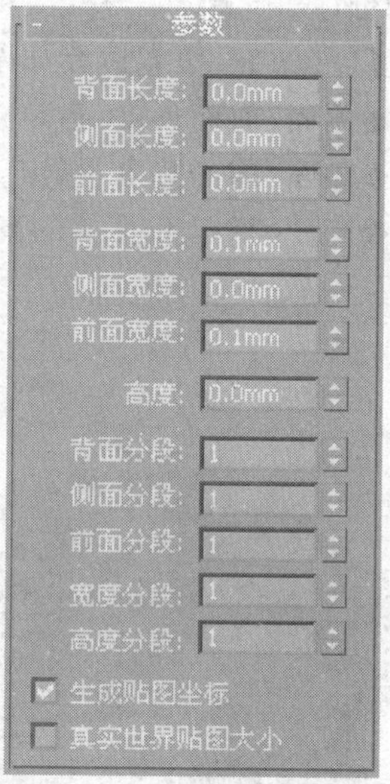

图 3-3-34 【C-Ext】参数卷展栏

◆背面/侧面/前面长度：分别指定 C 形体三个侧面的长度。

◆背面/侧面/前面宽度：分别指定 C 形体三个侧面的宽度。

◆高度：指定 C 形体的总体高度。

◆背面/侧面/前面分段：分别指定 C 形体特定侧面的分段数。

◆宽度/高度分段：设置 C 形体整个宽度和高度的分段数。

2 常用三维编辑修改器

2.1 弯曲

使用【弯曲】修改器可以将所选对象按指定方向弯曲角度，控制弯曲依据的坐标轴向，并将弯曲效果限制在一定范围内（图3-3-35）。

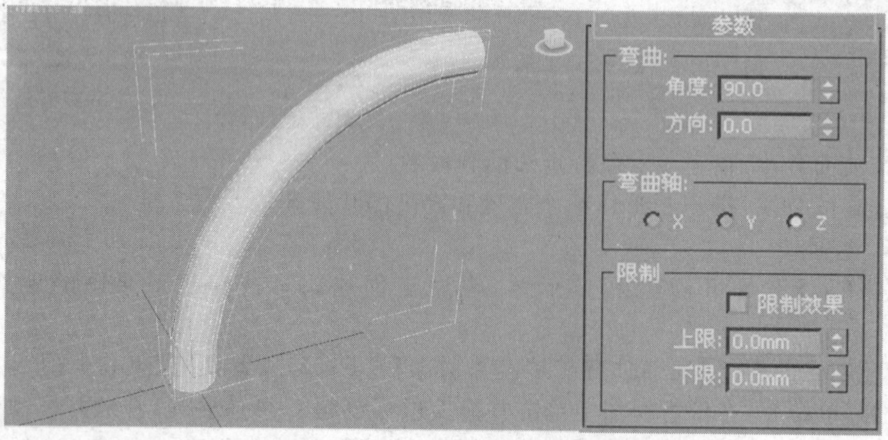

图 3-3-35 圆柱体的【弯曲】效果和【参数】卷展栏

该修改器【参数】卷展栏各项参数含义如下：

◆“弯曲”组：设置弯曲的角度大小、调整弯曲方向，包括角度和方向两个数值框。

◆“弯曲轴”组：设置弯曲的坐标轴向。

◆“限制”组：对弯曲效果进行限制，勾选“限制效果”复选框后，可在上、下限数值框中输入限制区域值。

• 上限：设置弯曲上限，在此限度以上区域不会受弯曲影响。

• 下限：设置弯曲下限，在此限度与上限之间的区域受弯曲影响。

除了以上基本参数外，【弯曲】修改器还包括两个子对象：“Gizmo”和“中心”。移动、旋转、缩放“Gizmo”可影响弯曲的效果，移动“中心”可改变弯曲所依据的中心点。不仅是【弯曲】修改器，【锥化】、【扭曲】等常用的三维模型修改器都有类似的子对象，接下来不再复述。

2.2 锥化

使用【锥化】修改器可以通过缩放对象的两端产生锥形轮廓，增加曲线轮廓、倾斜程度，并将锥化效果限制在一定范围内(图 3-3-36)。

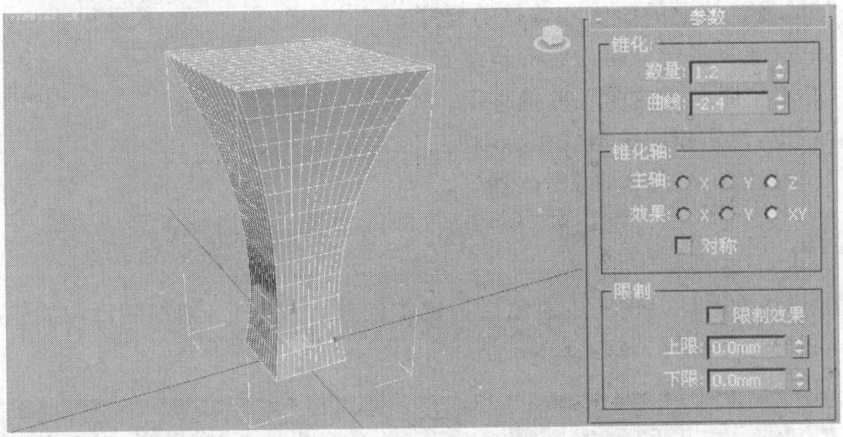

图 3-3-36 立方体的【锥化】效果和【参数】卷展栏

该修改器【参数】卷展栏各项参数含义如下：

◆“锥化”组：设置锥化的缩放程度和曲度。

• 数量：设置锥化的缩放程度。该数值为正时，锥化产生放大效果；反之产生缩小的效果。

• 曲线：设置锥化的曲度，使锥化的表面产生弯曲的效果。该数值为正时，锥化的表面产生向外凸的效果；反之产生向内凹的效果。

◆“锥化轴”组：设置锥化的轴向和效果。

• 主轴：设置锥化的主轴方位。

• 效果：用于表示主轴上锥化方向的轴或轴对，可用选项取决于主轴的选取。

• 对称：设置以主轴为中心产生对称的锥化效果。

◆“限制”组参数含义同【弯曲】修改器。

2.3 扭曲

使用【扭曲】修改器可以将所选对象沿指定轴向旋转一定角度，设置偏移压缩扭曲相对于轴点的效果，并将扭曲效果限制在一定范围内(图 3-3-37)。

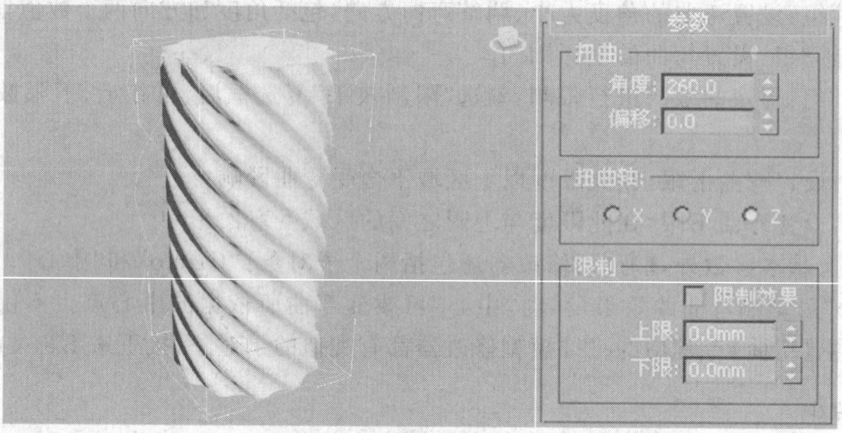

图 3-3-37 星形柱体的【扭曲】效果和【参数】卷展栏

该修改器【参数】卷展栏各项参数含义如下：

◆"扭曲"组：设置扭曲的角度和偏移的程度。

• 角度：设定围绕指定轴向扭曲的角度。

• 偏移：设置扭曲向上或向下的偏移度。

◆"扭曲轴"组：设定扭曲依据的坐标轴向。

◆"限制"组参数含义同【弯曲】修改器。

2.4 拉伸

使用【拉伸】修改器可以将所选对象沿指定轴向拉伸或挤压，增加侧面曲线轮廓，并将拉伸效果限制在一定范围内(图 3-3-38)。

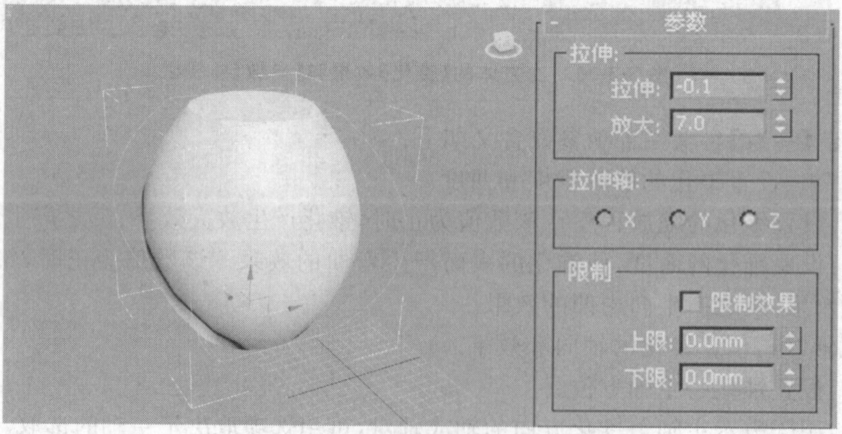

图 3-3-38 圆柱体的【拉伸】效果和【参数】卷展栏

该修改器【参数】卷展栏各项参数含义如下：

◆"拉伸"组：确定是对对象执行拉伸还是挤压以及侧面轮廓效果。

• 拉伸：设定沿指定轴向拉伸或挤压的基本缩放因子。该值为正数时，为拉伸效果，反之为挤压效果。

• 放大:更改应用到副轴上的缩放因子。该值为正值时扩大拉伸或挤压效果,负值减小效果。

◆拉伸轴:设定拉伸依据的坐标轴向。

◆"限制"组参数含义同【弯曲】修改器。

2.5 挤压

使用【挤压】修改器可以将所选对象应用挤压效果,与轴点最为接近的顶点会向内移动(图3-3-39)。

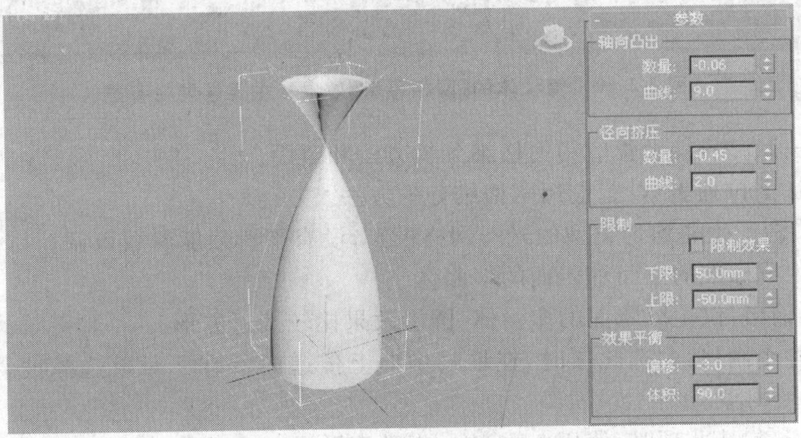

图 3-3-39 管状体的【挤压】效果和【参数】卷展栏

该修改器【参数】卷展栏各项参数含义如下:

◆"轴向凸出"组:沿着 Gizmo 的局部 Z 轴应用凸起效果。

• 数量:控制凸起效果的数量。较高的值有效地拉伸对象,并使末端向外弯曲。

• 曲线:设置在凸起末端曲率的度数,可以使用此选项来控制凸起是平滑的还是尖锐的。

◆"径向挤压"组:绕着 Gizmo 的局部 Z 轴应用挤压效果。

• 数量:控制挤压操作的数量。大于 0 的值将会压缩对象的中部,而小于 0 的值将会使中部向外凸起。

• 曲线:设置挤压曲率的度数。较低的值会产生尖锐的挤压效果,而较高的值则会创建平缓的、不太明显的挤压。

◆"效果平衡"组:调整凸起和挤压的效果。

• 偏移:在保留恒定对象体积的同时更改凸起和挤压的相对数量。

• 体积:平行的同时增加或减少挤压和凸起的效果。

2.6 网格平滑

使用【网格平滑】修改器可以对选定对象尖锐、不规则的表面进行光滑处理。使用该命令后,3ds Max 会为模型对象插入更多的面来代替直面部分(图 3-3-40)。

该修改器包括【细分方法】、【细分量】、【局部控制】等 6 个参数卷展栏,接下来介绍常用卷展栏参数:

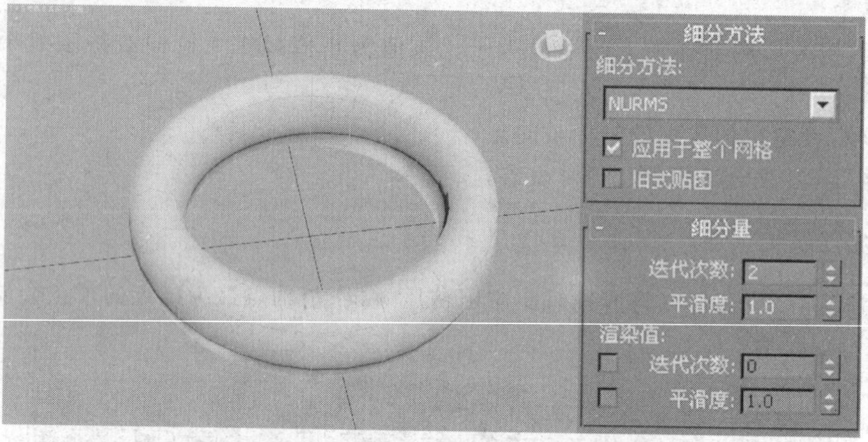

图 3-3-40 管状体的【网格平滑】效果和主要卷展栏参数

【细分方法】卷展栏:设置应用网格细分的方法和范围。

◆细分方法下拉列表:设置应用网格细分的方法。

• NURMS:产生非均匀类型的光滑网格模型,没有平滑强度参数可调。

• 经典:生成标准的三面和四面的多面体。

• 四边形输出:仅生成四面的多面体,圆滑效果比较接近方形。

◆应用于整个网格:勾选此项时,在堆栈中向上传递的所有子对象选择被忽略,且将网格平滑应用于整个对象。

◆旧式贴图:勾选此项时,使用 3ds Max 中计算贴图的方法处理光滑后的贴图坐标,往往会在创建新面时扭曲下面的贴图坐标。

【细分量】卷展栏:设置应用网格平滑的次数。

◆迭代次数:设置网格细分的次数。迭代数值越高,光滑的效果也越明显,但计算速度会下降,如果运算不过来,按<Esc>键可返回前一次的设置。

◆平滑度:控制新增表面与原表面折角的光滑度。数值为 0 时,在原表面不创建任何面,数值为 1 时,即使原表面为平面也会增加光滑表面。

◆渲染值:可在相应的数值框中设置渲染时对象应用不同的平滑迭代次数和平滑度值,实现在视图中用较低精度显示,在最终渲染时用高精度输出。

2.7 晶格

使用【晶格】修改器可以将网格对象或二维图形的线段、边转化为圆柱形结构,并在顶点上产生可选的关节多面体(图 3-3-41)。

该修改器【参数】卷展栏各项参数含义如下:

◆“几何体”组:指定是否使用整个对象或选中的子对象,并显示它们的结构和关节这两个组件。

• 应用于整个对象:将晶格应用到对象的所有边或线段上。禁用时,仅将“晶格”应用到传送到堆栈中的选中子对象。默认设置为启用。

• 仅来自顶点的节点:仅显示由原始网格顶点产生的关节(多面体)。

• 仅来自边的支柱:仅显示由原始网格线段产生的支柱(多面体)。

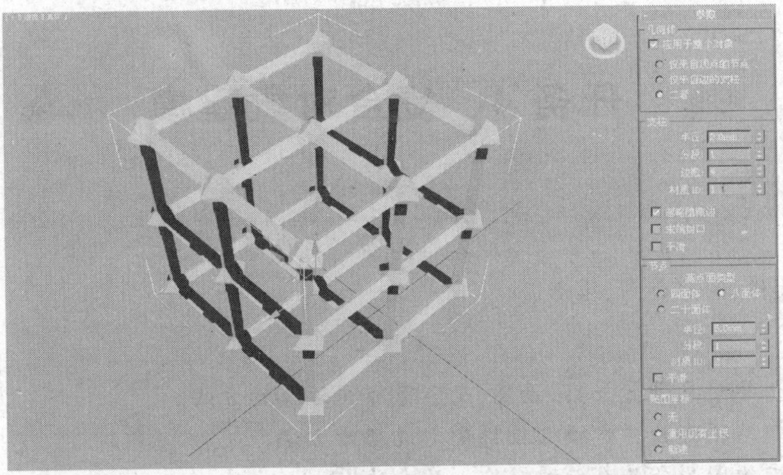

图 3-3-41 圆柱体【晶格】效果和主要卷展栏参数

• 二者：显示支柱和关节。

◆“结构”组：提供影响几何体结构的控件。

• 半径：指定结构半径。

• 分段：指定沿结构的分段数目。当需要使用后续修改器将结构或变形或扭曲时，增加此值。

• 边数：指定结构周界的边数目。

• 材质 ID：指定用于结构的材质 ID。使结构和关节具有不同的材质 ID，这会很容易得将它们指定给不同的材质。结构默认 ID＃1。

• 忽略隐藏边：仅生成可视边的结构。禁用时，将生成所有边的结构，包括不可见边。默认设置为启用。

• 末端封口：将末端封口应用于结构。

• 平滑：将平滑应用于结构。

◆“关节”组：提供影响关节几何体的控件。

• 四面体：指定用于关节的多面体类型为四面体。

• 八面体：指定用于关节的多面体类型为八面体。

• 二十面体：指定用于关节的多面体类型为二十面体。

• 半径：设置关节的半径。

• 分段：指定关节中的分段数目。分段越多，关节形状越像球形。

• 材质 ID：指定用于结构的材质 ID。默认设置为 ID ＃2。

• 平滑：将平滑应用于关节。

◆“贴图坐标”组：确定指定给对象的贴图类型。

• 无：不指定贴图。

• 重用现有坐标：将当前贴图指定给对象。使用此选项时，每个关节将继承它所包围顶点的贴图。

• 新建：将贴图用于【晶格】修改器。将圆柱形贴图应用于每个结构，圆形贴图应用于每个关节。

任务 4　复合对象建模

学习领域

- 布尔、放样、图形合并、地形。

工作领域

- 掌握对三维对象进行并集、差集、交集等布尔运算的方法。
- 掌握将二维图形放样建模及放样变形处理的方法。
- 掌握将二维图形合并至三维对象上的方法。
- 掌握利用等高线创建地形并根据海拔上色的方法。

行动领域

- 能够利用复合对象创建园林效果图模型。

任务知识讲解

1　复合对象概述

通过对两个或两个以上的对象执行相关命令运算得到另一个对象模型，这个新对象就是复合对象，这种建模方式称之为复合对象建模，是 3ds Max 常用的基础建模方法之一。

3ds Max 中复合对象的创建是通过【创建】/【几何体】面板上的【复合对象】下拉列表选项实现的，总共有变形、散布、一致、连接等 12 种复合对象以供选择(图 3-4-1)，接下来仅介绍园林效果图制作常用的【布尔】、【放样】、【图形合并】、【地形】命令的应用。

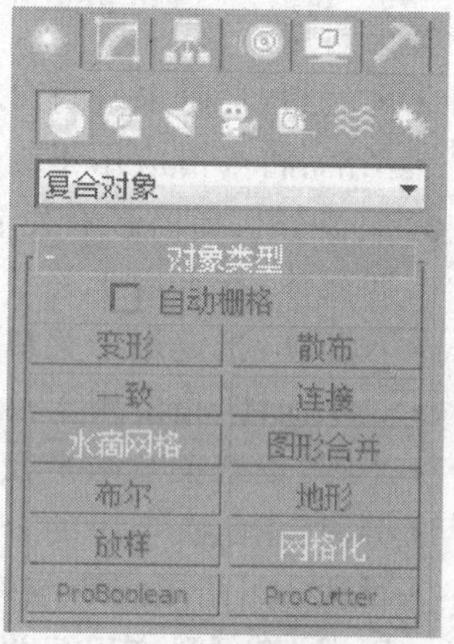

图 3-4-1 【复合对象】创建面板

2　布尔

使用【布尔】可以对两个及以上对象进行并集、交集、差集的运算，从而得到新的物体形态，常用于复杂对象的建模(图 3-4-2)。

在场景中选择某个对象后，选择【创建】/【几何体】/【复合对象】/【对象类型】/【布尔】工具，可调出该工具【拾取布尔】卷展栏、【操作对象】组、【操作】组、【显示/更新】卷展栏(图 3-4-3)，其中前者是布尔运算主要的参数操作区，后者则用于设置布尔运算物体的显示与更新方式，接下来仅对园林效果图制作中常用的参数进行介绍。

【拾取布尔】卷展栏：

◆拾取操作对象 B：默认情况下，执行【布尔】命令前选择的物体为“对象 A”，设置好布尔参

←原始对象

并集　　差集　　交集

图 3-4-2　原对象及【布尔】运算的结果

数后，单击该按钮再拾取的物体为“对象 B”，在视图中拾取“对象 B”后即完成布尔运算。

◆参考/复制/移动/实例：用于指定将对象 B 转换为布尔对象的方式。选择“参考”可使对对象 A 所做的修改器产生的更改与对象 B 同步，反之则不行；选择“复制”在场景中可重复使用对象 B；选择“实例”可使布尔对象的动画与对原始对象 B 所做的动画更改同步，反之亦然；选择“移动”则仅仅是为了创建布尔对象，没有其他用途，这也是默认选项。

【操作对象】组：在列表窗中显示操作对象的名称。在选择操作对象后，可以实例/复制的方式“提取操作对象”。

【操作】组：用来选取布尔运算的方式。并集、交集、差集(A-B)、差集(B-A)、切割分别代表执行并、交、差和剪切运算。

【例 3-7】　利用【布尔】运算创建复合对象

(1)选择【创建】/【几何体】/【标准基本体】/【长方体】工具和【球体】工具，在顶视图中分别创建一个立方体和球体，两者位置如图 3-4-4 所示。

(2)选择立方体作为对象 A，单击【复合对象】下的【布尔】工具，调出【布尔】卷展栏参数。

(3)若要执行并集运算，在“操作”组中选择“并集”，然后单击“拾取操作对象 B”按钮，回到视图中单击选择球体即完成并集运算(图 3-4-5)。

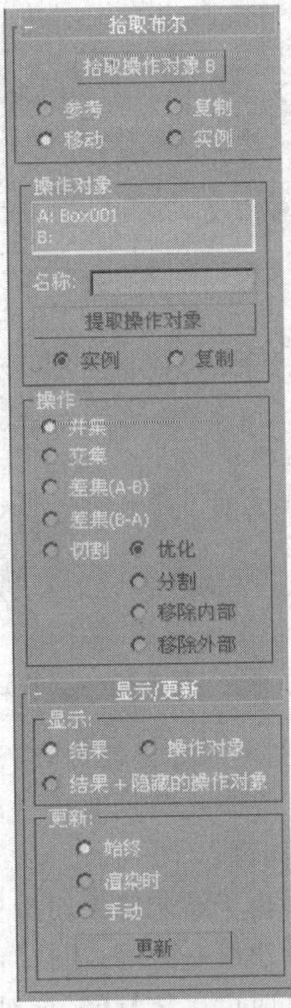

图 3-4-3　【布尔】工具卷展栏参数

(4)若要执行交集或差集运算，则在执行完步骤(2)后，分别在“操作”组中选择“交集”或“差集(A-B)”，然后单击“拾取操作对象 B”按钮，选择球体即完成(图 3-4-6、图 3-4-7)，按<Esc>键推出布尔运算。

图 3-4-4　创建好的立方体和球体

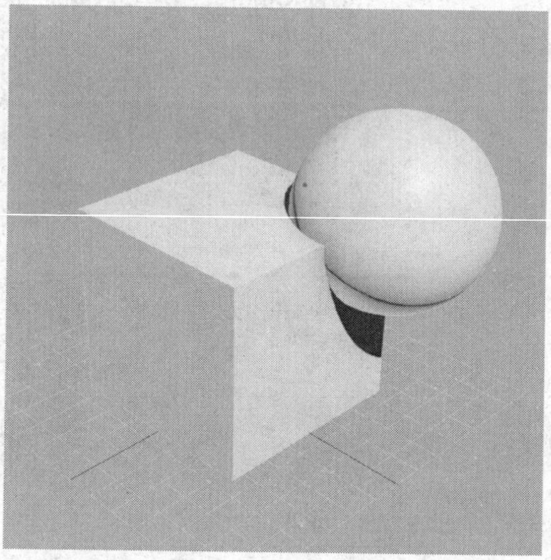

图 3-4-5　并集运算结果

图 3-4-6　交集运算结果

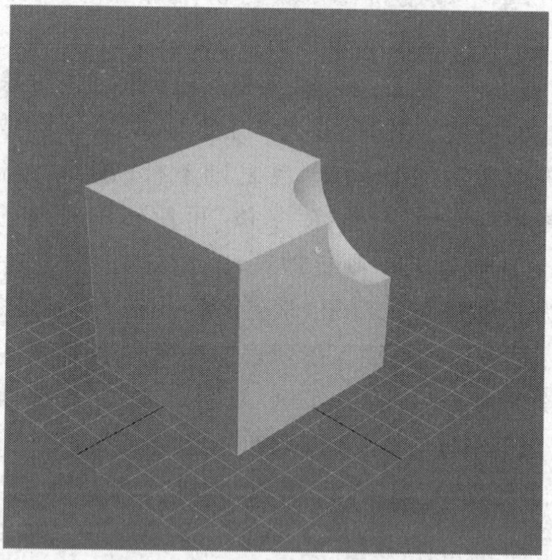

图 3-4-7　差集(A-B)运算结果

在进行布尔运算时，要注意以下两点：

(1)布尔运算的对象一次只能是两个物体，如果是多个物体参与运算，可以连续做多次布尔运算即可。

(2)由于布尔算法对操作对象的要求较高，比如要求操作对象的复杂性接近、表面拓扑完好、表面法线一致等，当执行多次布尔或有多个对象参与运算时，最后的运算结果常常会出现错误，这时可以执行【复合对象】下的【ProBoolean】工具，或者调整运算次序，或是将先前布尔的复合对象塌陷处理。

3. 放样

使用【放样】可以使截面图形沿用户自定义的放样路径产生三维模型(图 3-4-8)。

在进行放样时,必须有适当的二维图形作为截面和路径。对于同一个放样对象来说,可以有多个截面图形,但路径却只能有一个。路径和截面图形既可以是闭合的也可以是开放的。

3.1 创建放样对象

在场景中选择路径或截面图形后,选择【创建】/【几何体】/【复合对象】/【对象类型】/【放样】工具,可调出该工具【创建方法】、【曲面参数】、【路径参数】、【蒙皮参数】卷展栏(图 3-4-9),接下来仅对园林效果图制作中常用的参数进行介绍。

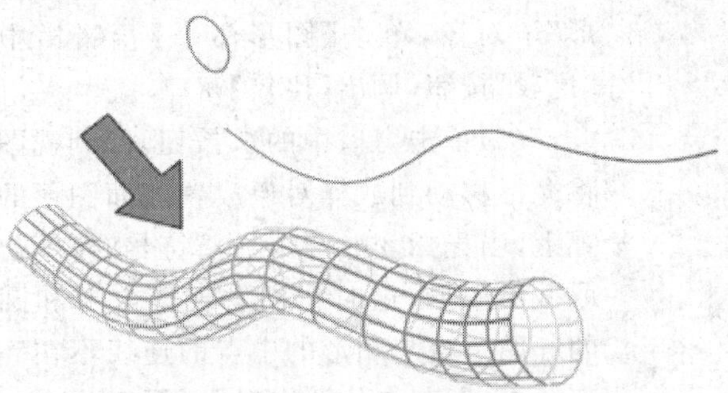

图 3-4-8 截面、路径及【放样】结果

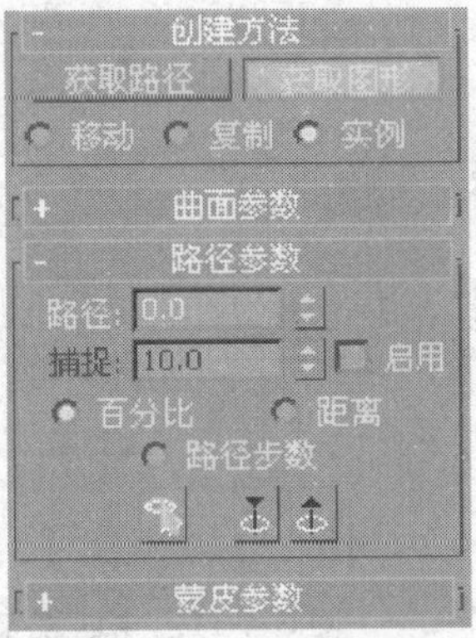

图 3-4-9 【放样】工具卷展栏参数

【创建方法】卷展栏:用来确定创建放样对象的方法以及原图形与放样对象的关系。

◆获取路径:先选择截面,再执行【放样】命令,单击“获取路径”按钮,然后选择作为路径的二维图形即可创建放样对象。

◆获取图形:先选择路径,再执行【放样】命令,单击“获取图形”按钮,然后选择作为截面的二维图形即可创建放样对象。

◆移动/复制/实例:选择“移动”,放样后原图形在场景中不存在。

选择“复制”,放样后原图形在场景中仍然存在;选择“实例”,放样对象与原图形象关联,修改路径和截面图形时,放样对象同时变动,这是默认选项。

【路径参数】卷展栏:用来控制在路径的不同位置拾取不同截面图形。

◆路径:数值框中的数值对应于路径的长度位置,可以选用“百分比”、“距离”、“路径步数”三种方式表示路径的长度位置。默认的是“百分比”,取值范围为 0～100,0 代表路径的起点位置,50 代表中点位置,100 代表终点位置。

◆捕捉:勾选“启用”后,在“捕捉”数值框中输入捕捉值,微调“路径”后的数值框中的数值时以捕捉值递增或递减。

【例 3-8】 利用【放样】工具创建复合对象。

(1)选择【创建】命令面板/【图形】/【样条线】/【对象类型】/【圆】、【矩形】、【线】工具,在顶视图中分别创建一个圆形、正方形作为截面,在前视图中创建一直线作为路径(图 3-4-10)。

(2)选择直线，单击【复合对象】下的【放样】工具，调出【放样】卷展栏参数。单击“获取截面”按钮，回到视图中选取正方形作为路径，完成初次放样。

(3)在【路径参数】卷展栏中将“路径”值改为 50，单击“获取截面”按钮，回到视图中选取圆形作为路径，完成二次放样。

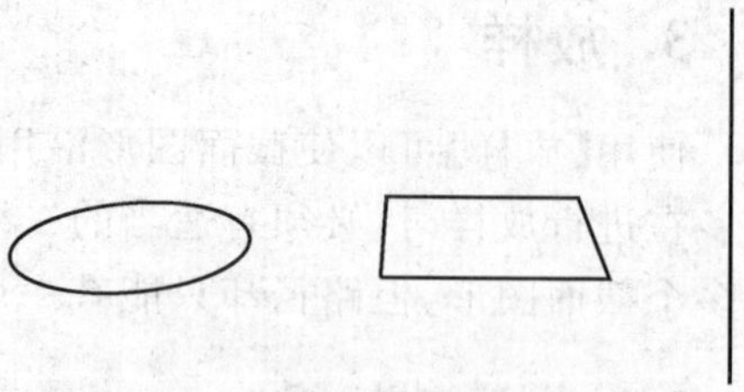

图 3-4-10　用于【放样】的截面与路径

(4)在【路径参数】卷展栏中将“路径”值改为 100，单击“获取截面”按钮，回到视图中选取正方形作为路径，完成放样，但这时由于各个截面的起始节点未进行对齐，所以这时观察放样对象中间截面圆的位置有一定的扭曲(图 3-4-11 左)。

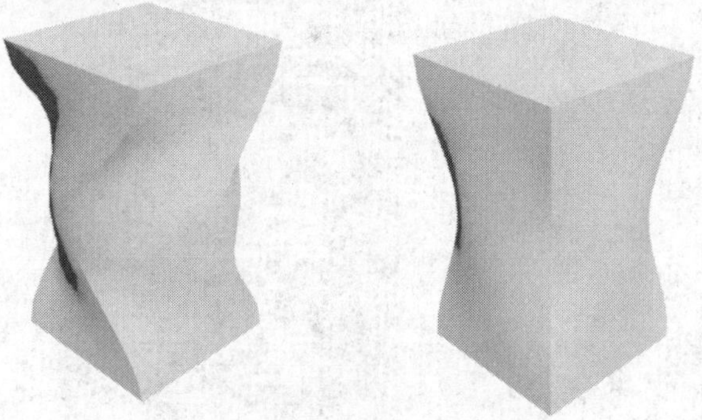

图 3-4-11　未匹配节点(左)和匹配节点后(右)的放样对象

(5)选中放样对象，切换至【修改】面板，在修改器堆栈中进入【Loft】下面的“图形”子对象，单击【图形命令】卷展栏中的“比较”按钮，调出【比较】窗口。

(6)单击窗口中的按钮，回到视图中将光标移动到放样对象放置截面图形的位置上，当光标变成两个“＋”符号时，单击获取截面图形，这时我们发现正方形和圆形的起始节点与图形的中点的连线不在一条直线上，即节点位置未对齐(图 3-4-12)。

(7)回到透视图中，选中放样对象上的圆形截面，单击【选择并旋转】工具，打开【角度捕捉】，并将捕捉值设置为 45°，在透视图中一边旋转圆形，一边观察【比较】窗口中截面的起始节点变成如图 3-4-13 所示，这时放样对象扭曲的现象也消失了(图 3-4-11 右)。

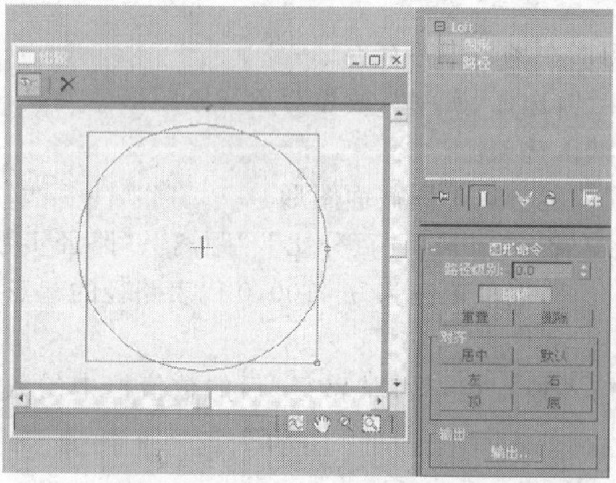

图 3-4-12　节点未对齐的截面图形

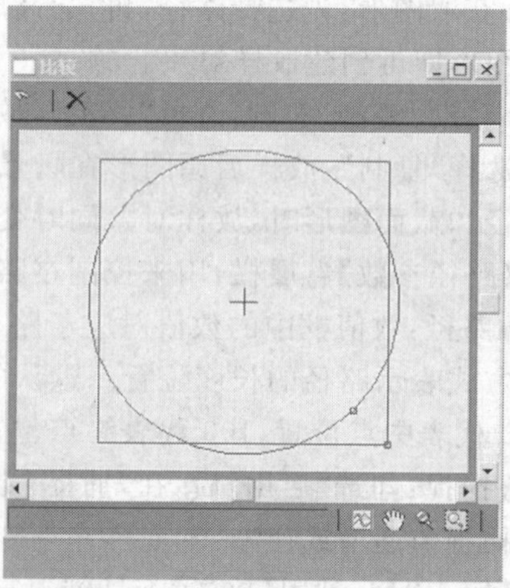

图 3-4-13　节点对齐后的截面图形

(8)放样对象有“图形”、“路径”两个子对象，用户可以分别进入两个子对象层级，对其截面和路径图形进行复制、移动、旋转、缩放等操作，从而得到更多样的模型对象。

3.2 放样变形

选中放样对象，切换至【修改】面板，在修改器堆栈中选中【Loft】，这时我们发现在参数卷展栏中出现了一个【变形】卷展栏。

【变形】卷展栏：提供“缩放”、“扭曲”、“倾斜”、“倒角”、“拟合”5 种放样变形工具，单击工具按钮后的开关可以控制该工具效果的显示与关闭。

◆缩放：可以沿 X 轴或 Y 轴方向对截面图形进行缩放。

◆扭曲：可以使截面绕着路径旋转到指定的角度。

◆倾斜：可以使截面绕着 X 轴或 Y 轴旋转。

◆倒角：与“缩放”工具类似，两者都能改变截面图形的尺寸大小，但“倒角”是将截面沿 X 轴或 Y 轴作等量变化。

◆拟合：可以根据给定的视图轮廓创建复杂的形体。

【例 3-9】 利用【放样】变形工具创建莲花柱础。

(1)选择【创建】命令面板/【图形】/【样条线】/【对象类型】/【星形】、【线】工具，在顶视图中分别创建一个星形作为截面，在前视图中创建一根 Z 轴向高度为 24 mm 直线作为路径，两者形态及星形参数如图 3-4-14 所示。

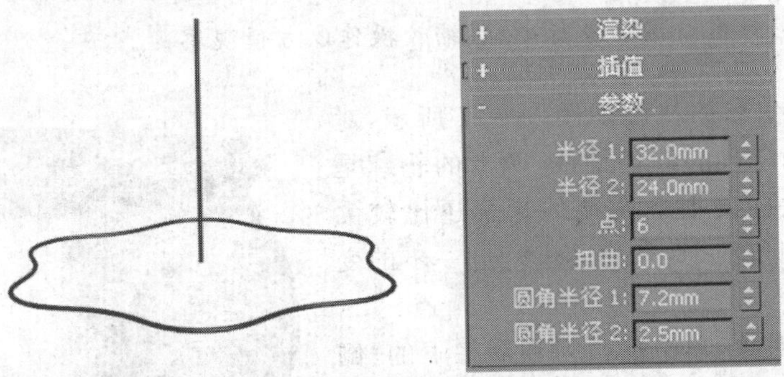

图 3-4-14 放样路径、截面以及截面的创建参数

(2)按照【例 3-8】的方法将截面沿路径进行放样(图 3-4-15)。

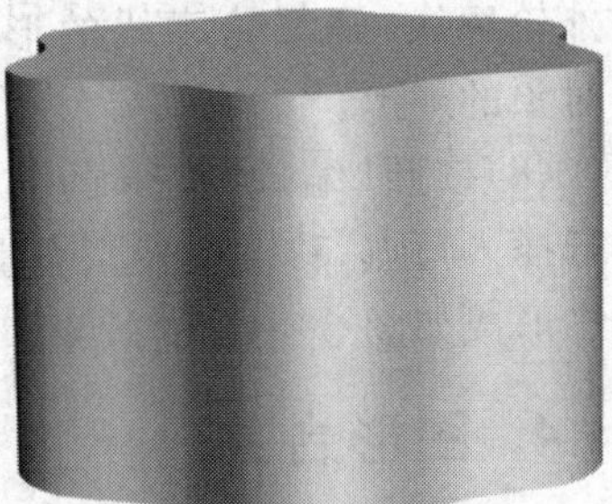

图 3-4-15 放样对象

(3)选中放样对象，切换至【修改】面板，在修改器堆栈中选中【Loft】，单击【变形】卷展栏下的“缩放”按钮调出【缩放变形(X)】窗口，窗口中有两根水平线，一根是纵坐标值为“0”的黑色水平粗线，代表放样对象的中轴线，另外一根纵坐标值为“100”的红色水平细线代表放样对象纵剖面的外轮廓线，调整外轮廓线至中轴线的距离缩放值，即可相应改变放样对象的外形。

(4)单击“插入角点”按钮后在红色轮廓线上插入 3 个角点，然后单击“移动控制点”按钮，在窗口选中角点，通过在窗口下方的数值框输入坐标值精确确定 3 个角点的坐标值(左边的数值框输入横坐标值，右边的数值框输入纵坐标值)，3 个角点的横坐标值分别为“10、50、90”，纵坐标值分别为“90、110、90”。

(5)单击“插入角点”按钮，在窗口中框选中新插入的 3 个角度，右击调出右键菜单，切换角点类型为“Bezier-平滑”(图 3-4-16)，然后框选中最左侧和右侧的角点，切换角点类型为“Bezier-角点”，然后单击移动各角度的切线控制柄的端点至合适位置，这里针对角点的操作与二维图形【顶点】子物体层级编辑中切换顶点类型的操作相同。

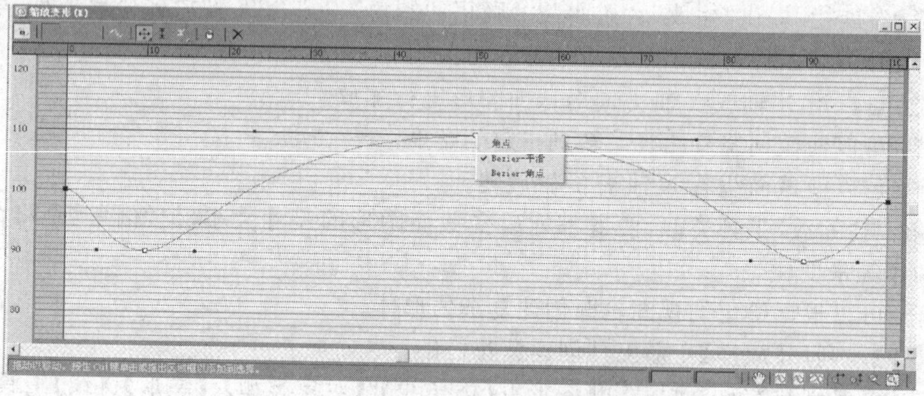

图 3-4-16 【缩放变形(X)】窗口中的角点设置

提示：在进行角点操作时，可应用【缩放变形(X)】窗口右下方的显示控制按钮对窗口显示进行平移、缩放操作以方便观察。

(6)进行缩放变形的柱础如图 3-4-17 所示，对比【缩放变形(X)】窗口的红色细线，两者的轮廓是相互对应的，不过柱础上下两端的轮廓还比较尖锐，接下来使用“倒角”工具来对其进行进一步的变形处理。

(7)选中放样对象，单击【变形】卷展栏下的“倒角”按钮调出【倒角变形】窗口，窗口中有一根纵坐标值为“0”的红色水平细线，代表放样对象纵剖面的外轮廓线，调整轮廓线的形状，即可相应改变放样对象的外形。

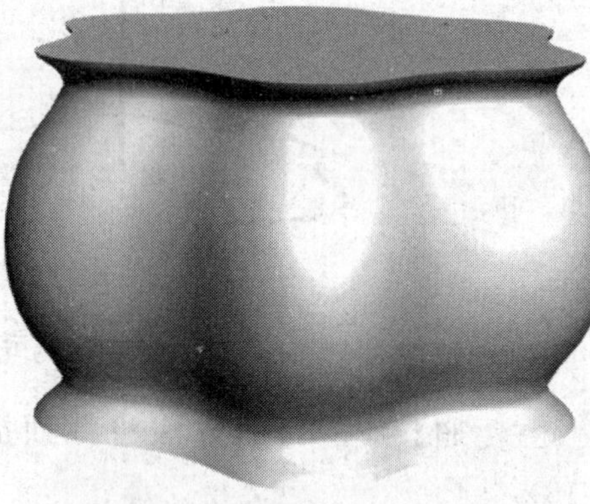

图 3-4-17 “缩放”变形后的柱础

(8)按照“缩放”变形的方法，在红色轮廓线上进行插入角点、移动位置至合适位置、改变角点类型、调整角点切线控制柄等操作(图 3-4-18)，最终形成如图 3-4-19 的效果。

4. 图形合并

使用【图形合并】可以把二维图形投影到三维网格物体表面，通过进一步的挤出处理制作凸起或凹陷的效果(图 3-4-20)。

在场景中选择网格物体后，选择【创建】/【几何体】/【复合对象】/【对象类型】/【图形合并】工具，可调出该工具【拾取操作对象】卷展栏、【操作对象】组、【操作】组、【输出子网格选择】组、【显示/更新】卷展栏(图 3-4-21)，其中前者是图形合并的主要参数操作区，后者则用于设置合并后物体的显示与更新方式，接下来仅对园林效果图制作中常用的参数进行介绍。

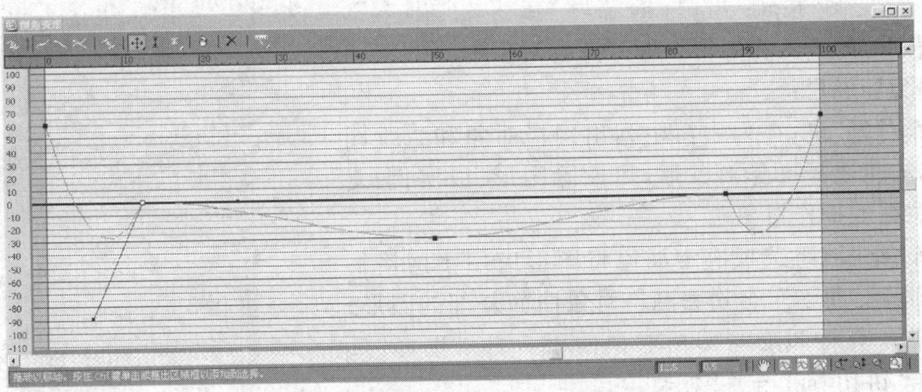

图 3-4-18 【倒角变形】窗口中的角点设置

图 3-4-19 “缩放”并“倒角”变形后的柱础

图 3-4-20 二维图形、网格物体及【图形合并】结果

【拾取操作对象】卷展栏：

◆拾取图形：设置好操作参数后，单击该按钮，然后选择二维图形即可实现图形合并。

◆参考/复制/移动/实例：指定以“参考”、“副本”、“实”或“移动”的方式将图形投射到复合对象中。

【参数】卷展栏：

“操作对象”组：在列表窗中列出网格对象和二维图形的名称。在选择操作对象后，可删除图形、以实例/复制的方式“提取操作对象”。

“操作”组：该组选项决定如何将图形应用于网格物体中。若选择“饼切”，会切去网格对象曲面外部的图形；选择“合并”，会将图形与网格对象曲面合并。选择“反转”将反转“饼切”或“合并”效果。

“输出子网格选择”组：提供指定将哪个选择级别的选项传送到堆栈中，以供进一步的修改。选择“无”输出整个对象；选择“面”输出合并图形内的面；选择“边”输出合并图形的边；选择“顶点”输出由图形样条线定义的顶点。

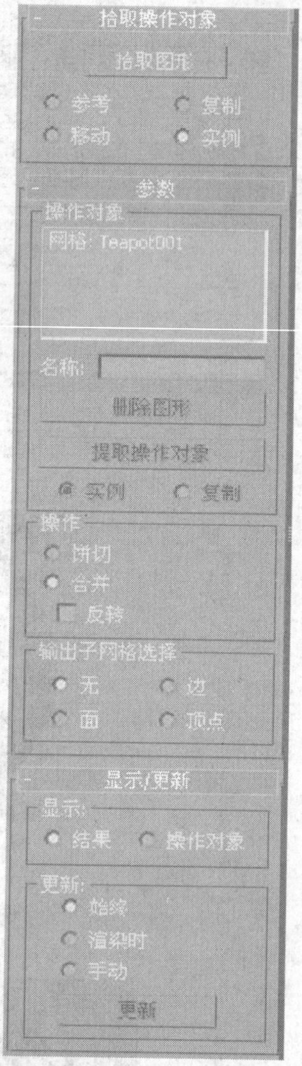

图 3-4-21 【图形合并】工具卷展栏参数

【例 3-10】 利用【图形合并】工具创建复合对象。

(1)选择【创建】命令面板/【几何体】/【标准基本体】/【茶壶】，在顶视图中创建一个茶壶的文本，选择【创建】命令面板/【图形】/【样条线】/【文本】，在前视图中创建一个“紫砂”的文本，两者位置如图 3-4-22 所示。

(2)选择茶壶，然后选择【创建】命令面板/【几何体】/【复合对象】/【图形合并】工具。

(3)在【拾取操作对象】卷展栏中选择“移动”方式，在“操作”组中选择“合并”方式，然后单击“拾取图形”按钮，回到视图中选择文本，这时发现在 3 个正面视图中文本已经以“移动”嵌入到茶壶中去了。

(4)在“操作对象”组的列表窗中选择“图形 1：Text001”，切换到【修改】面板，在修改器列表中加载【多边形选择】修改器，进入到“多边形”子对象层级，这时场景中的文本呈红色显示。

(5)在修改器列表中加载【面挤出】修改器，在【参数】卷展栏中将“数量”设置为合适的数值，制作凸出于茶壶表面的效果(图 3-4-23)。

5. 地形

利用 3ds Max 制作园林地形有很多种方法，比如在面状物体上使用【噪波】、【置换】修改器或移动软选择的子对象等，但如果要根据等高线精确地创建园林地形，则需要使用【地形】工具(图 3-4-24)。

在 3ds Max 中获得等高线的方式有两种：一种是在 AutoCAD 描绘好等高线，再导入 3ds Max，适合复杂地形的创建，*.DWG，*.DXF 文件的导入方法见本书综合实训中的相关内容；另一种方法是直接在 3ds Max 中利用【线】工具描绘等高线，适合简单地形的创建。选中不同海拔的等高线后，选择【创建】/【几何体】/【复合对象】/【对象类型】/【地形】工具，可调出该工具【拾取操作对象】卷展栏、【操作对象】组、【外形】组、【显示】组、【更新】组、【简化】、【按海拔上色】卷展栏（图 3-4-25），接下来仅对园林效果图制作中常用的参数进行介绍。

图 3-4-22　图形合并前的茶壶和文本

图 3-4-23　图形合并后并挤出文本的效果

图 3-4-24　等高线及【地形】结果

【拾取操作对象】卷展栏：

◆参考/复制/移动/实例：指定使用操作对象的复制方式。使用“移动”，原始的轮廓数据将从场景移到新地形对象的操作对象中；使用“复制”、“参考”和“实例”将原始轮廓数据保留在场景中，并创建轮廓数据的副本、参考或实例。

◆覆盖：用于选择覆盖其内部任何其他操作对象数据的闭合曲线。

【操作对象】组：显示和删除当前的操作对象。

【外形】组：控制地形对象的显示方式，一般选择“分级曲面”以接近真实效果。启用“缝合边界”，在使用非闭合样条线来定义边缘条件时，会沿着地形对象的边缘创建新的三角形，以缝

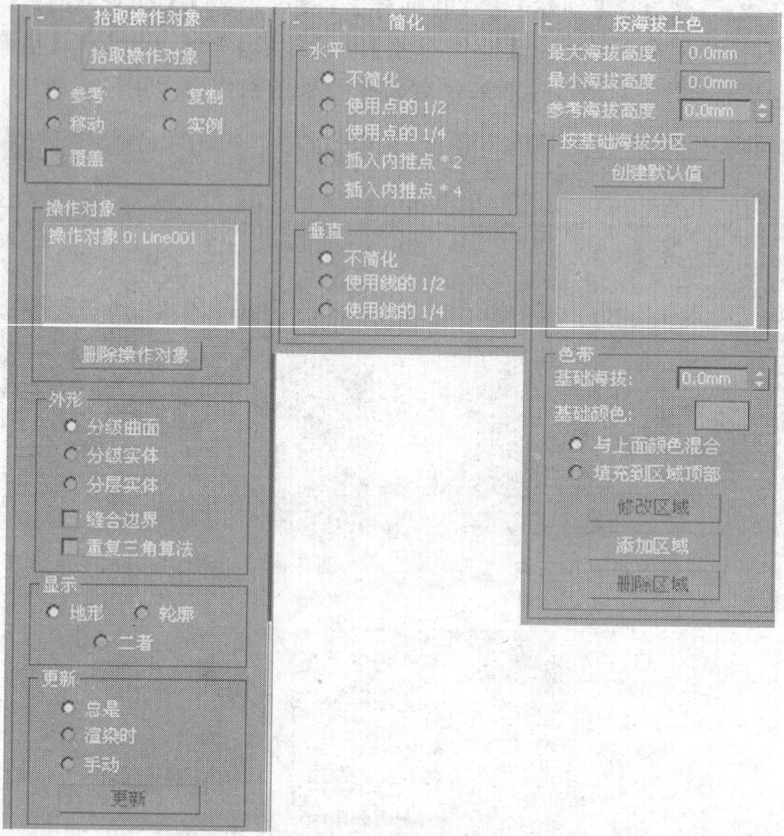

图 3-4-25 【地形】工具卷展栏参数

合地形破碎的边界面。启用“重复三角算法”后，将使用严格遵循轮廓线的算法增加一些三角面以使地形更光滑，当然计算过程将会比较缓慢。

【简化】卷展栏：分为“水平”组和“垂直”组，控制创建地形对象时在两个水平和垂直方向上网格的复杂程度。两组的参数选项含义类似，选择不同的参数，将选择产生不同的细节文件。在“水平”组中，选择“插入内推点 * 4”将产生最详细的细节文件，其次是“插入内推点 * 2”、“不简化”、“使用点的 1/2”、“使用点的 1/4”；在“垂直”组中，选择“不简化” 将产生最详细的细节文件，其次是“使用线的 1/2 使用”、“使用线的 1/4 使用”。

【按海拔上色】卷展栏：用来显示各等高线的海拔高度以及按不同海拔对地形对象上色，这一功能在园林设计方案中对地形分析时非常实用，具体使用见接下来的实例操作。

【例 3-11】 利用【地形】工具制作山体。

(1)将当前视图切换为顶视图，执行【视图】/【视口背景】/【视口背景】菜单命令，或按下<Alt+B> 键，调出【视口背景】对话框(图 3-4-26)。

(2)在“背景源”组中单击“文件”按钮，指定配套光盘中【项目 3】/等高线.jpg 文件作为视口背景，并将勾选“显示背景”，单击“确定”按钮发现顶视图中的背景加入了地形等高线图片(图 3-4-27)。

(3)使用【线】工具在顶视图中描绘等高线。绘制完毕后，按下<Alt+B>键，调出【视口背景】对话框，取消“显示背景”，单击“确定”按钮。

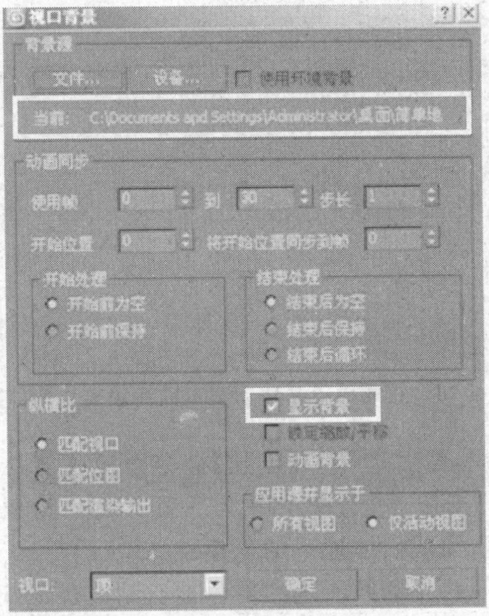

图 3-4-26 【视口背景】对话框

提示：可以使用曲线描绘等高线，也可以先绘制直线等高线，然后进入【顶点】子层级，将所有顶点类型改为“平滑”以得到曲线状的等高线。

此外，描绘等高线时，顶点越多，得到的地形对象网格划分会更细，计算的过程也越缓慢。

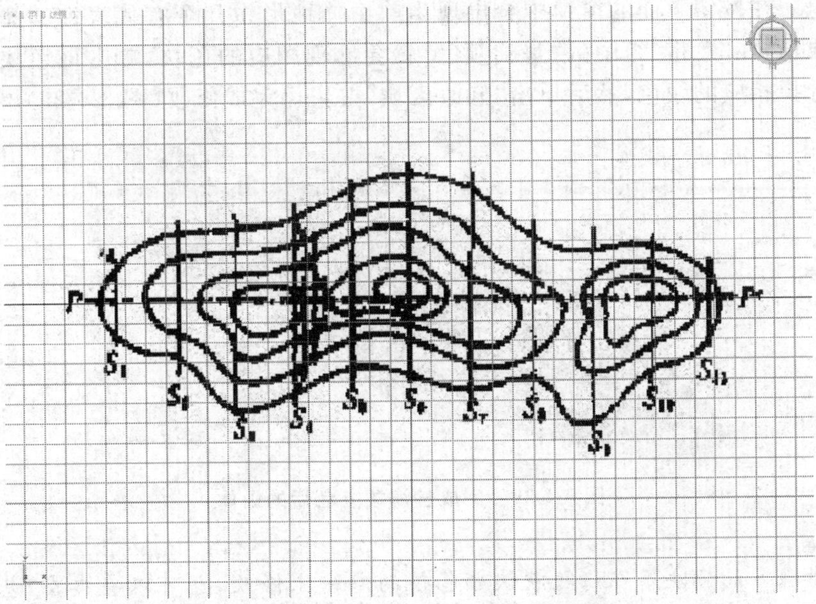

图 3-4-27 顶视图中显示的视口背景图片

(4)此时的等高线全部在一个平面上，接下来在前视图或左视图中将绘制的等高线逐一选中，使用【选择并移动】命令将它们移动至不同的海拔高度上(图 3-4-28)。

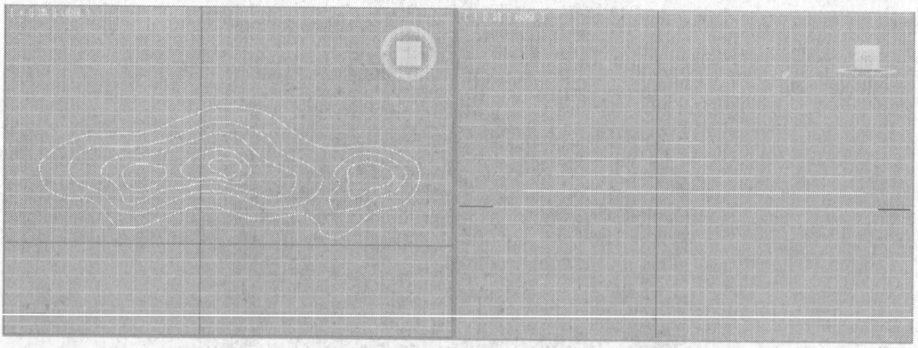

图 3-4-28　完成描绘并移动至不同海拔高度的等高线

(5)选中最底层的等高线，然后选择【创建】命令面板/【几何体】/【复合对象】/【地形】工具。单击“拾取操作对象”按钮，回到视图中从下至上逐一拾取等高线，启用“重复三角算法”，其他参数采用默认设置，完成山体地形的创建。

(6)这时发现山体底面一些轮廓线凹进的部分被自动缝合了，造成山体与等高线轮廓有些出入。选中山体，右击调出右键菜单，执行【转换为】/【可编辑多边形】命令。然后在【修改】面板中进入【边】子对象层级，将缝合部分的边删除掉。

(7)由于该例的等高线数量较少、间距较大，这使得山体的边面较少、轮廓不够平滑，这时可以进入【顶点】子对象层级，开启软选择，调整某些顶点的位置使山体起伏平滑一些，最后加载【网格平滑】修改器，将【细分量】卷展栏中的“迭代次数”调整为“2”。

(8)接下来按海拔给山体上色。先单击“创建默认值”按钮，这时视图中的山体已经按默认值按海拔上色。在按钮下面的窗口中会出现当前山体地形中几个有代表性的海拔值，在窗口中选中某海拔值，在“色带”组中的“基础颜色”就会出现相应的色块，单击该色块调出【颜色选择器】，从中选择相应的颜色，然后单击“修改区域”按钮可完成修改(图 3-4-29)。

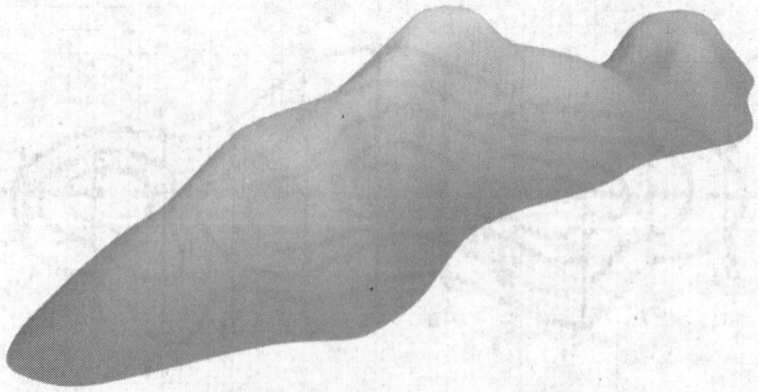

图 3-4-29　完成按海拔上色后的山体

提示：步骤 8 的方法是在海拔默认颜色值的基础上修改，也可以直接在“基础海拔”框中输入需要上色的海拔值，然后单击“基础颜色”的色块选取颜色，再单击“添加区域”按钮完成上色。

任务5 多边形建模

学习领域

- 转换多边形对象。
- 编辑多边形对象。

工作领域

- 掌握将参数化对象转换为多边形对象的方法。
- 掌握多边形对象各子层级的常用编辑工具。

行动领域

- 能够运用多边形对象创建园林模型。

任务知识讲解

1 转换多边形对象

多边形对象是一种“可编辑对象”，在 3ds Max 中无法由命令直接创建，只能由“参数化对象”转换而来，通常由以下 2 种方法转换。

1.1 加载【编辑多边形】修改器

选择对象，进入【修改】面板，在【修改器列表】中加载【编辑多边形】修改器即可(图 3-5-1)。

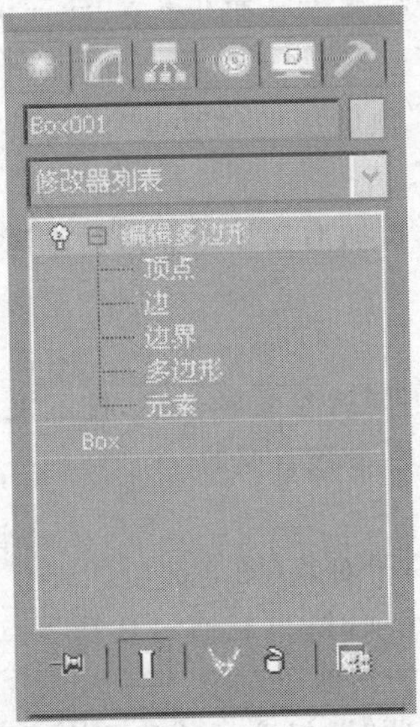

图 3-5-1 【编辑多边形】修改器

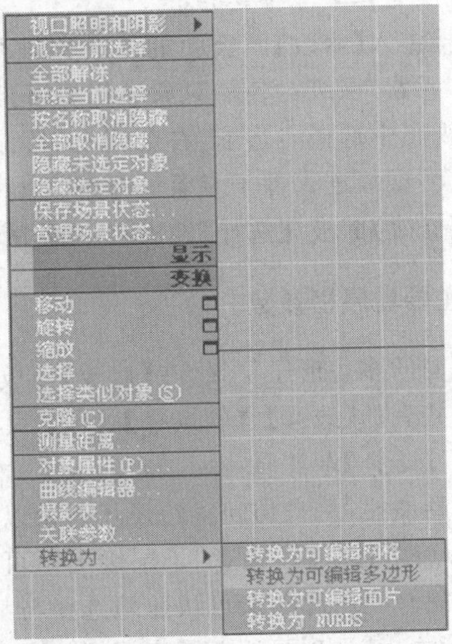

图 3-5-2 【转换为:可编辑多边形】

1.2 转换为【可编辑多边形】

选择对象，右击调出快捷菜单，选择【转换为：】/【转换为编辑多边形】命令即可（图3-5-2）。

提示：使用1.2的方法将“参数化对象”转换为“多边形对象”，将会使对象原有参数丢失，不便于后期修改。

2 编辑多边形对象

2.1 多边形对象的物体层级

多边形对象包含“顶点”、“边”、“边界”、“多边形”、“元素”5个子层级对象（图3-5-3），各子对象含义如下：

顶点：指边与边之间连接的点（图3-5-3a）。

边：指物体分段产生的边（图3-5-3b）。

边界：指独立非闭合曲面的边缘或删除多边形产生的孔洞边缘（图3-5-3c）。

多边形：是由3条或多条首尾相连的边构成的最小单位的曲面（图3-5-3d）。

元素：即不相连的子物体，如将茶壶转换为可编辑多边形，壶盖就将是一个元素（图3-5-3e）。

2.2 进入对象相应层级

要对多边形对象进行编辑修改，就必须先进入到相应的物体层级中去，与二维图形类似，进入方法主要有以下3种。

(1)直接进入【修改】面板中的修改器堆栈，单击“可编辑多边形”、“顶点”、“边”、“边界”、“多边形”、“元素”层级对各子对象进行编辑。

(2)在视图中选择多边形，右击调出四元菜单，选择“顶层级”、“顶点”、“边”、“边界”、“多边形”、“元素”层级进入各子对象进行编辑。

(3)在【修改】面板/【选择】卷展栏中单击按钮对各子对象进行编辑。

2.3 主要卷展栏参数

选择不同的多边形子层级，在【修改】面板下会显示不同的参数卷展栏，接下来主要介绍各子层级对象共有的【选择】、【软选择】、【编辑几何体】卷展栏参数含义。

2.3.1 【选择】卷展栏

【选择】卷展栏：用来访问多边形子对象以及快速选择子对象（图3-5-4）。

◆按顶点：该选项在“顶点”子层级上不可用。勾选此项时，只有通过选择顶点，才能选择对应的子对象。使用此功能可快速地选择与某顶点相关的其他子对象。

◆忽略背面：该选项可用于任意子层级对象。勾选此项时，仅选择法线指向当前视图的子对象，忽略其背面子对象。

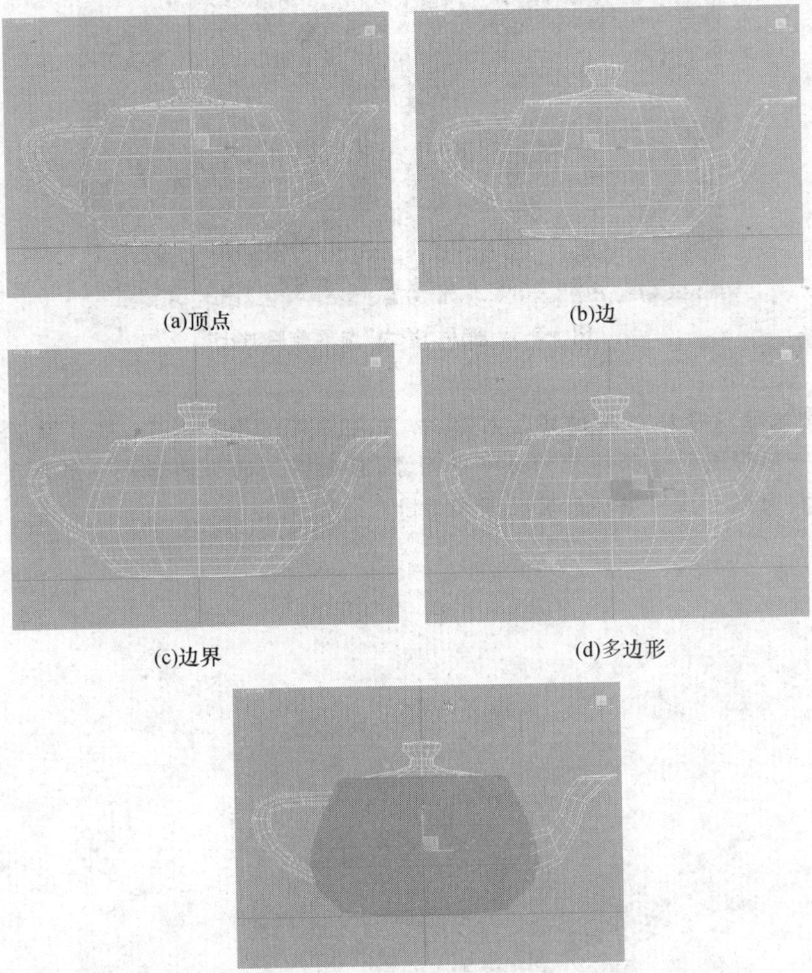

(a)顶点 (b)边

(c)边界 (d)多边形

(e)元素

图 3-5-3 多边形各子层级对象

◆按角度：该选项只能用于“多边形”子层级。勾选此项时，如果选择一个多边形，3ds Max 会基于设置的角度自动选择相邻的多边形。

◆收缩：单击该按钮一次，可在当前选择范围中向内减少一圈子对象。

◆扩大：与“收缩”相反，单击该按钮一次，可在当前选择范围中向外增加一圈子对象（图 3-5-5）。

◆环形：该选项仅在“边”、“边界”子层级上可用。单击该按钮，可自动选择平行于已选子对象的其他对象（图 3-5-6 左）。

◆循环：该选项仅在“边”、“边界”子层级上可用。单击该按钮，可自动选择与已选子对象在同一曲线上的其他对象（图 3-5-6 右）。

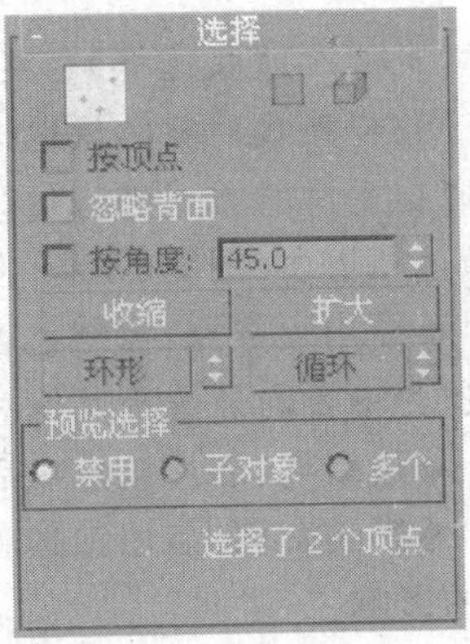

图 3-5-4 【选择】卷展栏

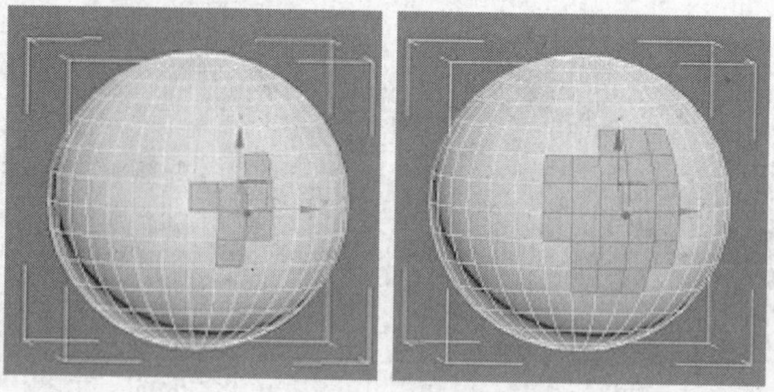

图 3-5-5　使用“扩大”选项前后对比

提示:要快速选择环形或循环子对象,方法是选择一个子对象,然后按下<Shift>键同时单击同一环形或同一循环中的另一子对象,按钮旁边的微调器允许用户在任意方向将选择移动到相同环或相同循环的其他子对象上。

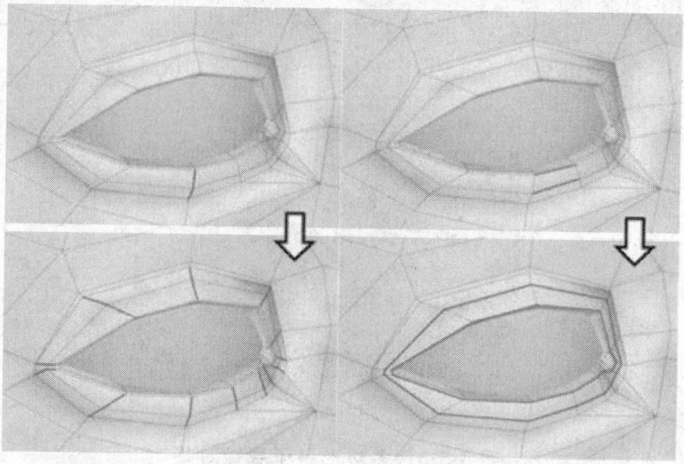

图 3-5-6　使用“环形”(左)和“循环”(右)选项前后对比

2.3.2　【软选择】卷展栏

与样条线对象的软选择控件类似,在对多边形对象软选择后再执行变换命令,可以让子对象以更平滑的方式进行过渡,但与样条线对象相比,多边形对象的【软选择】卷展栏增加了“绘制”选项更多(图 3-5-7)。

◆使用软选择:控制是否开启软选择功能,启用后,选择一个或多个子对象时,会以选择子对象为中心向外选择其他对象。

◆边距离:启用该选项后,可将软选择限制到指定的面数。

◆影响背面:启用该选项后,那些与选定子对象平均法线方向相反的子对象也会受到软选择的影响。

◆衰减:用以定义影响区域的距离,使用越高的衰减设置,执行变换时可以实现更平缓的效果。

◆收缩:设置软选择曲线区域的相对“突出度”,可沿着垂直轴提高并降低曲线的顶点,并

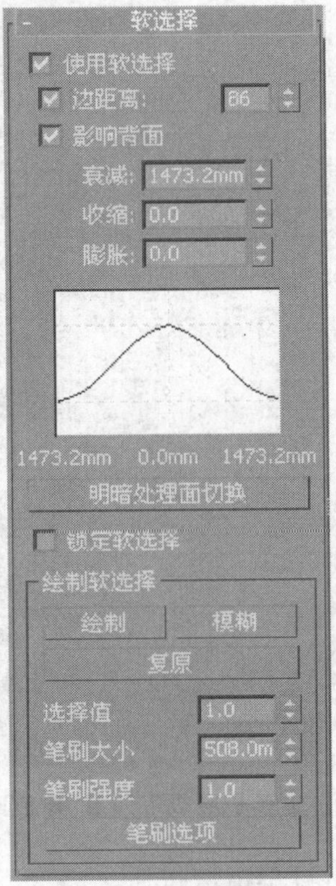

图 3-5-7 【软选择】卷展栏

最终反映在变换效果上。

◆膨胀：设置软选择曲线区域的相对“丰满度”，可沿着垂直轴展开和收缩曲线，并最终反映在变换效果上。

◆软选择曲线：以图形的方式显示软选择参数效果。

◆着色面切换：显示颜色渐变，与软选择参数设置相对应。只有在编辑“多边形”子层级时才可用(图 3-5-8)。

提示：与样条线对象类似，对多边形对象使用软选择时，会为当前选择旁的未选子对象指定部分选择值。这些值按照顶点或面的颜色渐变方式显示在视图中，渐变的范围为从选择子对象颜色(红色)到未选择子对象颜色(蓝色)。

◆锁定软选择：锁定软选择，以防止对按程序的选择进行更改。使用“绘制软选择”组选项后会自动锁定软选择。

◆“绘制软选择”组：以移动鼠标而非单击选择的方式来确定软选择区域，如同用笔绘制一样。该组下的控件可以设置笔刷的大小、强度以及软化绘制的形式等，这里不做详细介绍。

2.3.3 【编辑几何体】卷展栏

该卷展栏下的工具选项适用于所有子层级对象，主要用来全局修改多边形几何体(图 3-5-9)。

◆重复上一个：单击该按钮可重复使用上一次使用的命令，如挤出某个多边形后，并要对

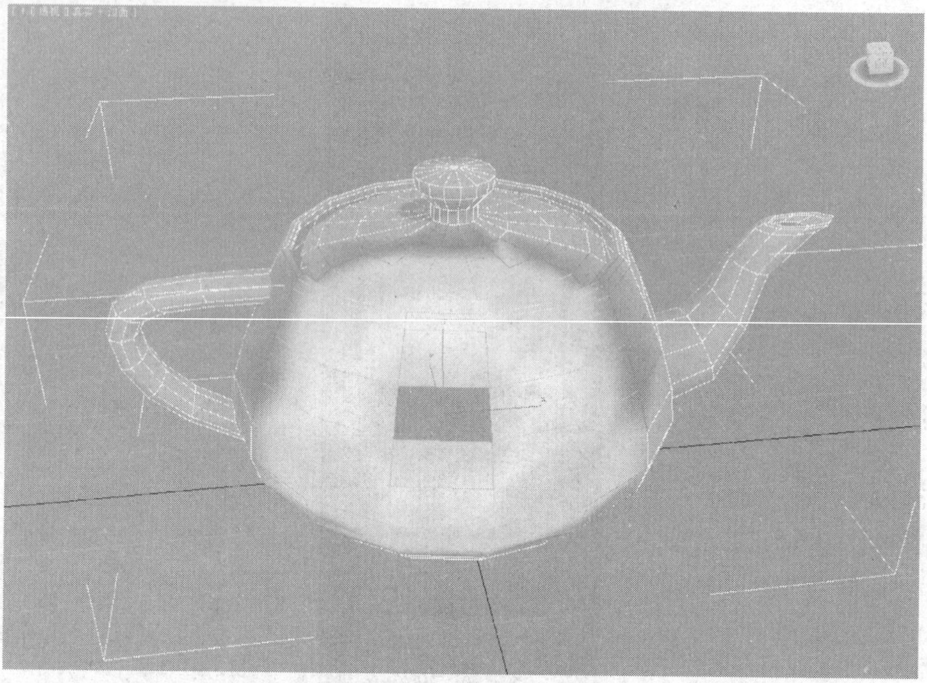

图 3-5-8 在多边形子层级下开启“着色面切换”效果

另外选中的多边形子对象实施挤出，可单击该按钮。

◆约束：可以使用现有的几何体约束子对象的变换，此项功能可用于所有子层级，可选择以下约束类型：

• 无：没有约束。这是默认选项。

• 边：约束子对象到边界的变换。

• 面：约束子对象到单个面曲面的变换。

• 法线：约束每个子对象到其法线（或法线平均）的变换。

◆保持 UV：启用此选项后，可以编辑子对象而不影响对象的 UV 贴图，如果禁用，对象的几何体与其 UV 贴图之间始终存在直接对应关系（图 3-5-10）。

◆创建：创建新的几何体，该按钮的使用方式取决于当前子对象层级状态。

◆塌陷：可在除“元素”之外的子层级中使用，将选中子对象的顶点与选择中心的顶点焊接（图 3-5-11）。该工具与“焊接”工具功能类似，但区别是“塌陷”不需要设置阈值就可以将所选子对象直接塌陷在一起。

◆附加：用于将场景中的其他对象附加到选定的多边形对象。

◆分离：将选定的子对象作为单独对象从关联的多边形中分离出来。

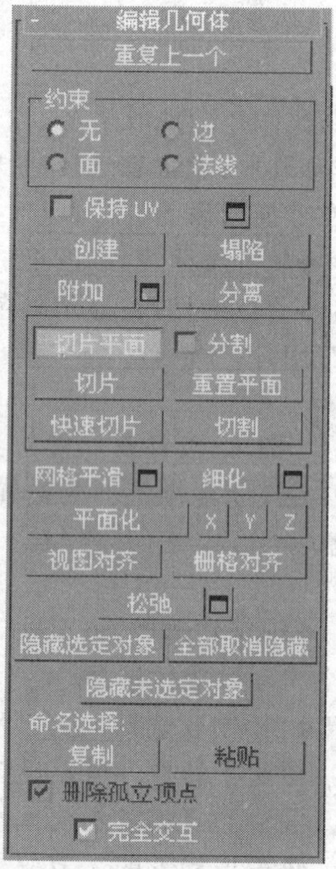

图 3-5-9 【编辑几何体】卷展栏

(a)具有纹理贴图的原始对象

(b)启用“保持UV”时，缩放顶点效果

(c)禁用“保持UV”时，缩放顶点效果

图 3-5-10 原对象与启用或禁用“保持 UV”选项对象的效果对比

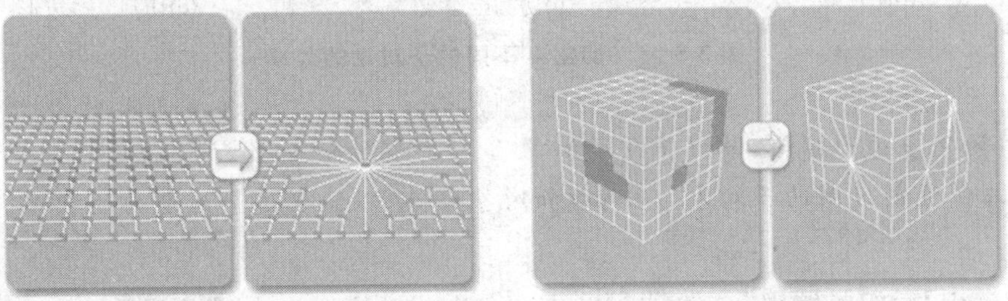

图 3-5-11 “顶点”(左)和“多边形”(右)层级的塌陷效果

◆切片平面：为切片平面创建 Gizmo，可以定位和旋转它来指定切片位置，然后根据需要启用“切片”和“重置平面”按钮。在“多边形”或“元素”子对象层级，“切片平面”只会影响选定的多边形，要对整个对象执行切片操作，应在任一其他子对象层级或顶层级使用“切片平面”。

◆切片：在切片平面位置处执行切片操作。只有启用“切片平面”选项时，才能使用该选项(图 3-5-12)。

◆重置平面：将“切片平面”恢复到其默认位置和方向。只有启用“切片平面” 选项时，才能使用该选项。

◆分割：勾选此项时，通过“快速切片”和“切割”操作，可以在划分边的位置处的点创建两个顶点集，这样便可轻松地删除要创建孔洞的新多边形。

◆快速切片：可以将对象快速切片，而不用操纵 Gizmo。单击该按钮，然后在切片的起点处单击一次，在其终点处单击一次，右键单击鼠标或单击“快速切片”按钮可停止切片操作。

◆切割：用于创建一个多边形到另一个多边形的边或在多边形内创建边。单击起点，移动鼠标、再次单击，以便创建新的连接边，右键单击鼠标一次退出当前切割操作，再次右键单击退出“切割”模式(图 3-5-13)。

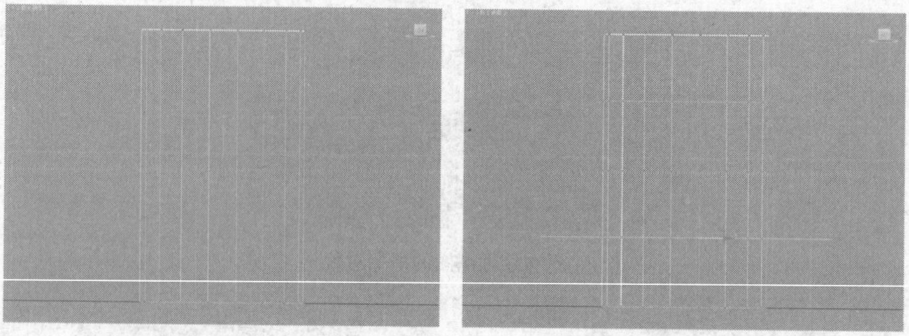

图 3-5-12 原对象(左)与执行切片操作后对象的边面数对比(右)

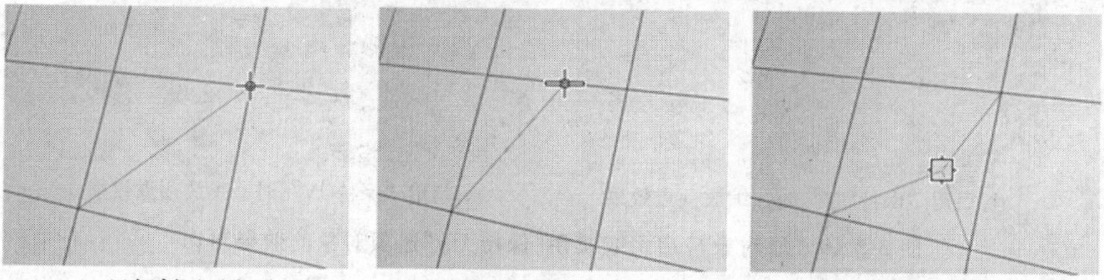

(a)切割至顶点 (b)切割至边 (c)切割至多边形

图 3-5-13 切割至不同的子对象的效果

提示:使用多边形建模,前提是需要对象具有足够的边面数,使用切片、切割等工具可以基于切片位置创建新的子对象,从而增加对象细节,以便创建更为复杂的模型。

2.4 【顶点】层级的编辑

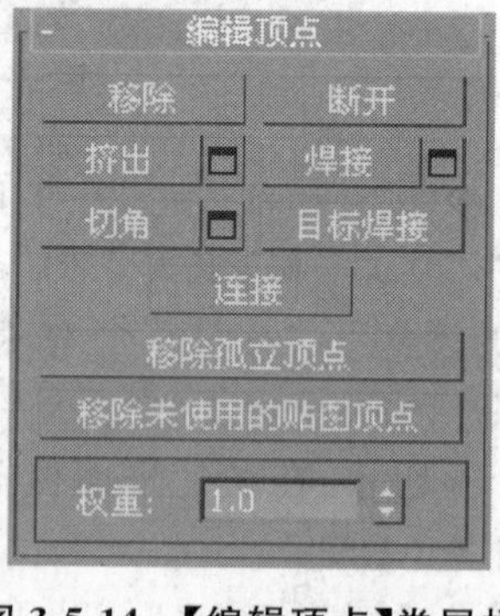

图 3-5-14 【编辑顶点】卷展栏

进入“顶点”子层级后,在【修改】面板下新增加的【编辑顶点】卷展栏中,提供了编辑顶点的各种命令选项(图 3-5-14),接下来对该卷展栏参数介绍如下:

◆移除:删除选中的顶点,并接合起使用它们的多边形。使用“移除”可能导致网格形状变化并生成非平面的多边形。选中顶点后,单击“移除”按钮或＜Backspace＞键,只是移除顶点,但相邻面依然存在,而如果按＜Delete＞键,则会删除选中的顶点以及相邻的面(图 3-5-15)。

◆断开:选中顶点后,单击该按钮可以在与选定顶点相连的每个多边形上,都创建一个新顶点,这可以使多边形的转角相互分开,使它们不再相连于原来的顶点上。

◆挤出:直接使用该工具可以在视图中手动挤出顶点,如果要精确设置挤出的高度和宽度,可单击右侧的□设置按钮,在视图中的“挤出顶点”助手里输入精确数值即可。

◆焊接:可以对指定阈值范围内选定的连续顶点进行合并。使用“焊接”前,需先单击□设置按钮,在视图中的“焊接顶点”助手里设置“焊接阈值”。距离较近的顶点,非常适合用“焊接”

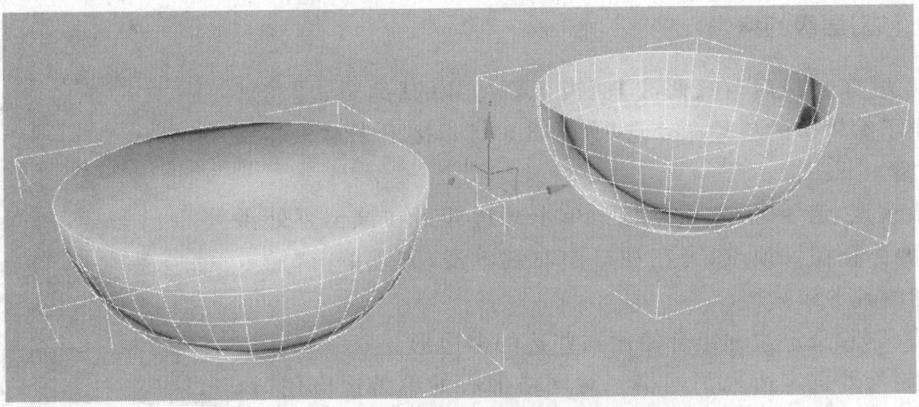

图 3-5-15 对球体移除(左)和删除顶点(右)的效果对比

来进行自动简化,相对较远的顶点,则最好使用“目标焊接”。

◆切角:单击该按钮,选中顶点然后在视图中拖动鼠标,即可对选定顶点进行手动切角。如果要精确设置切角量或打开切角,可单击右侧的□设置按钮,在视图中的“切角”助手里进行相应设置即可(图 3-5-16)。

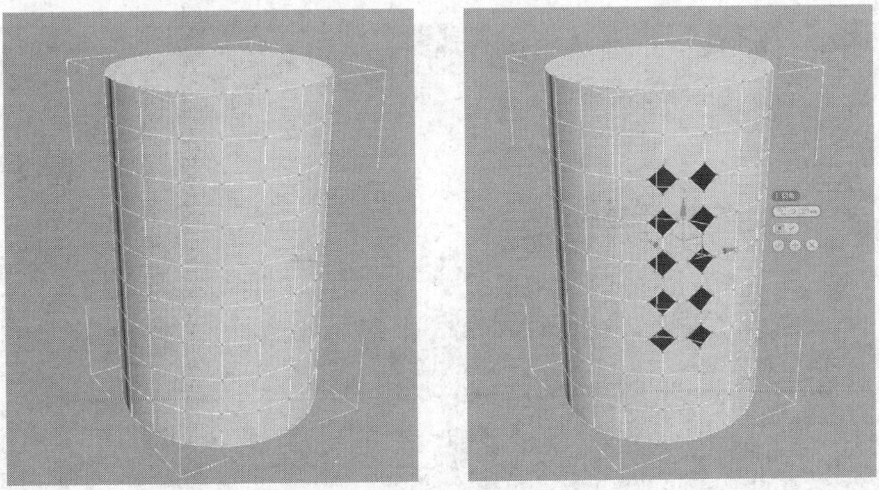

图 3-5-16 原对象(左)与顶点应用并打开“切角”对象(右)

◆目标焊接:可以选择一个顶点,并将它焊接到相邻目标顶点。“目标焊接”只焊接成对的连续顶点,也就是说,顶点有一个边相连。

◆连接:在选中的顶点对之间创建新的边。

◆移除孤立顶点:删除不属于任何多边形的所有顶点。

◆移除未使用的贴图顶点:删除不能用于贴图的点。

提示:多边形编辑有很多工具按钮右侧都有一个□设置按钮,单击它可以在视图中调出一个工具助手界面,界面由一个动态标签和一组附加在视口上的按钮组成,通过工具助手可对相应的操作进行精确设置。

2.5 【边】层级的编辑

进入“边”子层级后，在【修改】面板下新增加的【编辑边】卷展栏中，提供了编辑边的各种命令选项(图 3-5-17)，接下来对该卷展栏参数介绍如下：

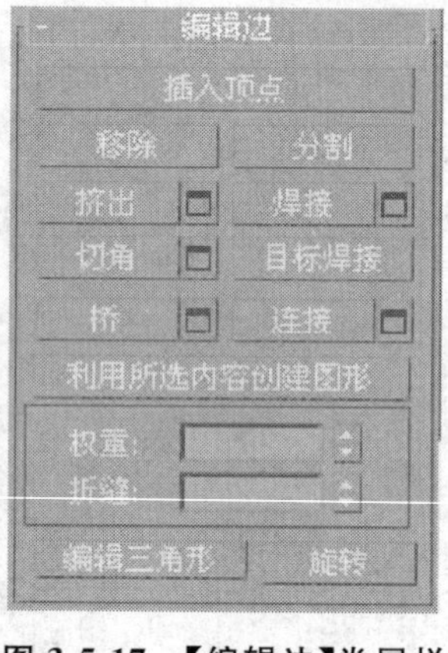

图 3-5-17 【编辑边】卷展栏

◆插入顶点：启用“插入顶点”后，单击某边即可在该位置处添加顶点。要停止插入顶点，可在视口中右键单击，或者单击“插入顶点”按钮将其关闭。

◆移除：删除选定边并组合使用这些边的多边形。

◆分割：沿着选定边分割网格。对网格中心的单条边应用时，不起任何作用。

◆挤出：手动或精确挤出选定边。

◆焊接：对指定的阈值范围内的选定边进行合并。

◆切角：对选定边进行手动或精确切角或圆角。这是多边形建模中使用频率较高的工具，可以用来将锐利的边缘钝化。如果对切角的平滑度不满意，可以加载【网格平滑】修改器，以使对象边缘更加平滑(图 3-5-18)。

图 3-5-18 对立方体上面的边进行“切角”处理

提示：无论是“焊接”还是“目标焊接”，都只能焊接仅附着一个多边形的边，也就是边界上的边。另外，不能执行可能会生成非法几何体(如由两个以上的多边形共享的边)的焊接操作。例如，不能焊接已移除一个面的长方体边界上的相对边。

◆目标焊接：用于选择边并将其焊接到目标边。

◆桥：使用该工具可以连接对象的边，但只能连接边界边，也就是只在一侧有多边形的边。

◆连接：这是多边形建模中使用频率较高的工具，可以在每对选定边之间创建新边，对于创建或细化边循环特别有用。该工具只能连接同一多边形上的边。此外，连接不会让新的边交叉。比如选择四边形的 4 个边，然后单击“连接”，则只连接相邻边，生成菱形图案（图 3-5-19）。

图 3-5-19 原对象（左）与“连接”边的对象（右）

◆利用所选内容创建图形：选择一个或多个边后，单击该按钮可通过选定的边创建样条线。这时会显示【创建图形】对话框，用于命名形状并将其设置为“平滑”或“线性”。

◆权重：设置选定边的权重。

◆折缝：指定对选定边或边执行的折缝操作量。

◆编辑三角形：修改绘制内边或对角线时多边形细分为三角形。

◆旋转：通过单击对角线修改多边形细分为三角形。

2.6 【多边形】层级的编辑

进入“多边形”子层级后，在【修改】面板下新增加的【编辑多边形】卷展栏中，提供了编辑多边形的各种命令选项（图 3-5-20），接下来对该卷展栏参数介绍如下：

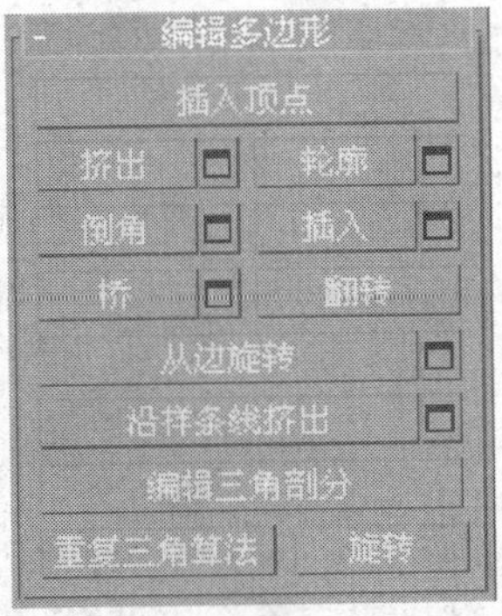

图 3-5-20 【编辑多边形】卷展栏

◆插入顶点：启用“插入顶点”后，单击多边形即可在该位置处添加顶点。只要命令处于活动状态，就可以连续细分多边形。要停止插入顶点，可在视口中右键单击，或者单击“插入顶点”按钮将其关闭。

◆挤出：手动或精确挤出选定多边形，这是多边形建模中使用频率较高的工具，可以对一个简单轮廓的对象不断挤出为复杂的多边形模型。

◆轮廓：手动或精确增加或减小每组连续的选定多边形的外边（图 3-5-21）。执行挤出或倒角操作后，通常可以使用“轮廓”调整挤出面的大小，该命令不会缩放多边形，即内部多边形的大小保持不变，只会更改外边的大小。

◆倒角：对选定的多边形进行手动或精确倒角操作。这是多边形建模中使用频率较高的工具，可以在挤出多边形的同时进行倒角（图 3-5-22）。

◆插入：执行没有高度的倒角操作，即在选定多边形的平面内执行该操作（图 3-5-23）。

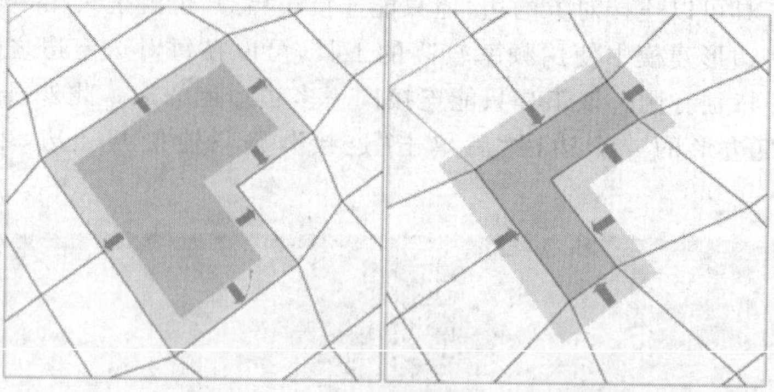

图 3-5-21 原对象(左)与向内轮廓多边形的对象(右)

图 3-5-22 向外倒角的多边形(左)和向内倒角的多边形(右)

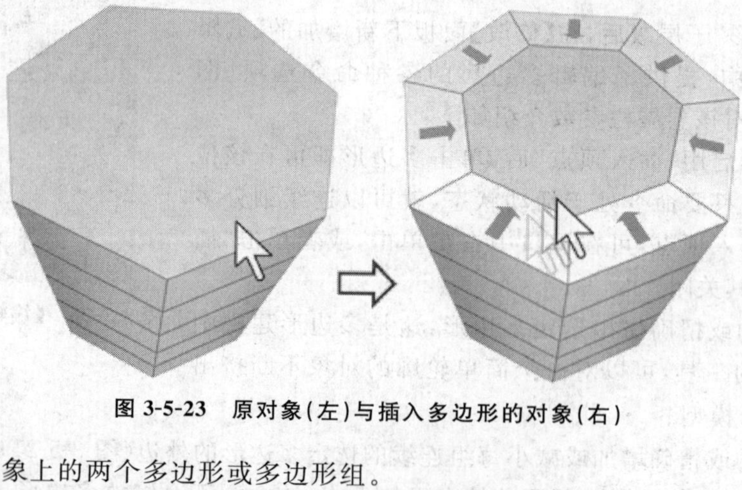

图 3-5-23 原对象(左)与插入多边形的对象(右)

◆桥:连接对象上的两个多边形或多边形组。

◆翻转:反转选定多边形的法线方向,从而使其面向用户。

◆从边旋转:沿着指定的边手动或精确旋转选定多边形。

◆沿样条线挤出:沿样条线手动或精确挤出当前的选定内容。

◆编辑三角剖分:通过绘制内边修改多边形细分为三角形。启用该按钮,将显示隐藏的边,单击多边形的一个顶点,会出现附着在光标上的橡皮筋线,单击不相邻顶点即可为多边形创建新的三角剖分。

◆重复三角算法:对当前选定的多边形自动执行最佳的三角剖分操作。

◆旋转:单击对角线修改多边形细分为三角形的方式。

【例 3-12】 使用多边形建模方法制作景观支架(图 3-5-24)。

图 3-5-24 景观支架模型效果

(1)打开 3ds Max,新建一个场景文件,执行【自定义】/【单位设置】菜单命令,将系统单位和显示单位均设置为“毫米”。

(2)在顶视图中创建一个长方体,其长、宽、高为 1 600 mm×1 600 mm×200 mm,分段数均为 1,并命名为“立柱支架”。

(3)选择立柱支架,进入【修改】面板,加载【编辑多边形】修改器,进入“边”子层级,在顶视图中选中“立柱支架”的左右 4 条边,单击【编辑边】卷展栏下的“连接”按钮,为多边形添加连接边,设置“分段”值 2,“收缩”值 78(图 3-5-25)。使用相同方法、参数对上下边进行连接操作。

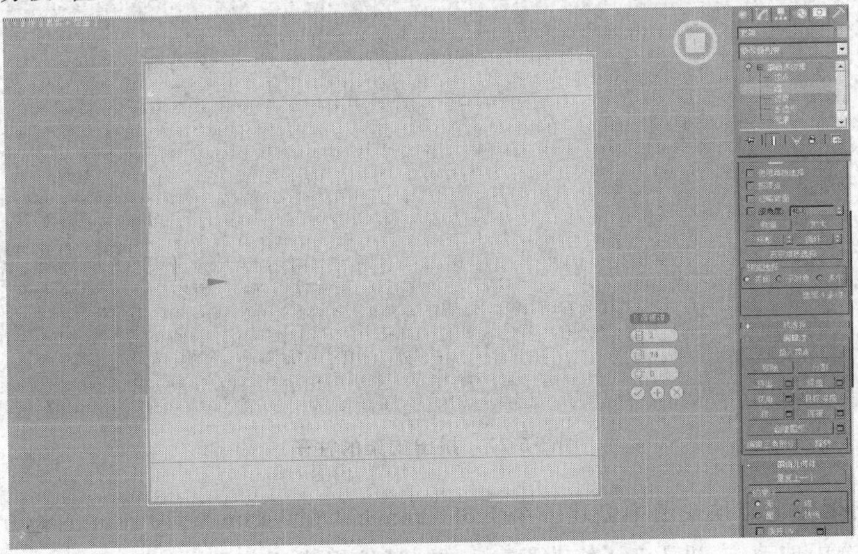

图 3-5-25 连接立柱支架的左右两条对边

(4)进入“多边形”子层级，选中上下两个位于中间的多边形，按<Delete>键删除。进入“边界”子层级，选中被删除的多边形的上下边界，点击“桥”按钮将其桥接(图 3-5-26)。

图 3-5-26　桥接上下边界

(5)切换到支架的下方，进入“多边形”子层级，按<Ctrl>键点击支柱的 4 个多边形，单击“挤出”按钮，输入挤出高度为 2 600 mm，确定后退出“多边形”子层级，完成立柱支架效果如图 3-5-27 所示。

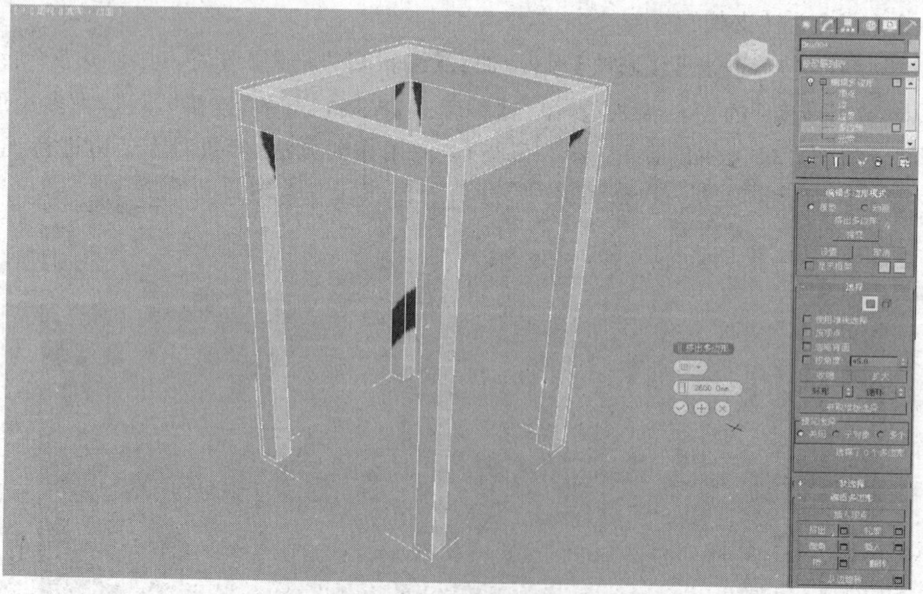

图 3-5-27　挤出支架的柱子

(6)在支架的上方顶视图中创建一个 1 600 mm×1 600 mm×850 mm 的长方体，命名为“玻璃锥”。选中玻璃锥，进入【修改】面板，加载【编辑多边形】修改器，进入“顶点”子层级，选中长方体下方的 4 个顶点,右击在右键菜单中选择【塌陷】命令,效果如图 3-5-28 所示。

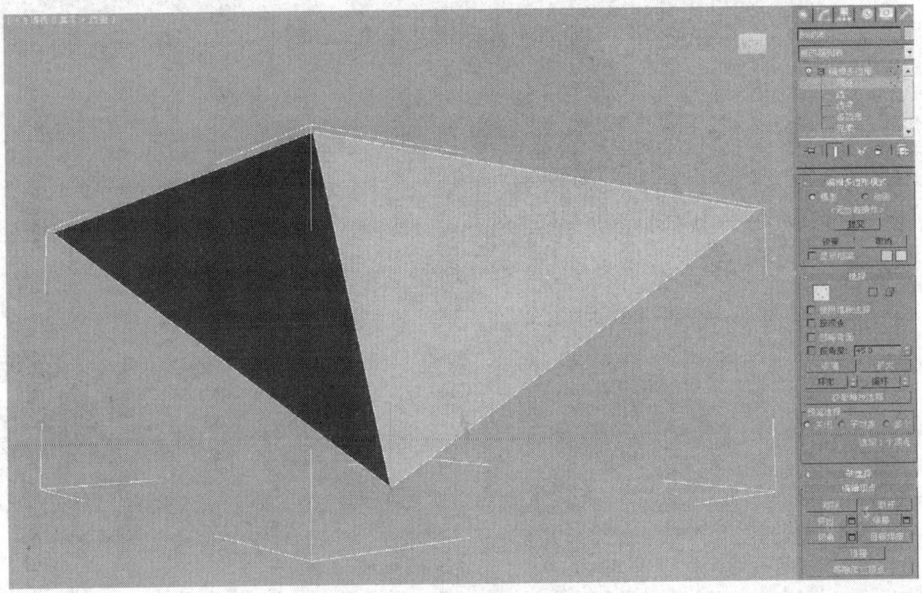

图 3-5-28 顶点塌陷的效果

(7)复制 2 个玻璃锥,分别命名为"上网格"和"下网格"。选中上网格,进入"边"子层级,删除下方的 4 条边只保留顶部一个面,在【编辑边】卷展栏下选中左右两边使用"连接"命令增加 3 条连接边,并用同样的方法和参数增加 3 条垂直连接边(图 3-5-29)。

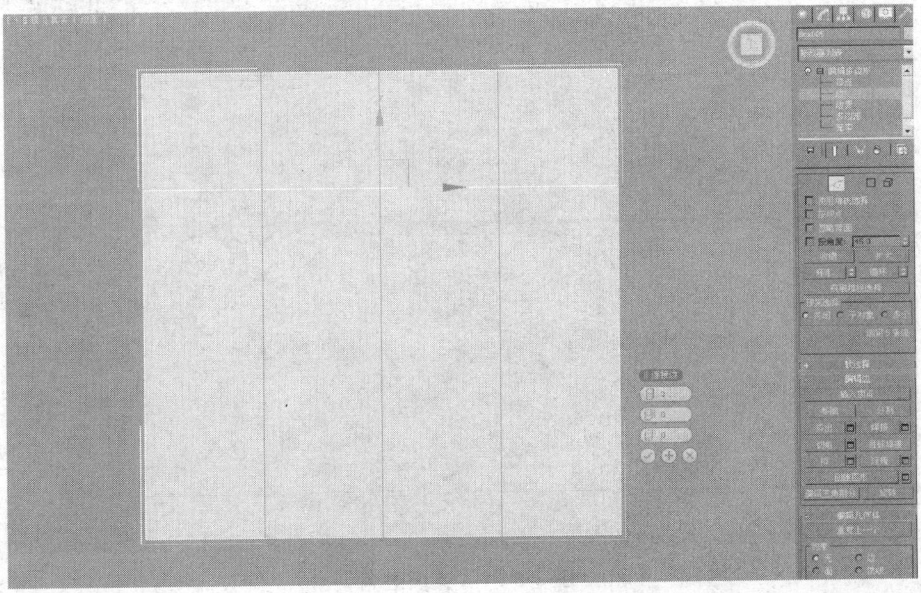

图 3-5-29 连接上下、左右两对边

(8)为上网格加载【晶格】修改器,设置支柱"半径"值为 20 mm(图 3-5-30)。

(9)由于【晶格】修改器对角对接效果不理想,需进一步调整。加载【编辑多边形】修改器,在"顶点"层级对对角两侧的顶点进行移动调整,调整时可利用轴约束和空间捕捉以保证准确

图 3-5-30　上网格的晶格效果

性。最后进入“顶点”子层级，单击【编辑顶点】卷展栏下的“焊接”按钮使对角闭合(图 3-5-31)。

图 3-5-31　整理边角

(10)选中下网格，进入“多边形”子层级，删除最上面的多边形，并为其加载【晶格】修改器，参数同上网格。然后为下网格加载【编辑多边形】修改器，进入“边”子层级，选中上面的 4 条边，按<Delete>键即可(图 3-5-32)。

(11)移动上、下网格使其连接在一起，将其成组，移动玻璃锥和立柱支架的至合适位置，创

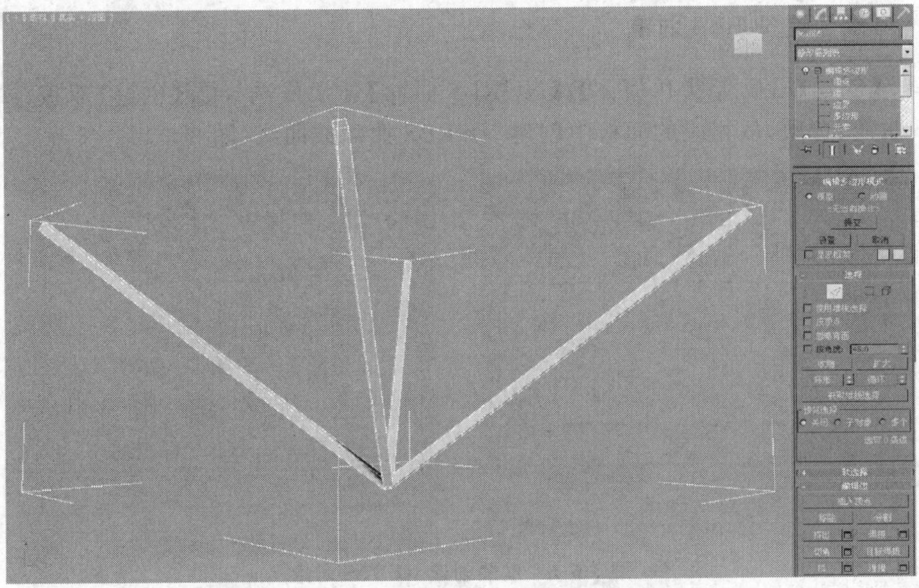

图 3-5-32 删除顶部 4 条边的下网格晶格效果

建一个平面作为地面(图 3-5-24),将文件另存为“景观支架.max”。

任务 6 NURBS 建模

学习领域

- 创建 NURBS 对象。
- NURBS 对象与子对象。
- 编辑 NURBS 对象。

工作领域

- 掌握直接创建或间接转换 NURBS 对象的方法。
- 掌握编辑 NURBS 对象的常用工具。

行动领域

- 能够运用 NURBS 对象创建园林模型。

任务知识讲解

1 创建 NURBS 对象

在 3ds Max 中,NURBS 对象既可以由命令直接创建,也可由特定对象转换而来,通常由以下 3 种方法生成。

1.1 直接创建 NURBS 对象

选择【创建】面板/【几何体】/【NURBS 曲面】选项或选择【创建】面板/【图形】/【NURBS 曲线】选项，从相应的面板中创建 NURBS 曲面或曲线(图 3-6-1)。

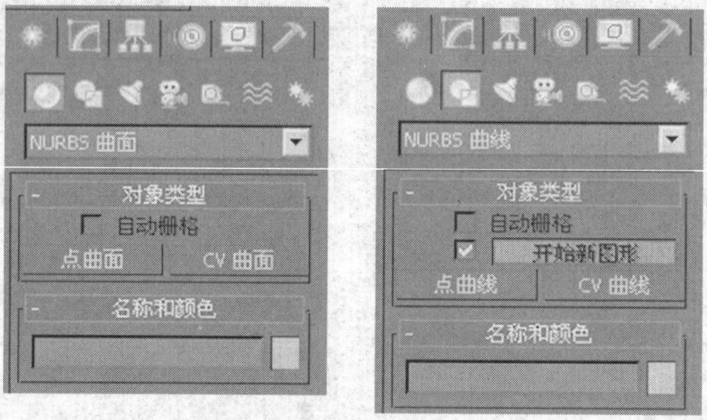

图 3-6-1　直接创建 NURBS 对象

1.2 转换为 NURBS 对象

选中特定几何体对象，右击调出快捷菜单选择【转换为:】/【转换为:NURBS】命令即可将其转换为 NURBS 曲面；这些特定几何体包括：标准基本体、扩展基本体中的环形结和棱柱、面片对象、放样复合对象(图 3-6-2)。

选中样条曲线(除螺旋线外)，右击调出快捷菜单选择【转换为:】/【转换为:NURBS】命令即可将其转换为 NURBS 曲线。

1.3 输出为 NURBS 对象

使用【挤出】、【车削】修改器将二维图形转换为三维模型时，在“输出”参数中选择“NURBS”输出选项，可将三维模型输出为 NURBS 对象(图 3-6-3)。

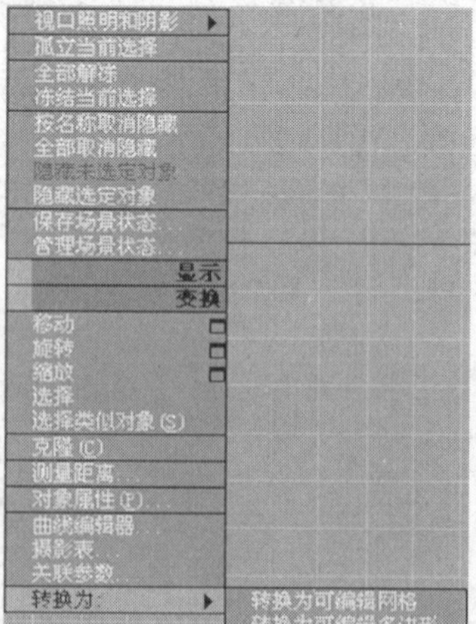

图 3-6-2　【转换为:NURBS】

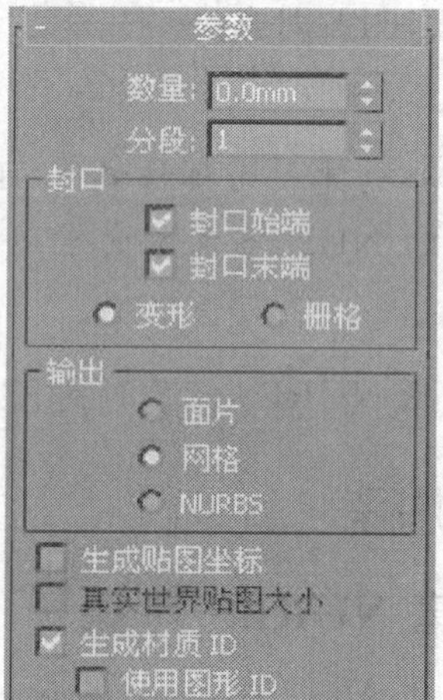

图 3-6-3　输出为 NURBS 对象

【例 3-13】 创建 NURBS 曲面。

(1)选择【创建】面板/【几何体】/【NURBS 曲面】选项,在【对象类型】卷展栏中列出了“点曲面”和“CV 曲面”两种类型,两种 NURBS 曲面的创建方法完全相同。

(2)单击“点曲面”或“CV 曲面”按钮,在视图中单击并拖动,至合适位置右击结束曲面创建(图 3-6-4)。

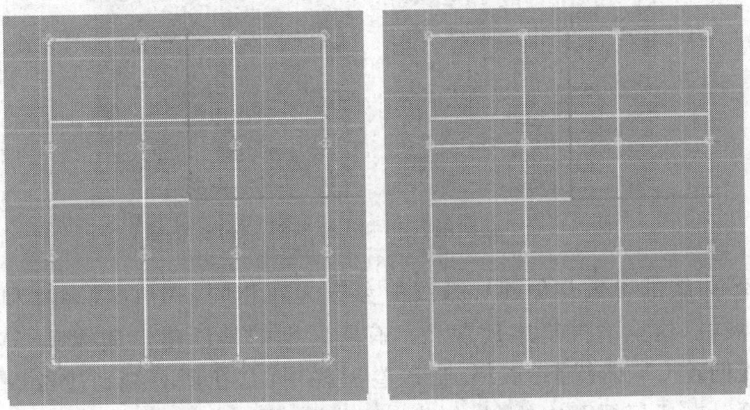

图 3-6-4 点曲面(左)和 CV 曲面(右)的创建

创建 NURBS 曲面的参数与创建标准基本体的参数大致相同,都包括【名称和颜色】、【键盘输入】、【创建参数】等卷展栏,这里不再复述其含义。其中,【创建参数】卷展栏通过指定长度、宽度、点数、CV 数等参数决定了点曲面和 CV 曲面的外观尺寸(图 3-6-5)。

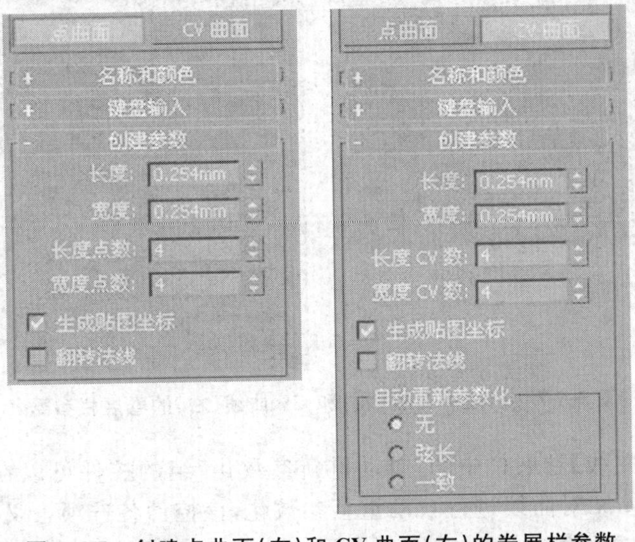

图 3-6-5 创建点曲面(左)和 CV 曲面(右)的卷展栏参数

【例 3-14】 创建 NURBS 曲线。

(1)选择【创建】面板/【图形】/【NURBS 曲线】选项,在【对象类型】卷展栏中列出了“点曲线”和“CV 曲线”两种类型,两种 NURBS 曲线的创建方法基本相同。

(2)单击“点曲线”或“CV 曲线”按钮,在视图中单击并拖动创建第一点(或第一 CV)以及第一曲线段,松开鼠标按钮可以添加第二点(或第二 CV),通过单击每个后续的位置可以将新点(或新 CV)添加到曲线,右键单击则可结束曲线创建(图 3-6-6)。

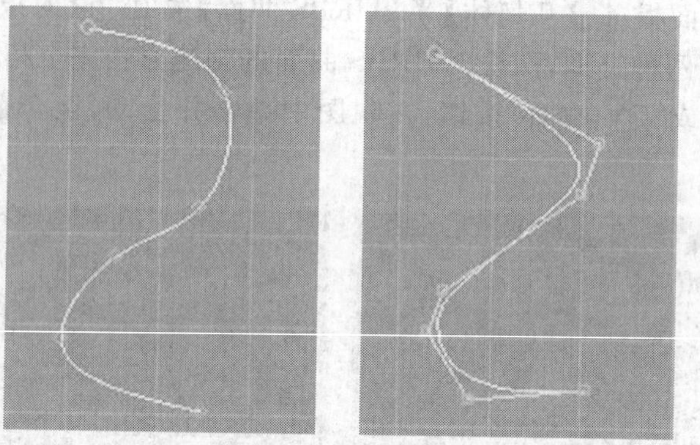

图 3-6-6　点曲线(左)和 CV 曲线(右)的创建

创建 NURBS 曲线的参数与创建样条线的参数大致相同,都包括【名称和颜色】、【渲染】、【键盘输入】等卷展栏,这里不再复述其含义。有所区别的是创建点曲线和 CV 曲线各有一个【创建点曲线】和【创建 CV 曲线】卷展栏,当该卷展栏中的"在所有视口中绘制"复选框处于启用状态时,表示可以在任何视图中绘制、创建 3D 曲线(图 3-6-7)。

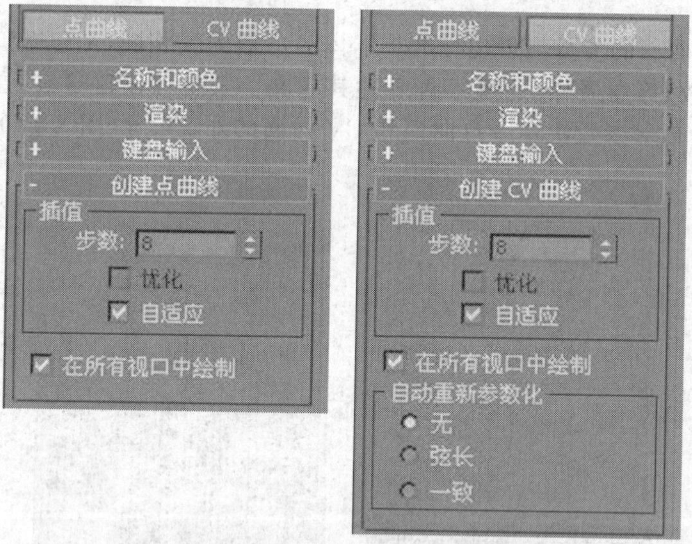

图 3-6-7　创建点曲线(左)和 CV 曲线(右)的卷展栏参数

此外,【创建 CV 曲线】卷展栏中的"自动重新参数化"组的控件可以在移动 CV 和细化进行编辑时,指示 3ds Max 对曲线进行自动重新参数化,该控件各选项含义如下:

◆无:不自动重新参数化。

◆弦长:选择要重新参数化的弦长算法。

◆一致:按均匀一致的原则分配各控制点。

提示:1.当创建点曲线或 CV 曲线时,可以按下<Backspace> 来移除创建的上一个点或 CV。

2.与样条线一样,如果单击曲线的初始点或 CV,就会显示【CV 曲线】对。此对话框询问是否要闭合曲线,单击“否”可以使曲线保持打开状态,单击“是”可以闭合曲线。

2 NURBS 对象与子对象

2.1 NURBS 对象类型

NURBS 对象包括两种类型:NURBS 曲面和 NURBS 曲线,两者也是 NURBS 模型的父对象。

(1)NURBS 曲面:分为点曲面和 CV 曲面两类。

点曲面由点控制,其始终位于曲面上(图 3-6-8)。CV 曲面由控制顶点 CV 控制,CV 形成围绕曲面的控制晶格,而不是位于曲面上(图 3-6-9)。

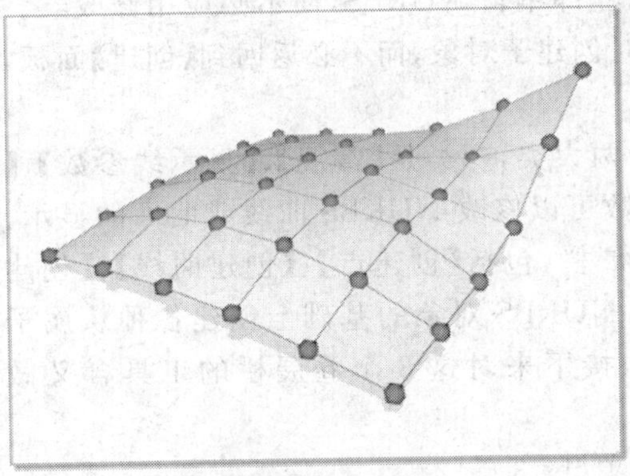

图 3-6-8 点曲面

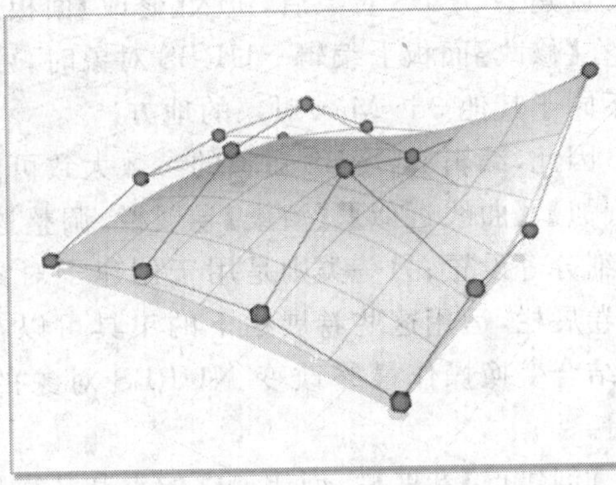

图 3-6-9 CV 曲面

(2)NURBS 曲线:分为点曲线和 CV 曲线两类。

这两类曲线与上述两类曲面完全对应。点曲线由点控制,其始终位于曲线上(图 3-6-10),CV 曲线由 CV 控制,其不必位于曲线上(图 3-6-11)。

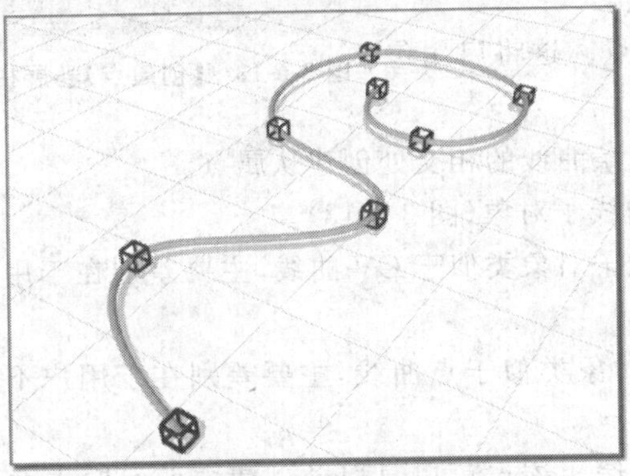

图 3-6-10 点曲线

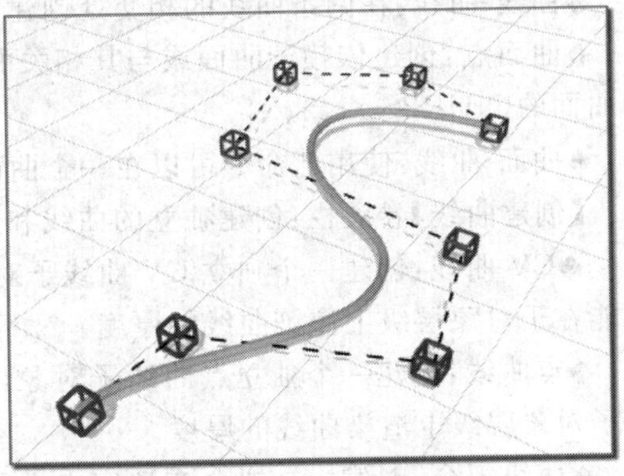

图 3-6-11 CV 曲线

2.2. NURBS 子对象

选择 NURBS 模型，在【修改】面板的【修改器堆栈】中，单击“NURBS 曲面”或“NURBS 曲线”，会展开其下的子对象，子对象可以是以下列出的某一种：

(1)曲面：点曲面和 CV 曲面拥有曲面子对象。

(2)曲线：点曲线和 CV 曲线拥有曲线子对象。

(3)点：点曲面和点曲线拥有点子对象，调整曲面或曲线上的控制点即可调整其形状。用户还可以创建不是曲面或曲线一部分的单独点子对象。与 CV 不同，点没有权重，创建和使用点曲线与点曲面更加直观，然而运算速度比使用 CV 子对象更慢。

(4)CV：CV 曲面和 CV 曲线拥有 CV 子对象。除了曲线首尾两个可控点和曲面 4 个角上的可控点外，其他可控点一般都不位于曲线或曲面上。与点不同，CV 始终是曲面或曲线的一部分。

3 编辑 NURBS 对象

创建 NURBS 对象后，进入【修改】面板后可以立即编辑 NURBS，而不必应用修改器。此外，在【修改】面板上编辑 NURBS 对象时，可以随时创建子对象，而不必返回到【创建】面板，这是不同于其他 3ds Max 对象的地方。

因此，编辑 NURBS 对象的参数大致可以分为两大类，一类是【常规】、【显示线参数】、【曲面近似】、【曲线近似】、【渲染】卷展栏，调整这些参数可以修改 NURBS 曲线或曲面的显示、渲染、细分等设置；另一类则是用于创建子对象的卷展栏，包括【创建点】、【创建曲线】、【创建曲面】卷展栏，运用这些卷展栏下的工具可以在当前 NURBS 对象的基础上创建各种从属子对象，结合变换操作最终改变 NURBS 对象的外观，接下来对这 3 个卷展栏的工具含义做出介绍。

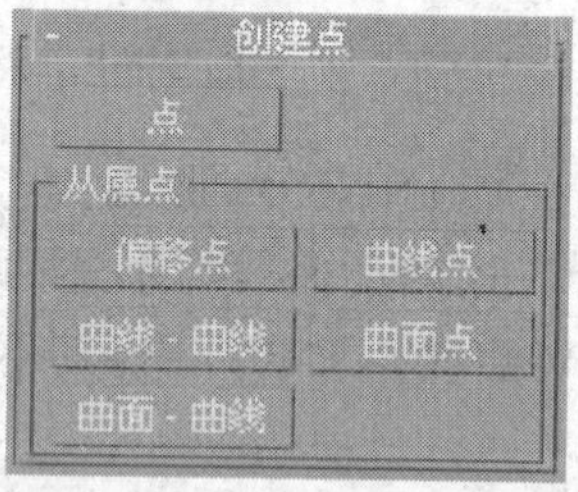

图 3-6-12 【创建点】卷展栏

【创建点】卷展栏：创建独立的点和从属点子对象(图 3-6-12)。

◆点：使用此命令可以创建独立的点。

◆偏创建与现有点重合的从属点或在现有点相对距离上创建该点。

◆曲线点：创建依赖于曲线或与其相关的从属点。

◆曲线-曲线：在两条曲线的相交处创建从属点。

◆曲面点：创建依赖于曲面或与其相关的从属点。这将启用包含曲面的 NURBS 对象。

◆曲面-曲线：使用此命令可以在一个曲面和一条曲线的相交处创建从属点。

【创建曲线】卷展栏：创建独立的曲线和从属曲线子对象(图 3-6-13)。

◆CV 曲线：创建一个独立 CV 曲线子对象，该子对象类似于 CV 曲线，主要差别在于用户不能在子对象层级上渲染曲线的厚度。

◆点曲线：创建一个独立点曲线子对象，该子对象类似于点曲线，主要差别在于用户不能在子对象层级上渲染曲线的厚度。

◆曲线拟合：创建一个拟合在选定点上的点曲线。该点可以是以前创建点曲线和点曲面对象的部分，或者可以是明确创建的点对象，但不能是 CV。

◆曲面边：创建一个位于曲面边界的从属曲线。该曲线可以是曲面的原始边界，或修剪边。

◆变换：创建一个从属变换曲线，即具有不同位置、旋转或缩放的原始曲线的副本。

◆混合：创建一个从属混合曲线，将一条曲线的一端与其他曲线的一端连接起来，以在曲线之间创建平滑的曲线。

◆偏移：创建一个从原始曲线、父曲线偏移的曲线。

◆镜像：创建一个原始曲线的镜像曲线。

◆切角：创建一个在两个父曲线之间倒直角的曲线。

◆圆角：创建一个在两个父曲线之间倒圆角的曲线。

◆曲面×曲面：创建由两个曲面相交定义的曲线。

◆曲面偏移：为依赖于曲面的曲线创建一条新的偏移曲线。

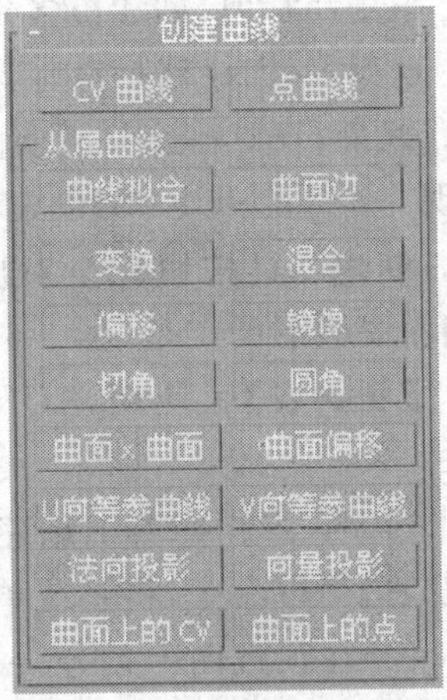

图 3-6-13 【创建曲线】卷展栏

◆U 向/V 向等参曲线：创建从 NURBS 曲面 U 向和 V 向的等参线创建的从属曲线。

◆法向投影：创建基于原始曲线、以曲面法线的方向投影到曲面的曲线。

◆向量投影：创建基于原始曲线、以矢量方向投影到曲面的曲线。

◆曲面上的 CV：创建一个从属曲面上的 CV 曲线。

◆曲面上的点：创建一个从属曲面上的点曲线。

【创建曲面】卷展栏：创建独立的曲面和从属曲面子对象(图 3-6-14)。

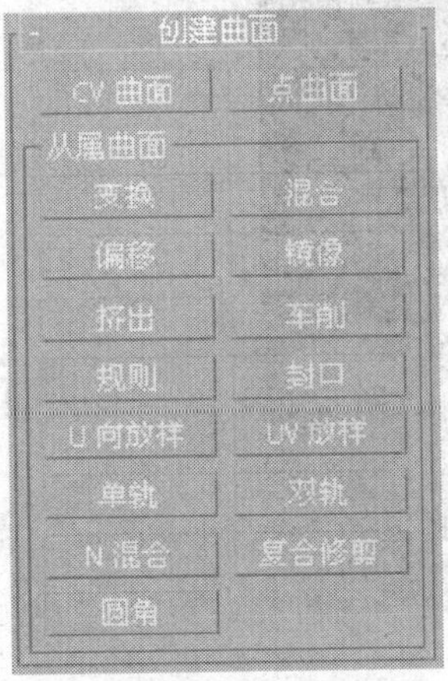

图 3-6-14 【创建曲面】卷展栏

◆CV 曲面：创建独立的 CV 曲面子对象。

◆点曲面：创建独立的点曲面子对象。

◆变换：创建一个从属变换曲面，即具有不同位置、旋转或缩放的原始曲面的副本。

◆混合：创建一个从属混合曲面，将两个曲面相连接，混合父曲面的曲率以在两个曲面建创建平滑曲面。

◆偏移：创建一个沿着父曲面法线与指定的原始距离偏移的曲面。

◆镜像：创建一个原始曲面的镜像曲面。

◆挤出：从曲面子对象中挤出曲面，与使用【挤出】修改器创建的曲面类似，但其优势在于挤出子对象是 NURBS 模型的一部分，可用它来构造曲线和曲面子对象。

◆车削：通过曲线子对象旋转生成曲面，与使用【车削】修改器创建的曲面类似。

◆规则：通过两个曲线子对象生成规则曲面。

◆封口：创建封口闭合曲线或闭合曲面边的曲面，封口尤其适用于挤出曲面。

◆U 向放样：创建一个穿过多个曲线子对象的曲面，此时，曲线成为曲面的 U 轴轮廓。

◆UV 放样：向 U 向和 V 向两个方向创建穿过多个曲线子对象的曲面。

◆单轨：利用 1 个截面和 1 条路径曲线创建一个新的曲面。

◆双轨：利用 1 个截面和至少 2 条路径曲线创建一个新的曲面。

◆N 混合：创建由 1 个或 4 个曲线或曲面子对象定义的多边混合曲面。

◆复合修剪:创建由多条成环的曲线进行修剪的从属曲面。

◆圆角:创建连接其他两个曲面的弧形转角曲面。

此外,在选中 NURBS 对象的情况下,【常规】卷展栏下会出现一个【NURBS】创建工具箱,单击该按钮调出工具箱,其中的创建工具按钮完全对应【创建点】、【创建曲线】、【创建曲面】卷展栏下的工具(图 3-6-15)。

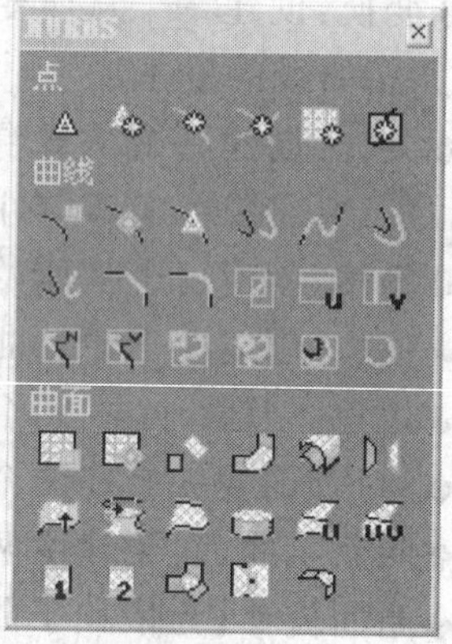

图 3-6-15 【NURBS】创建工具箱

【例 3-15】 使用 NURBS 建模方法制作张拉膜(图 3-6-16)。

(1)打开 3ds Max,新建一个场景文件,执行【自定义】/【单位设置】菜单命令,将系统单位和显示单位均设置为"毫米"。

(2)在顶视图中创建一个长、宽为 4 200 mm×5 000 mm 的矩形,作为张拉膜的参考范围。打开 2D 捕捉,设置捕捉类型为"端点",然后在矩形范围内使用【线】工具绘制 1 个四边形和 1 条样条线,如图 3-6-17 所示,并将先前作为参考的矩形在视图中隐藏。

图 3-6-16 张拉膜模型效果

(3)选择样条线,进入【修改】面板,在"Line"顶层级下,将矩形和样条线附加在一起。选中附加好的图形,右击调出四元菜单选择【转换为:】/【转换为 NURBS】。

(4)进入【修改】面板,在【修改器堆栈】中进入"曲线 CV"子层级,在视图中选择左侧的 CV 点,向上移动 700 mm,选择右侧的 CV 点,向上移动 3 000 mm,框选上下两个 CV 点,向下移动 400 mm,形成张拉膜的大体轮廓(图 3-6-18)。

(5)接下来需要通过调整 CV 点来对张拉膜的轮廓进行细致的调整,如果 CV 点不够用,可以在【修改器堆栈】中进入"曲线"子层级,在视图中框选所有的曲线,在【曲线公用】卷展栏下单击"转化曲线"按钮,在弹出的【转化曲线】对话框【CV 曲线】选项卡下"数量"改为 4 或更高的值(图 3-6-19)。

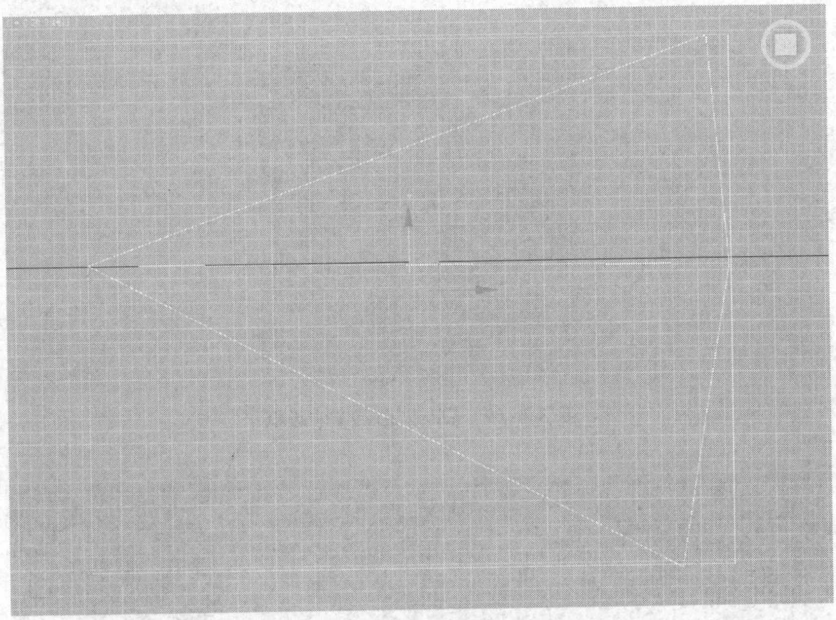

图 3-6-17 四边形和样条线位置

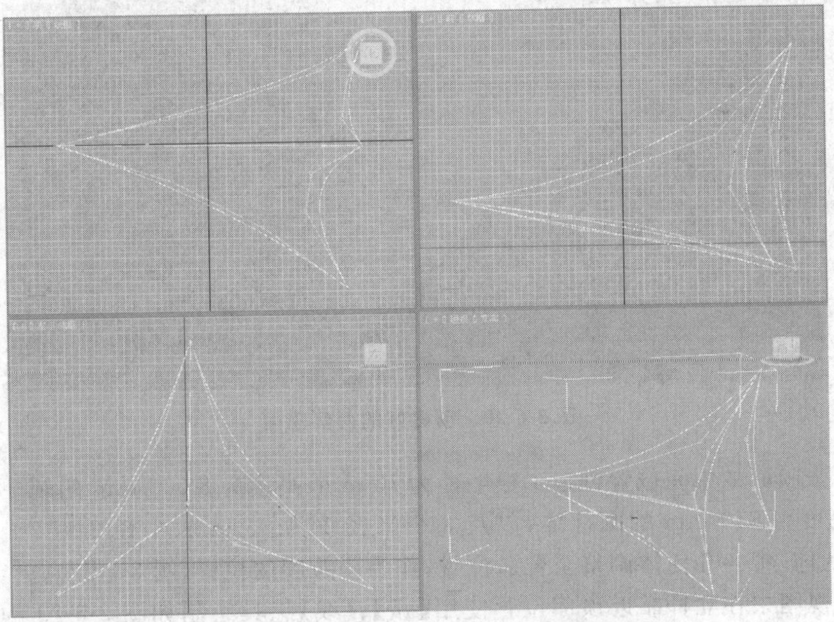

图 3-6-18 调整好 CV 的张拉膜的轮廓

(6)在【修改器堆栈】中进入“NURBS 曲面”父对象层级，在【创建曲面】卷展栏中单击“N 混合”按钮，回到视图中，单击中间的脊线，然后依次单击两边的轮廓线，形成一侧的膜面，按照同样的方法，生成另一侧的膜面(图 3-6-20)。

(7)为创建好的膜面加载【壳】修改器，在【参数】卷展栏中将“外部量”改为 6 mm，将该膜面使用【镜像】命令复制一个在右侧，进入其子对象层级，调整 CV 点的位置，最终生成两个基本对称的张拉膜面(图 3-6-21)。

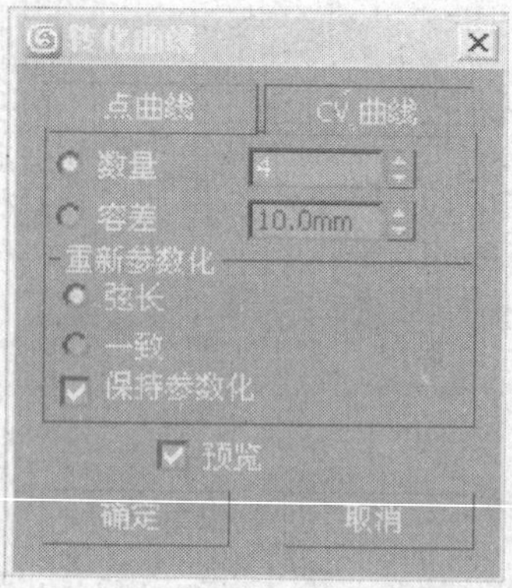

图 3-6-19 【转化曲线】对话框

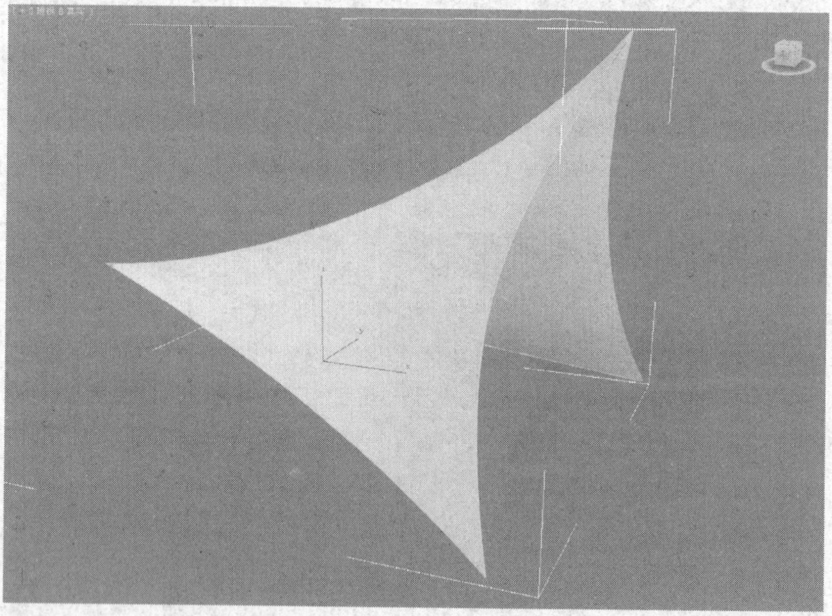

图 3-6-20 创建好的两侧膜面

(8)在两张膜面的中间位置创建 1 根半径为 70 mm、高度为 8 000 mm 的圆柱体，1 根半径为 30 mm、高度为 850 mm 的圆柱体，以及 3 个半径 1 为 95 mm、半径 2 为 70 mm、高度为 20 mm的管状体，将各几何体调整至合适位置，作为张拉膜的拉杆（图 3-6-22）。

(9)在前视图中在立杆靠近顶部位置使用【弧】、【线】工具绘制如图 3-6-23 的二维样条线作为拉杆构件，在顶层级将这些样条线附加在一起，进入【样条线】层级，单击“修剪”按钮，将多余的线条修剪掉，最后在【渲染】卷展栏中勾选“在渲染中启用”、“在视口中启用”，选择“径向”渲染方式，将“厚度”设置为 30 mm，效果如图 3-6-24 所示。

(10)按照相同的方法制作两侧的拉杆，移动至合适位置。绘制若干样条线，设置如步骤(9)的渲染参数，移动至合适位置作为钢索。使用【挤出】二维图形的方式制作连接钢索和立杆的锚件，并绘制一个平面作为地面，最终形成图 3-6-16 的效果。

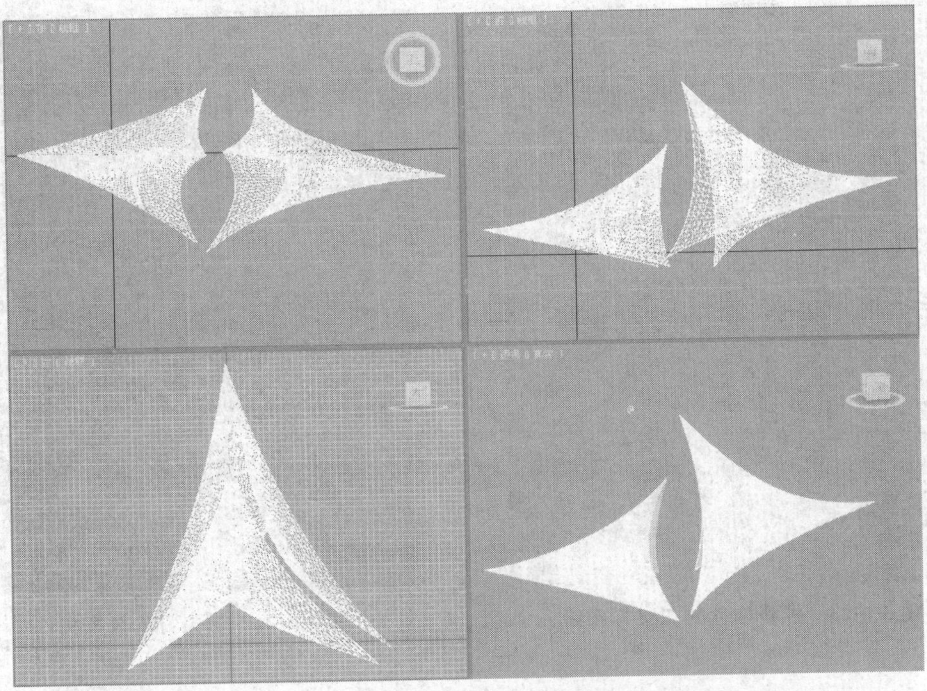

图 3-6-21 复制并调整好 CV 位置的张拉膜

图 3-6-22 张拉膜拉杆

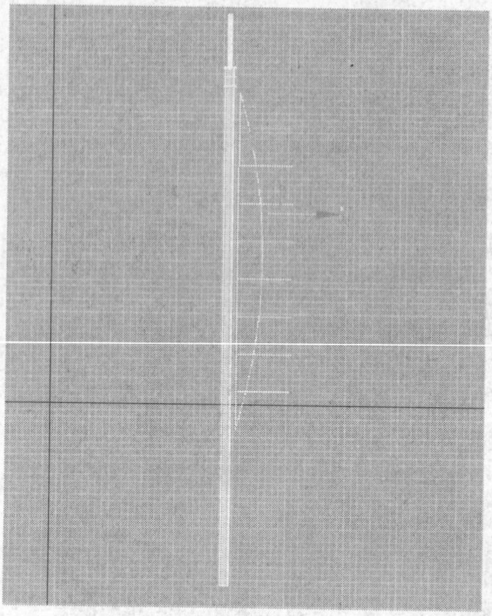

图 3-6-23　拉杆构件的二维样条线

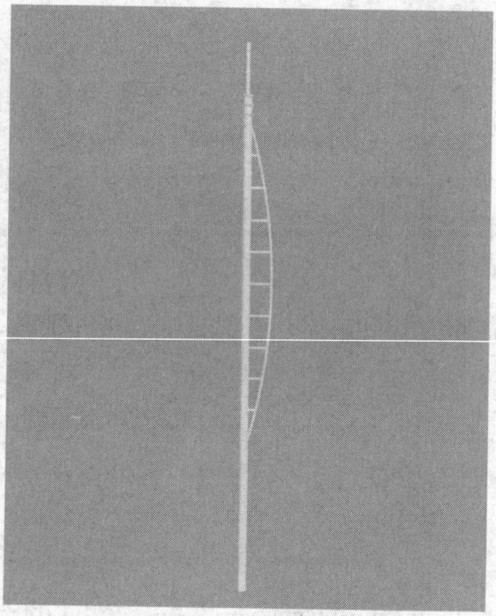

图 3-6-24　渲染好的拉杆构件

项目实训 1　弧形花架的制作

利用本项目中已学知识，完成弧形花架的制作，如图 3-7-1 所示。

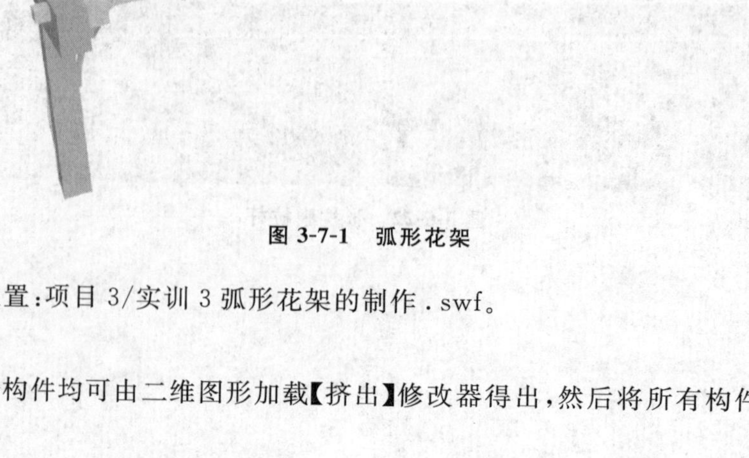

图 3-7-1　弧形花架

演示视频位置：项目 3/实训 3 弧形花架的制作 . swf。

操作提示

模型大部分构件均可由二维图形加载【挤出】修改器得出，然后将所有构件加载【弯曲】修改器。

1. 绘制檩条、梁架等构件的截面图形,加载【挤出】修改器。

2. 使用【长方体】工具制作支柱和坐凳,将所有构件成组、弯曲。

项目实训 2 圆桌凳的制作

利用本项目中已学知识,完成圆桌凳的制作,如图 3-7-2 所示。

图 3-7-2 圆桌凳

演示视频位置:项目 3/实训 4 圆桌凳的制作 . swf。

操作提示

圆桌凳的模型主体均可由二维图形加载【车削】修改器形成,其中圆凳可以使用【布尔】差集运算实现透空效果。

(1)绘制圆桌的截面图形,加载【车削】修改器;

(2)绘制圆凳的截面图形,加载【车削】修改器;

(3)使用【选择并缩放】工具缩放并复制一个较小的圆凳,将大小两个圆凳执行【布尔】差集运算实现透空效果;

(4)使用【选择并旋转】或【阵列】工具环形复制其余圆凳。

项目实训 3 欧式亭的制作

利用本项目中已学知识,完成欧式亭的制作,如图 3-7-3 所示。

演示视频位置:项目 3/实训 5 欧式亭的制作 . swf。

图 3-7-3　欧式亭

操作提示

模型由亭顶、圈梁、立柱、台阶组成，其中，立柱、台阶可以用【车削】修改器生成，圈梁部分利用多边形建模生成，亭顶可以由半球状的二维图形轮廓在视口中渲染生成。

(1)创建半球模型，将半球转换为可编辑多边形，进入"边"子层级，单击"利用所选内容创建图形"按钮，创建半球状的亭顶的样条线轮廓。在样条线【渲染】卷展栏下勾选"在渲染中启用"和"在视图中启用"选项，选择"矩形"类型，并设置合适的长度和宽度，完成亭顶的制作；

(2)创建一个管状体作为圈梁主体，将其转换为可编辑多边形，进入"多边形"子层级，选择多边形进行"挤出"、"切角"等操作，完成圈梁的制作；

(3)绘制立柱、台阶的截面图形，加载【车削】修改器，完成立柱、台阶的制作；

(4)使用【选择并旋转】或【阵列】工具环形复制其余立柱，将各构件调整至合适位置。

项目4

材质贴图

任务1　材质基础知识

学习领域

- 材质的相关基础知识。
- 材质编辑器的应用。
- 材质/贴图浏览器的应用。

工作领域

- 掌握材质定义和指定步骤。
- 掌握常用材质编辑工具的使用。

行动领域

- 能够熟练使用材质编辑器、材质/贴图浏览器管理场景中的材质。

任务知识讲解

1　材质与贴图

材质和贴图是三维世界中的重要概念，用材质和贴图可以模拟真实材料的质感特性，表现物体的外观纹理属性，最终呈现出现实世界中各种材料的视觉效果。

材质通常包括两个基本内容：质感与肌理。质感描述了物体如何反射和传播光线，如人们常说的金属质感、玻璃质感和皮肤质感等，包括表面的颜色、光滑度、透明度、反射率、发光度等属性；肌理则表现了物体表面的组织纹理结构。在3ds Max中，通常质感由明暗器类型决定，肌理效果由贴图决定。

材质与贴图的关系如同树与树叶的关系，一种材质可以使用多种贴图，不同的贴图可以模拟不同对象的质地、纹理图案，以改善材质的外观和真实感，还可以使用贴图创建环境或创建灯光投射。

3ds Max 的材质不是孤立存在的概念，它与模型周围环境、灯光照明效果以及渲染器的类型都有联系，因此在创建模型材质时一定要结合其他要素综合考虑最终的材质效果。

2 材质定义与指定的基本步骤

在 3ds Max 中，要定义新材质并将其应用于对象，一般遵循以下步骤：

(1)选择要使用的渲染器，并使其成为活动渲染器；

(2)指定材质的名称，将材质应用于对象；

(3)选择材质的类型；

(4)设置漫反射颜色、光泽度、不透明度等各种参数；

(5)将贴图指定给要设置贴图的通道，并调整参数；

(6)如有必要，应调整 UVW 贴图坐标，以便正确定位贴图；

(7)保存材质。

3 材质编辑器

【材质编辑器】是 3ds Max 创建和编辑材质、贴图的重要工具，所有的材质参数都可以在材质编辑器中完成。

材质编辑器模式有“Slate 材质编辑器”和“精简材质编辑器”两种，前者是 3ds Max 2011 新增的界面，界面完整、对话框较大，在设计和编辑材质时使用节点和关联以图形方式显示材质的结构(图 4-1-1)；后者是之前版本唯一的材质编辑器，特点是界面简化、对话框较小(图 4-1-2)，对于大多数用户来说，后者界面更为熟悉、方便操作。本书仅以“精简材质编辑器”为例介绍材质应用。

图 4-1-1 “Slate 材质编辑器”界面

3.1　启动【材质编辑器】及其界面

启动【材质编辑器】一般有以下 3 种方法：

(1)单击主工具栏中的按钮，调出“精简材质编辑器”；

(2)执行【渲染】/【材质编辑器】菜单命令，选择相应模式；

(3)按快捷键＜M＞键，调出“精简材质编辑器”。

【精简材质编辑器】对话框界面由菜单栏、材质球示例窗、工具栏以及参数卷展栏组成(图 4-1-2)。

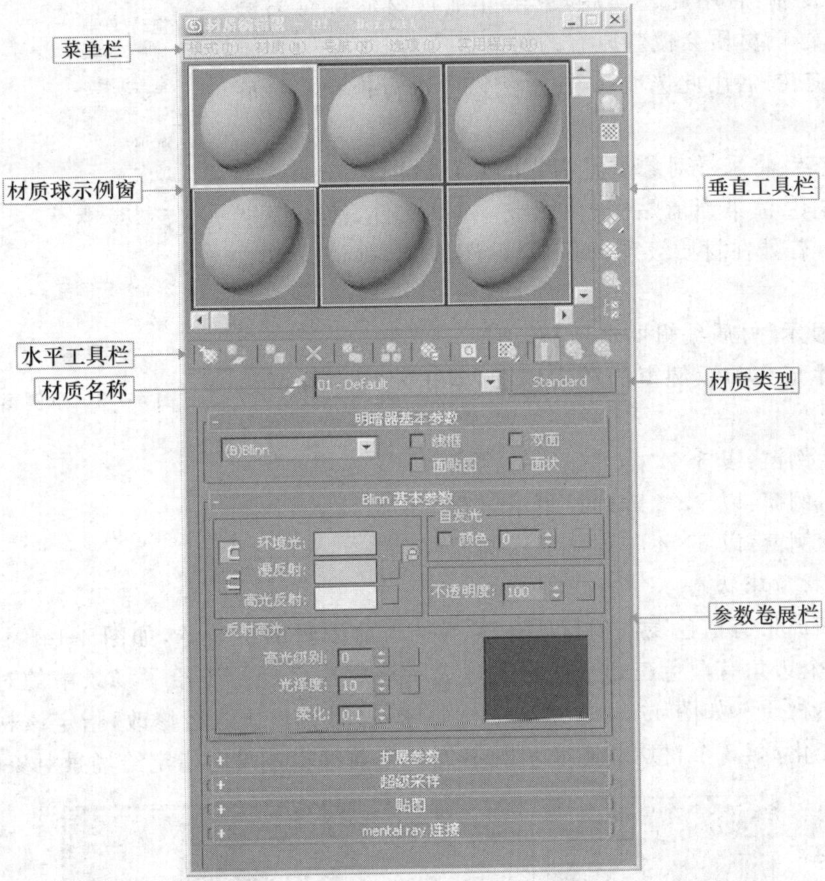

图 4-1-2　“精简材质编辑器”界面

3.2　菜单栏

菜单中的命令大多与对话框中的工具栏按钮一致，通常用户在编辑管理材质时，直接单击按钮操作更为方便。

◆模式：选择材质编辑器模式。

◆材质：提供常用的材质编辑工具，包括材质的选取、放置、预览等。

◆导航：提供导航材质的层次的工具。

◆选项：提供一些附加的工具和显示选项。

◆实用程序：提供清理多维/子对象材质、重置材质编辑器窗口等命令。

3.3 材质球示例窗

示例窗中的材质球主要用来预览材质效果，每个示例窗可预览一种材质，最多可显示 24 个示例窗。

单击并拖拽材质球至场景对象上，可快速地将材质赋予对象。

3.3.1 示例窗右键菜单

右击当前活动示例窗，会弹出右键菜单(图 4-1-3)，菜单各选项含义如下：

◆拖动/复制：启用此选项后，单击并拖拽材质球至另一个材质球上，当前材质会覆盖原有的材质。

◆拖动/旋转：启用此选项后，在示例窗中进行拖动将会旋转采样对象。

◆重置旋转：将采样对象重置为它的默认方向。

◆渲染贴图：渲染当前贴图、位图或 AVI 文件，渲染级别为当前贴图。若处在材质级别，而不是贴图级别，则该菜单项不可用。

◆选项：显示【材质编辑器选项】对话框。

◆放大：生成当前示例窗的放大视图，双击示例窗也可达到相同效果。

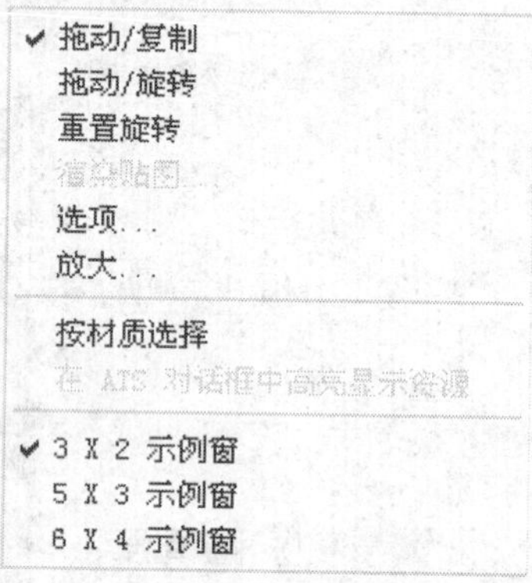

图 4-1-3 示例窗右键菜单

◆3×2 示例窗：以 3×2 阵列显示示例窗。

◆5×3 示例窗：以 5×3 阵列显示示例窗。

◆6×4 示例窗：以 6×4 阵列显示示例窗。

3.3.2 材质球状态

示例窗四周带有白色线框的材质球表示是当前编辑的材质球，如图 4-1-4 中第 1 个材质球；示例窗四个边角有白色三角形的材质球表示该材质已经指定给了场景中的对象，称为“同步材质”或“热材质”，如图 4-1-4 中第 2 个材质球，这时对材质进行修改，指定该材质的对象也会同步发生变化；第 3 个材质球则表示既不处于当前编辑也没有指定给场景对象的材质。

图 4-1-4 材质球状态

3.4 工具栏

3.4.1 垂直工具栏

采样类型：控制示例窗中样本的形态，包括球体、柱体、长方体和自定义。

背光：将背光效果添加到示例窗活动当中。默认情况下，背光处于启用中。

背景：为示例窗增加一个彩色方格背景，主要用于透明材质和不透明贴图以及折射、反射效果的调节。

采样 UV 平铺：可以在活动示例窗中调整采样对象上的贴图图案重复。这些按钮指定在事例对象的曲面上图案重复的次数。

视频颜色检查：用于检查材质表面色彩是否超过视频限制。制作园林静帧效果图无需检查该项。

生成预览、播放预览、保存预览：用于在示例窗中预览动画贴图在对象上的效果。完成的预览会另存为新的 *.AVI 文件，并会自动播放。

图 4-1-5 垂直工具栏

材质编辑器选项：显示【材质编辑器选项】对话框，以控制如何在示例中显示材质和贴图。

按材质选择：可以基于当前活动材质选择对象。除非活动示例窗包含场景中使用的材质，否则此命令不可用。

材质/贴图导航器：单击该按钮，可调出一个无模式对话框，显示了当前活动示例窗中的材质和贴图，图标代表材质，图标代表贴图，使用顶部的视图按钮可更改显示方式。

通过单击列在导航器中的材质或贴图，可进入材质中贴图的层次或多维/子对象中子材质的层次实现快速导航。当导航材质编辑器中的材质时，当前层级将在导航器中高亮显示。

选定的材质或贴图在示例窗中处于活动状态，在【材质编辑器】参数卷展栏区会显示选定材质或贴图的参数，对于一些复杂的材质可通过【材质/贴图导航器】快速进入某个层次进行修改。

3.4.2 水平工具栏

图 4-1-6 水平工具栏

获取材质：单击该按钮，可以打开【材质/贴图浏览器】对话框，进行材质和贴图的选择。

将材质放入场景：在编辑材质之后单击该按钮可更新场景中的材质。只有当前材质是“冷材质”，而不是“热材质”时该命令才可用，如何冷却“热材质”见下面的【生成材质副本】。

将材质指定给选定对象：可将活动示例窗中的材质应用于场景中当前选定的对象，而同时示例窗的材质球也会变成热材质。

重置贴图/材质为默认设置：对当前示例窗的贴图或材质进行重新设置。

生成材质副本：使用该命令可以冷却当前“热材质”，通常与【将材质放入场景】命令配合使用。尽管示例窗的材质仍然保持其属性和名称，但示例窗四个边角的白色三角形会消失，即在【材质编辑器】中对材质所做的修改不再同步反映到场景中对象中去。当对“冷材质”修改完毕后，可单击“将材质放入场景”按钮以更新场景中的材质，使其恢复为“热材质”。

使唯一：使用该命令可以使实例化的贴图或多维/子对象材质中实例化的子材质成为唯一的副本，以防止对源贴图或顶级材质所做的更改影响其实例贴图或子材质。

放入库：当我们设置好一个材质后，可单击该按钮将选定的材质添加到临时库中，继而保存至 3ds Max 自带的材质库里，需要使用时调入即可。

材质 ID 通道：将材质标记为 Video Post 效果或渲染效果（以便通道值可以在后期处理应用程序中使用，如渲染通道图以供在 Photoshop 中利用通道快速制作选区）。默认值"0"表示未指定材质 ID 通道。

视口中显示明暗处理材质/在视口中显示真实材质：单击该按钮可以使贴图在视口中的显示在"明暗处理贴图"和"真实贴图"两种显示方式之间切换。

显示最终结果：当此按钮处于启用状态时，示例窗将显示材质树中所有贴图和明暗器的组合。当此按钮处于禁用状态时，示例窗只显示材质的当前层级。

转到父对象：可在当前材质中向上移动一个层级。当不在复合材质的顶级时，该按钮才可用。

转到下一个同级项：移动到当前材质中相同层级的下一个贴图或材质。当不在复合材质的顶级并且有多个贴图或材质时，该按钮才可用。

3.5 参数卷展栏

根据当前材质类型的不同，参数卷展栏所显示的内容也不同。每个卷展栏包含一些标准控件，如下拉列表、复选框、带有微调器的数值字段和色样等内容。本书接下来将结合各种材质的定义分别对各参数卷展栏的含义做出介绍。

提示：如果在【材质编辑器】中无法展示完所有示例窗或参数卷展栏，这时可将鼠标指针移至示例窗之间或参数卷展栏中的空白位置，当指针变为一个手形时，单击鼠标并拖曳，就可显示完其余项目。效果等同于移动对话框右边的垂直滑块。

【例 4-1】 使用【材质编辑器】为场景中的对象创建、赋予材质(图 4-1-7)。

图 4-1-7 柱列渲染效果

(1)打开教学光盘中【项目 4】/【实例】下的素材文件“柱列 .max”，这是一个摄像机、灯光和渲染参数都调节好的场景文件。

(2)在主工具栏上单击按钮，打开【材质编辑器】，选择一个空白材质球，在材质名称框中输入“芝麻黑花岗岩”。在视图中选择所有的柱子，单击“将材质指定给选定对象”按钮，将材质赋予选定的柱子。

(3)选择明暗器类型为“Blinn”，在【Blinn 基本参数】卷展栏中将“自发光”值设为 30，【反射高光】选项中的“高光级别”值设为 80，“光泽度”值为 40(图 4-1-8)。

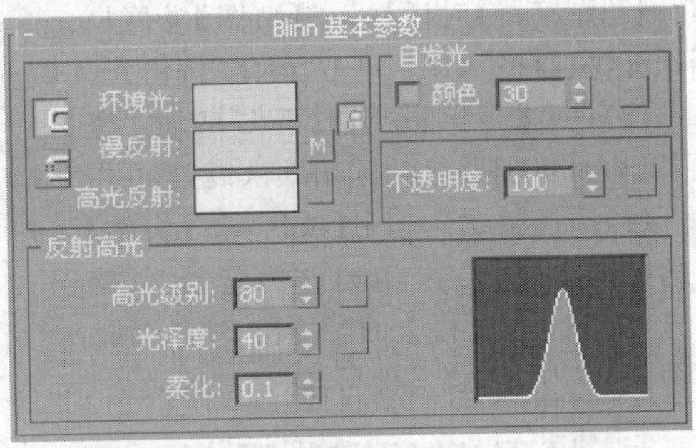

图 4-1-8 【Blinn 基本参数】卷展栏参数

(4)单击展开【贴图】卷展栏，在“漫反射颜色”通道的空白按钮上单击，调出【材质/贴图浏览器】对话框，在【贴图】卷展栏下选择“细胞”贴图(图 4-1-9)，单击“确定”按钮。

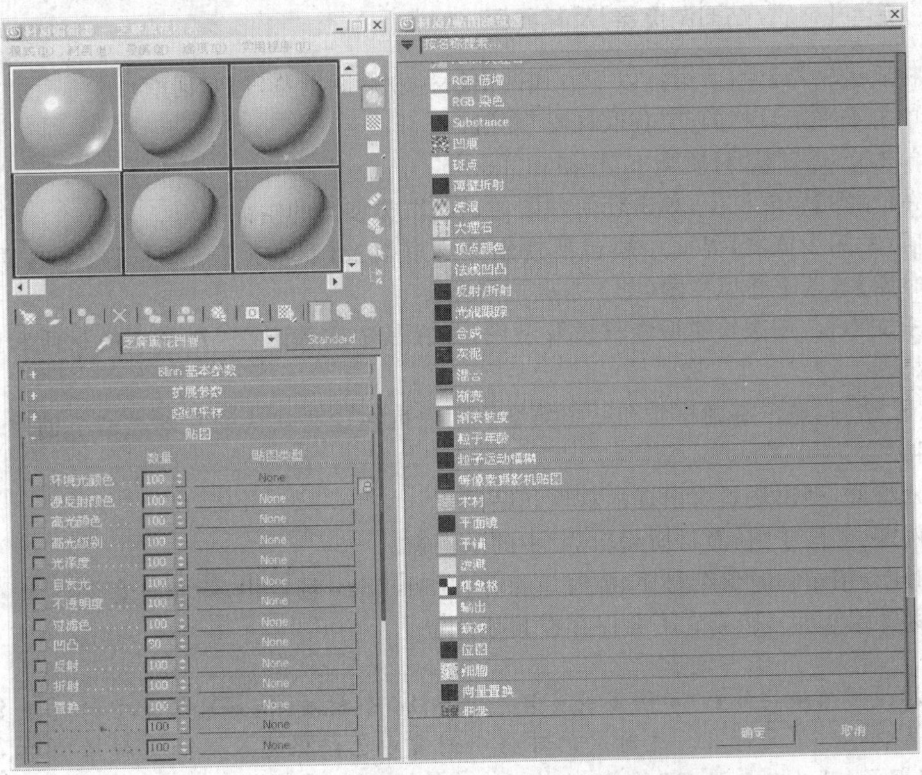

图 4-1-9 【贴图】卷展栏和【材质/贴图浏览器】

(5)设置【坐标】卷展栏下 X、Y、Z 轴向的“瓷砖”值均为 8(图 4-1-10)，在【细胞参数】卷展栏中将“细胞特性”组的“扩散”值设为 1，其他参数采用默认设置。

(6)另外选择一个空白材质球，在材质名称框中输入“黑白铺装”。在视图中选择平面，单击将材质赋予平面。

(7)单击展开【贴图】卷展栏，在“漫反射颜色”通道的空白按钮上单击，调出【材质/贴图浏览器】对话框，在【贴图】卷展栏下选择“棋盘格”贴图，单击“确定”按钮。

(8)设置【坐标】卷展栏下 U、V 的“瓷砖”值均为 8，其他参数采用默认设置。

(9)选择教学光盘中【项目 4】/【实例】下的贴图文件“天空 .jpg”作为背景，创建灯光，单击主工具栏上的按钮，渲染效果如图 4-1-7 所示，将文件另存为“柱列效果 .max”。

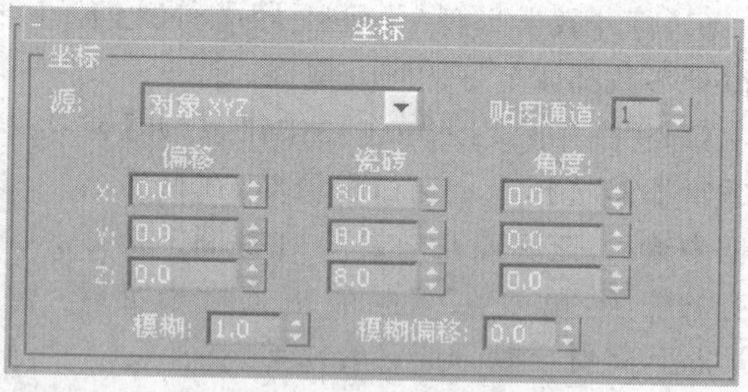

图 4-1-10 “细胞”贴图参数

4 材质/贴图浏览器

【材质/贴图浏览器】对话框提供浏览、选择材质和贴图的功能，根据不同情况具体显示也会略有不同。

4.1 启动【材质/贴图浏览器】及其界面

在【材质编辑器】中，可通过以下方式调出【材质/贴图浏览器】对话框：

(1)单击水平工具栏的“获取材质”按钮；

(2)单击 Standard “材质类型”按钮；

(3)在【贴图】卷展栏中，单击任何贴图通道贴图类型下的空白按钮。

【材质/贴图浏览器】界面一般包括搜索文本框以及【材质】、【贴图】、【场景材质】、【示例窗】、【临时库】等若干卷展栏图(图 4-1-11)。

◆搜索文本框：用来快速搜索材质及贴图，如在其中输入 R，以 R 开头的材质和贴图就出现在下方。

◆材质、贴图：显示基础材质和贴图类型。用户可在这些默认的基础类型上创建自定义材质和贴图。

◆场景材质：列出场景中出现的材质和贴图。

◆示例窗：等同于“精简材质编辑器”中的示例窗。

◆临时库：用于临时保存材质，临时库保存在 3ds Max 场景中，除非将它保存为 *. mat 文件(专用材质库文件)，否则它不会保存在其他位置。

提示：【材质编辑器】的示例窗最多只能显示 24 个材质球，如果场景中材质较多时，会出现材质球不够用的情况。这时我们可将示例窗中已经保存入库的热材质选中，按下“重置贴图/材质为默认设置”按钮，在弹出的对话框中选择“仅影响编辑器示例窗中的材质/贴图?”，单击“确定”按钮，即可看到当前材质球重置为空白的材质球，对其重新定义材质、指定给场景中某一对象即可。如果要对以前的材质球进行编辑，可调出【材质/贴图浏览器】对话框，在【场景材质】卷展栏中找到以前的材质，双击调回【材质编辑器】的示例窗，对其进行修改操作即可。

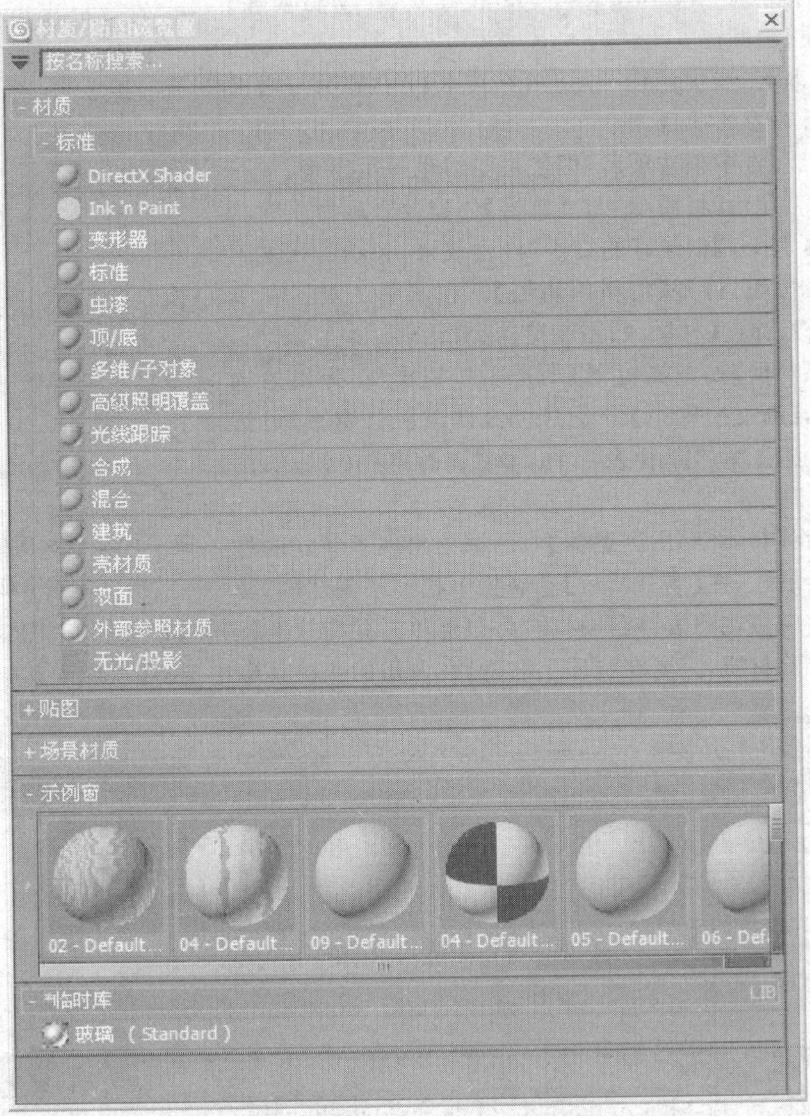

图 4-1-11　【材质/贴图浏览器】界面

4.2　选项菜单

单击【材质/贴图浏览器】左上方的▼按钮，会弹出一个下拉菜单，显示了管理【材质/贴图浏览器】的常规选项（图 4-1-12）。

◆新组：创建一个新组，在创建好的新组卷展栏上右击可对新组进行设置，在【材质/贴图浏览器】中，组包含基础材质或贴图。

◆新材质库：创建一个新材质库，在创建好的新库卷展栏上右击可对新库进行设置，在【材质/贴图浏览器】中，库包含已编辑过的材质。

◆打开材质库：从材质库中获取材质和贴图，允许调入 *.mat、*.max 文件。

◆材质/贴图/Autodesk Material Library/场景材质/示例窗：选中对应选项后，分别在列表框中显示材质、贴图、Autodesk Material Library 材质库、场景中的材质、示例窗。

◆显示不兼容：选中该选项后，可在列表框中显示与当前活动渲染器不兼容的项目。

◆显示空组：选中该选项后，即使是空组也显示出来。

【例 4-2】 使用【材质/贴图浏览器】创建及管理材质库。

(1)打开【例 4-1】创建好的柱子“柱列效果 . max”，在主工具栏上单击按钮，打开【材质编辑器】。在水平工具栏中单击【获取材质】，弹出【材质/贴图浏览器】对话框。

(2)单击【材质/贴图浏览器】的选项按钮，在弹出的选项菜单上单击【新材质库…】命令，弹出【创建新材质库】对话框，输入需要创建库的路径及名称，单击“确定”按钮，如图 4-1-13 所示。

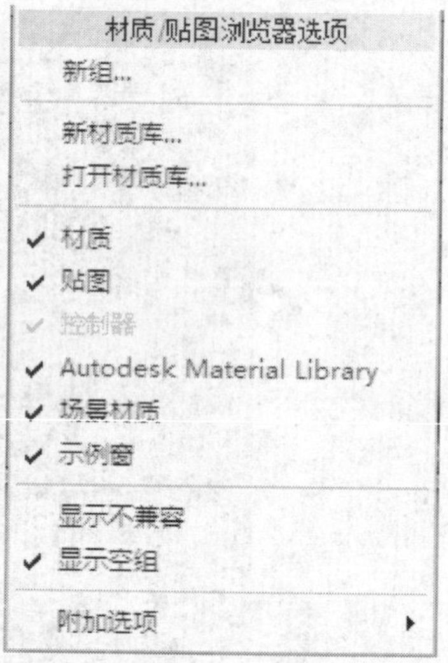

图 4-1-12 【材质/贴图浏览器】的常规选项

(3)这时在【材质/贴图浏览器】对话框中出现了新建的材质库【园林】卷展栏，在【场景材质】卷展栏中找到已创建的“黑白铺装”和“芝麻黑花岗岩”两种材质，将鼠标单击并拖拽至【园林】卷展栏下(图 4-1-14)。若要从材质库中移除材质，只要在材质上右击，在调出的快捷菜单中选择【从库中移除】即可。

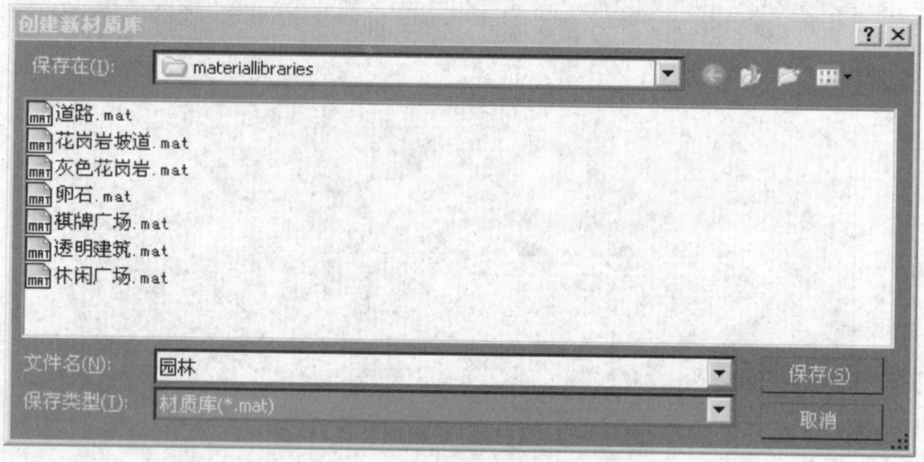

图 4-1-13 【创建新材质库】对话框

(4)如果要保存并关闭【园林】材质库，将鼠标在【园林】卷展栏上右击，在弹出的快捷菜单上选择【关闭材质库】命令，这时会弹出如图 4-1-15 的对话框，单击单击“是”按钮即可。

如果要在不关闭库的情况下保存材质库，将鼠标在【园林】卷展栏上右击，在弹出的快捷菜单上将鼠标停在库的文件目录上，在其次级菜单中选择【保存】即可。

(5)如果要删除材质库，单击【材质/贴图浏览器】的选项按钮，在弹出的选项菜单上单击【打开材质库…】命令，在【导入材质库】对话框的列表中选中材质库文件，按下＜Delete＞即可。

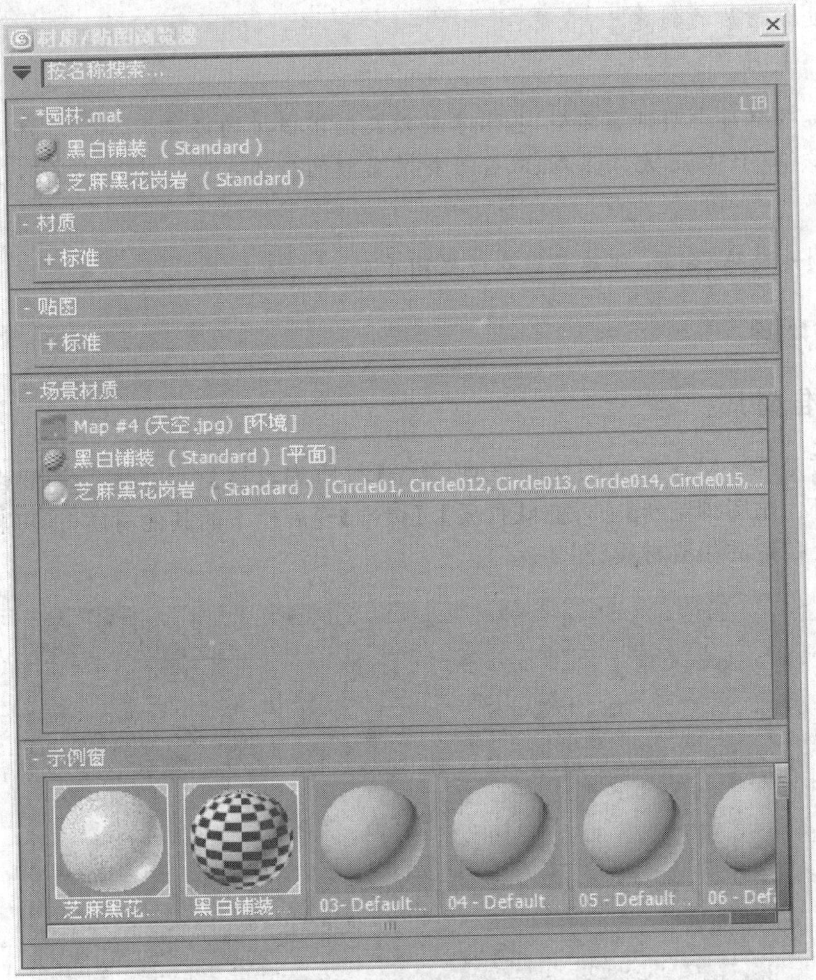

图 4-1-14 将材质移动至新建材质库

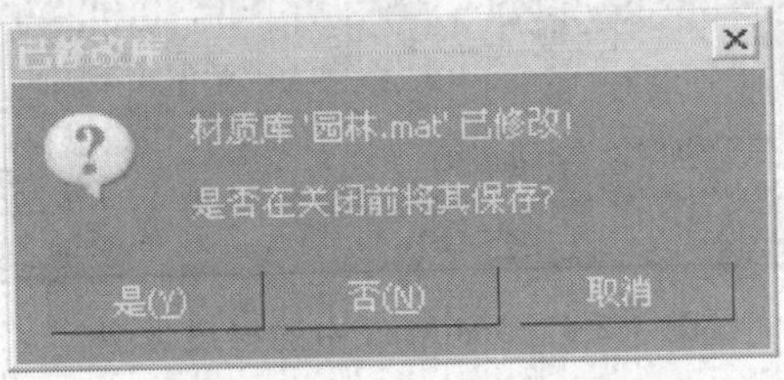

图 4-1-15 保存并关闭新建材质库

任务 2 常用材质

学习领域

• 标准材质的创建。

• 其他复合材质的创建。

工作领域

• 掌握标准材质中明暗器类型、基本参数以及贴图通道的设置。
• 掌握多维/子对象、光线跟踪、混合等材质参数的设置。

行动领域

• 能够创建砖墙、金属、玻璃等园林效果图中的常见材质。

任务知识讲解

1 标准材质

标准材质是3ds Max默认的材质类型，单击【材质编辑器】中的 Standard 材质类型按钮，在弹出的【材质/贴图浏览器】中，选择【材质】/【标准】卷展栏下的其他材质，即可将当前材质类型切换至系统自带的相应材质(图4-2-1)。

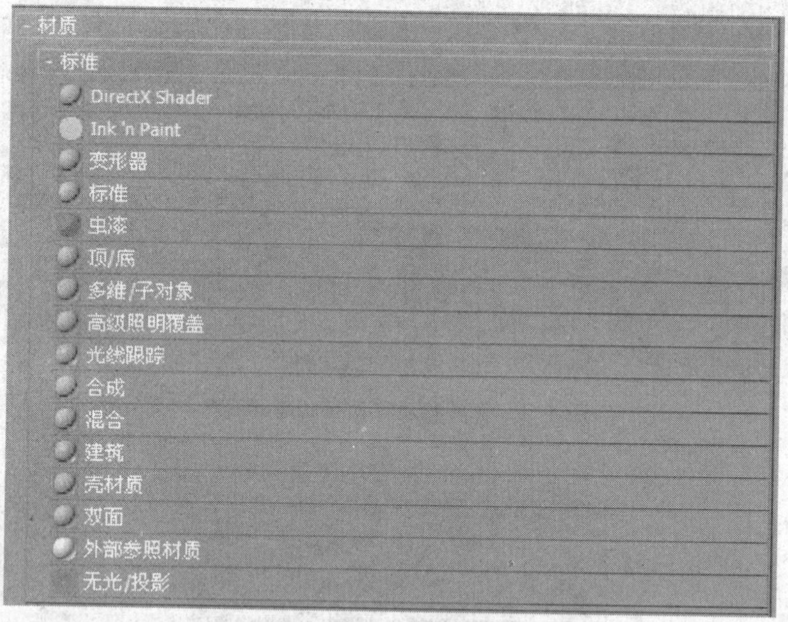

图4-2-1 3ds Max中的材质类型

标准材质提供了比较直观的对象表面反射属性，在不使用贴图的情况下，标准材质为对象提供单一均匀的表面颜色。

接下来介绍标准材质的主要参数。

1.1 【明暗器基本参数】卷展栏

该卷展栏参数主要包括明暗器类型和着色方式两部分内容，如图4-2-2所示。

1.1.1 明暗器类型

对于某些类型的材质来说，明暗器是一种计算物体表面渲染的方法，不同的明暗器决定了物体表面的不同质感。某些明暗器是按其执行的功能命名的，如金属明暗器，有些明暗器则是以开发人员的名字命名的，如 Blinn 明暗器和 Strauss 明暗器。

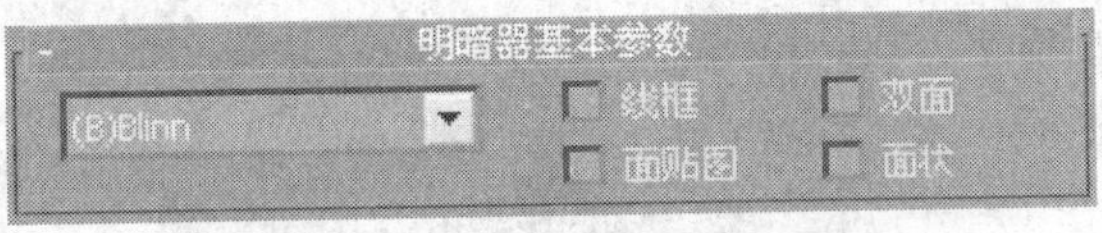

图 4-2-2 【明暗器基本参数】卷展栏

标准材质的明暗器类型一共有 8 种，分别是各向异性明暗器、Blinn 明暗器、金属明暗器、多层明暗器、Oren-Nayar-Blinn 明暗器、Phong 明暗器、Strauss 明暗器和半透明明暗器。标准材质的默认明暗器为 Blinn 明暗器。

◆各向异性明暗器：该明暗器主要是用来表现条形的、具有方向性的高光区域，这种渲染属性可以很好地表现头发、跑车等流线型的物体。

◆Blinn 明暗器：最常用的明暗器类型，与 Phong 明暗器具有相同的功能，但它在数学上更精确，可产生简单的圆形高光区并平滑相邻的面，适合做大理石、塑料等材质。

◆金属明暗器：提供效果逼真的金属表面以及强烈的反光，适合制作闪亮的金属材质。

◆多层明暗器：与各向异性明暗器相似，但该明暗器具有两个高光控制选项，通过分别调整，可以产生更复杂的高光效果，适合制作高度磨光的曲面，如陶瓷、光滑的布料等。

◆Oren-Nayar-Blinn 明暗器：与 Blinn 明暗器类似，但效果会更柔和，适合制作粗糙的无反光材料，如布料、陶瓦、墙面等。

◆Phong 明暗器：与 Blinn 明暗器相似，但背光处 Phong 明暗器的反光为弧形，影响周围的区域大于 Blinn 明暗器，适合制作橡胶等物体。

◆Strauss 明暗器：用于实现金属质感的快速创建。效果要弱于金属明暗器，但该明暗器使用更简单的模型，具有更简单的界面。

◆半透明明暗器：与 Blinn 明暗器相似，最大的区别在于能够创建半透明的效果。可应用于较薄的物体，如窗帘、蚀刻图案的玻璃等。

1.1.2 线框/双面/面贴图/面状

在明暗器下拉列表旁有 4 个复选框，用于设置材质着色类型特性，分别是线框、双面、面贴图、面状。对所有类型的明暗器来说，这些参数是不变的。

◆线框：以网格线框的方式来渲染对象，对于线框的粗细，可以通过【扩展参数】中的“线框”选项组来调节(图 4-2-3a)。

◆双面：将对象法线正向和反向的两面都进行渲染。通常计算机为了简化计算，只渲染对象法线正向的表面(即可视的外表面)，但对于敞开面的对象，其内壁看不到任何材质效果，如图 4-2-3 的渲染效果，这时就需打开双面复选框(图 4-2-3b)。

◆面贴图：将材质指定给对象的全部面。若含有贴图的材质，不需要贴图坐标，贴图会自动应用到对象的每一面(图 4-2-3c)。

◆面状：使对象产生不光滑的明暗效果，把对象的每个面都作为平面来渲染，可用来制作加工过的钻石等任何有硬边的物体表面(图 4-2-3d)。

1.2 【Blinn 基本参数】卷展栏

【明暗器基本参数】卷展栏主要用来设置材质的颜色、反光度、透明度等参数。采用不同的明暗器，其基本参数也会有所不同，这里以标准材质最常用的 Blinn 明暗器为例，介绍其基本参数(图 4-2-4)。

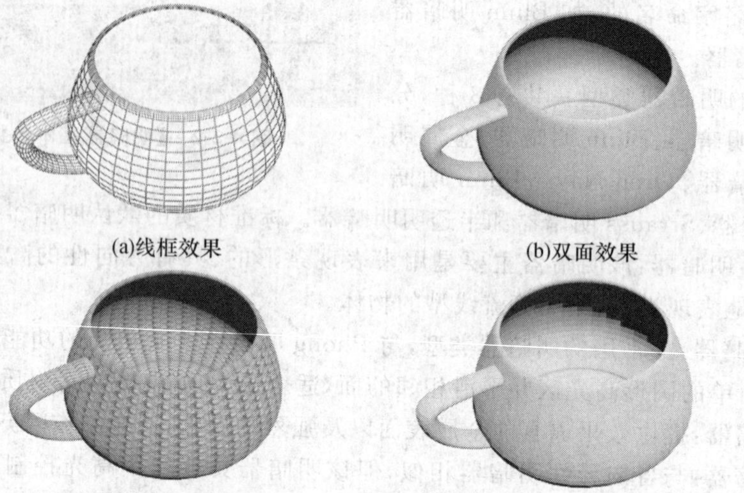

(a)线框效果　(b)双面效果

(c)面贴图+双面效果　(d)面状+双面效果

图 4-2-3　线框/双面/面贴图/面状

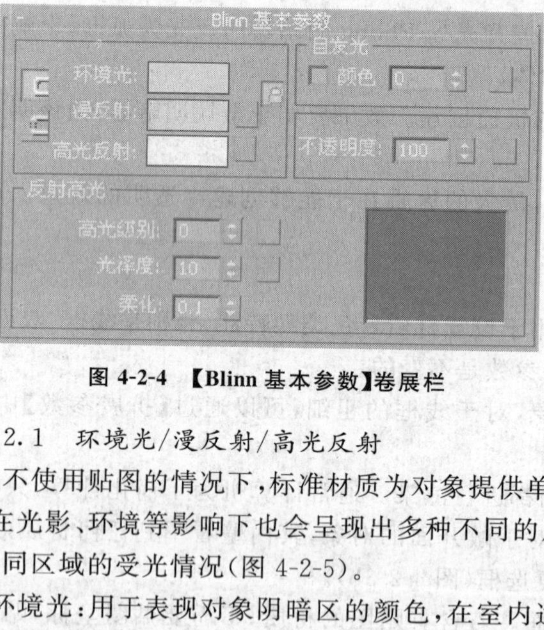

图 4-2-4　【Blinn 基本参数】卷展栏

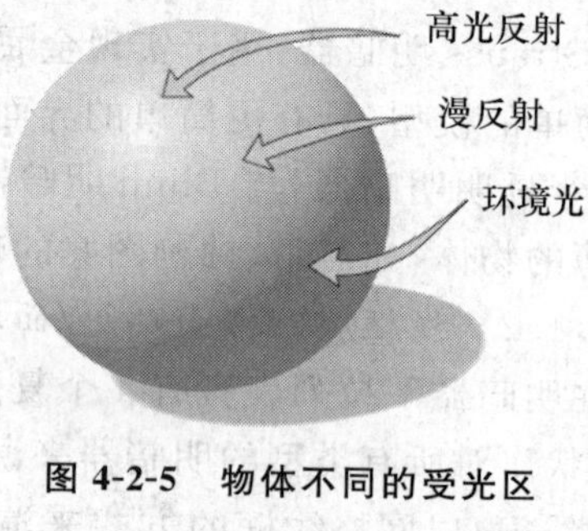

图 4-2-5　物体不同的受光区

1.2.1　环境光/漫反射/高光反射

在不使用贴图的情况下，标准材质为对象提供单一均匀的表面颜色，但即使是单一颜色的表面，在光影、环境等影响下也会呈现出多种不同的反射结果，通过以下颜色组件可设置材质表面不同区域的受光情况(图 4-2-5)。

◆环境光：用于表现对象阴暗区的颜色，在室内适度照明情况下，环境光颜色可以是较暗的漫反射颜色，在室外或强烈照明条件下的室内场景，环境光的颜色宜指定为主光源颜色的补色。

◆漫反射：用于表现在最佳照明条件下对象材质呈现的颜色，即通常所说的对象本色。

◆高光反射：用于表现对象高光区的颜色，一般是与主光源一致或高纯度、低饱和度的漫反射颜色。

要调整组件颜色，可以在其右侧的色样上单击，从打开颜色选择器中选择颜色即可。左侧的两个▣按钮，用于锁定环境光、漫反射、高光反射中的两种或三种，以保持锁定颜色的一致性。

1.2.2 自发光/不透明度

◆自发光：使材质具备自身发光效果，常用于制作灯泡、太阳光等光源物体。默认状态下在微调器中输入数值设置自发光强度，最大值为100时物体不受灯光影响，只表现出漫反射的颜色。如果选中颜色复选框，则可以使用带有颜色的自发光，白色为完全自发光效果，黑色为没有自发光效果。

◆不透明度：控制材质的透明性。默认值为100，表示为不透明材质，值为0时为完全透明材质，打开垂直工具栏上的【背景】，可更好地预览效果。

1.2.3 "反射高光"选项组

该选项组可对高光效果作进一步设置：

◆高光级别：设置高光强度，值越大材质表面的反光强度越高。

◆光泽度：设置高光分为，值越大高光范围越小。

◆柔化：柔化高光的效果，值越小高光越柔和。

1.3 【扩展参数】卷展栏

该卷展栏参数用于进一步对材质的透明度、反射度及线框状态进行设置，如图4-2-6所示。

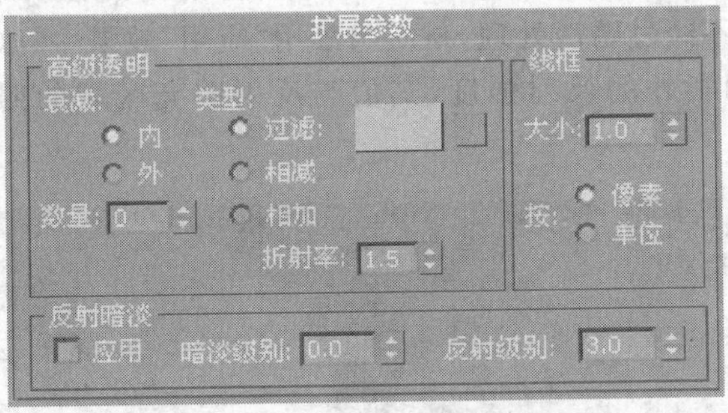

图 4-2-6 【扩展参数】卷展栏

1.3.1 "高级透明"选项组

该选项组用于控制材质的透明衰减设置。在半透明明暗器【扩展参数】卷展栏中该选项组不可用，其参数被【半透明基本参数】卷展栏中的"半透明"选项组所代替。

◆衰减：确定材质透明衰减的方向。

• 内：由边缘向中心增加透明度，类似玻璃瓶的效果。

• 外：由中心向边缘增加透明度，类似云雾、烟雾的效果。

◆数量：指定衰减的程度。

◆类型：确定产生透明效果的方式。

• 过滤：以过滤色或贴图来决定透明的颜色，单击其后的色样可选择过滤色，单击按钮可选择贴图。

• 相减：从透明对象中减去其后的背景颜色。

• 相加：从透明对象中添加其后的背景颜色。

◆折射率：用来设置带有折射贴图的透明材质的折射率（IOR值）。常见材质的IOR值见表4-1-1。

表 4-1-1　常见材质 IOR 值

材质	IOR 值	材质	IOR 值
空气	1.00	玻璃	1.50～1.70
水	1.33	钻石	2.42

1.3.2　“线框”选项组

当在【明暗器基本参数】卷展栏中选择材质着色类型为“线框”时，可在该选项组设置线框的效果。

◆大小：设置线框的粗细。

◆像素/单位：选择线框的单位。若选择“像素”，物体无论远近，像素的精细程度都保持一致，若选择“单位”，线框会根据物体离镜头远近的变化而发生粗细变化。

1.3.3　“反射暗淡”选项组

该选项可使阴影中的反射贴图显得暗淡。

◆应用：选中该复选框可使用反射暗淡。禁用该复选框后，反射贴图材质就不会受直接灯光的影响。默认设置为禁用状态。

◆暗淡级别：设置阴影中的暗淡量。该值为 0 时，反射贴图在阴影中全黑，阴影效果越明显，值为 1 时，反射贴图不经过暗淡处理，材质与禁用“应用”效果一样(图 4-2-7)。

◆反射级别：设置阴影外的反射强度，其值与反射明亮区域的照明级别相乘，用以补偿暗淡。

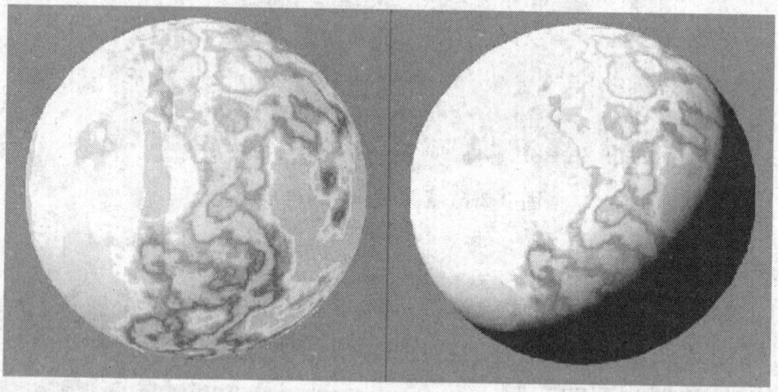

图 4-2-7　暗淡级别值为 1(左)和 0(右)时反射贴图效果对比

1.4　【贴图】卷展栏

【贴图】卷展栏下包括很多贴图通道，当材质明暗器类型不同时，贴图通道也会随之发生变化，接下来以标准材质最常用的 Blinn 明暗器为例，介绍其贴图通道(图 4-2-8)。单击贴图通道“贴图类型”下的空白按钮，可以打开【材质/贴图浏览器】对话框，但这时只能显示贴图，用户可从中选择程序贴图或位图。当选择某种类型贴图后，会自动进入其贴图参数层级，以便进行相应的参数设置，单击【材质编辑器】水平工具栏的“转到父对象”按钮可以返回到上一层级，这时贴图通道原来的空白按钮上会出现贴图类型的名称，左侧的复选框被勾选，表示当前该贴图通道处于活动状态，若复选框未被选中，会关闭该贴图通道。“数量”数值框决定了该贴图影响材质的数量，使用完全强度的百分比表示。

1.4.1 漫反射颜色

漫反射颜色是最常用的贴图通道，可以为对象的漫反射颜色区域指定程序贴图或位图，用于表现光源直接照射下材质表现的颜色。默认数量为100时，贴图会完全覆盖住漫反射组件颜色，如为墙壁指定砖墙的纹理图案，可以覆盖墙体本身的底色并产生砖墙的效果。

1.4.2 不透明度

在不透明度贴图通道中使用程序贴图或位图可以生成部分透明的对象。贴图的浅色(较高的值)区域渲染为不透明，深色区域渲染为透明，两者之间的值渲染为半透明。

在3ds Max园林效果图制作中，有时为了简化场景常常使用不透明度通道贴图来表现较为复杂的模型，如人物、汽车、树木、栅栏等。

1.4.3 凹凸

在凹凸贴图通道中通过贴图的明暗强度可以影响材质表面的光滑程度，从而产生凹凸的表面效果。贴图的白色部分产生凸起，黑色部分产生凹陷，中间色产生过渡。这种模拟凹凸质感的优点是渲染速度快，但凹凸部分不会产生投影，对于一般的砖墙、石板路面，它可以产生比较真实的效果。

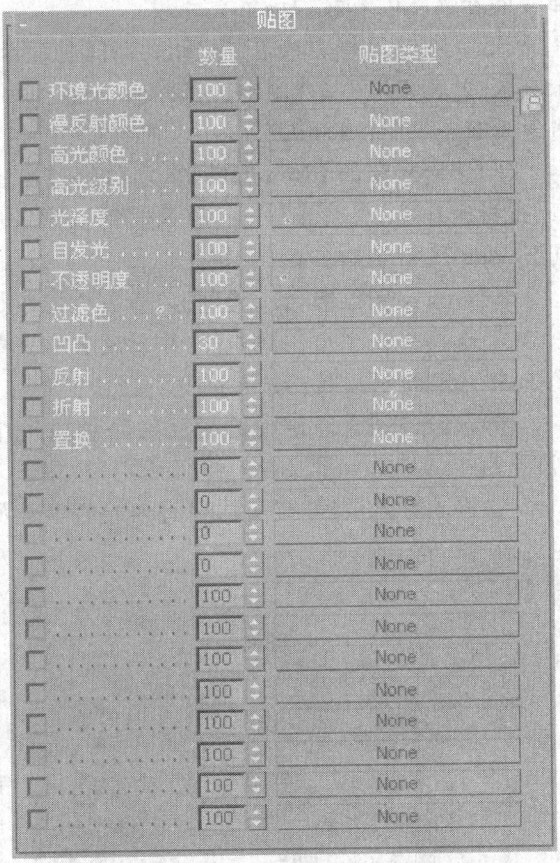

图 4-2-8 Blinn明暗器的【贴图】卷展栏

【例 4-3】 使用不透明贴图通道制作围墙栅栏(图4-2-9)。

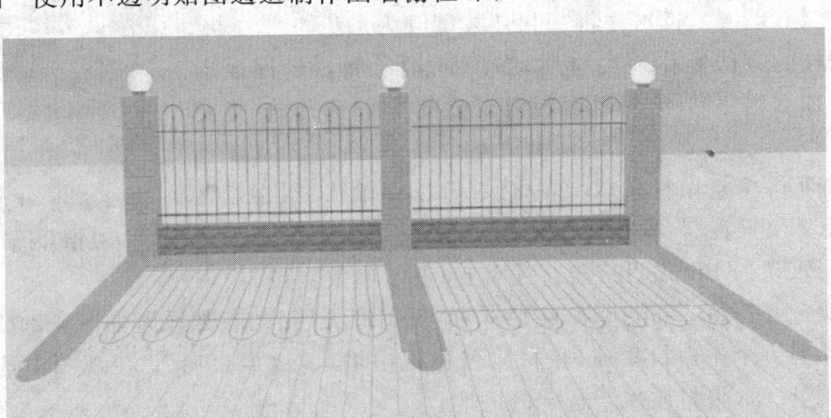

图 4-2-9 围墙渲染效果

(1)打开教学光盘中【项目 4】/【实例】下的素材文件“围墙 . max”，这是一个摄像机、灯光和渲染参数都调节好的场景文件。

(2)在主工具栏上单击按钮，打开【材质编辑器】。选择一个空白材质球，在材质名称框中输入“蘑菇石”。在视图中选择围墙立柱之间的矮墙，单击“将材质指定给选定对象”按钮，将材质赋予选定的矮墙。

(3)选用默认的 Blinn 明暗器，在【贴图】卷展栏的漫反射颜色通道中，单击空白按钮，在打开的【材质/贴图浏览器】对话框中选择“位图”，加载教学光盘中【项目 4】/【实例】下的“红色蘑菇石 . jpg”文件，单击“确定”按钮。

(4)进入贴图层级，设置【坐标】卷展栏参数如图 4-2-10 所示。

(5)选择另一个空白材质球，在材质名称框中输入“米黄饰面砖”。在视图中选择 3 个围墙立柱，单击将材质赋予选定的立柱。

(6)在【贴图】卷展栏中的漫反射颜色通道中选择“位图”，加载教学光盘中【项目 4】/【实例】下的“米黄砖 . jpg”文件，单击“确定”按钮。

(7)进入贴图层级，设置【坐标】卷展栏参数如图 4-2-11 所示。

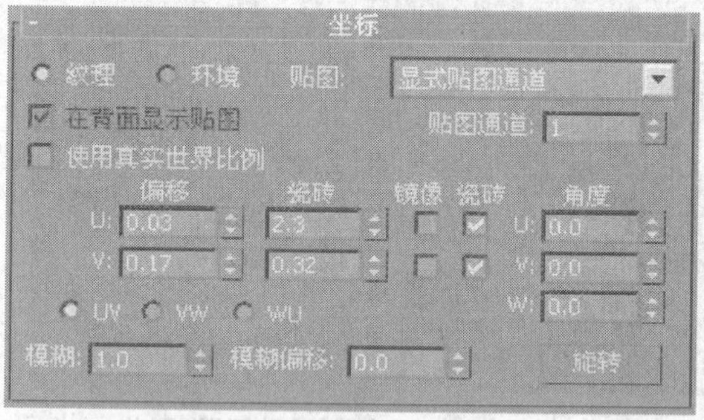

图 4-2-10 【坐标】卷展栏参数

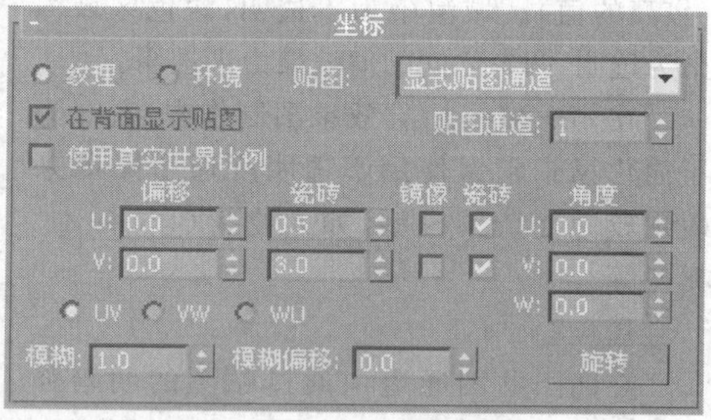

图 4-2-11 【坐标】卷展栏参数

(8)单击【材质编辑器】水平工具栏的“转到父对象”按钮，在漫反射颜色通道的贴图类型按钮上单击鼠标，并拖拽至凹凸通道的按钮上，在弹出的【复制(实例)贴图】对话框中选择“实例”，单击“确定”按钮(图 4-2-12)，并将“凹凸”数量改为 70。

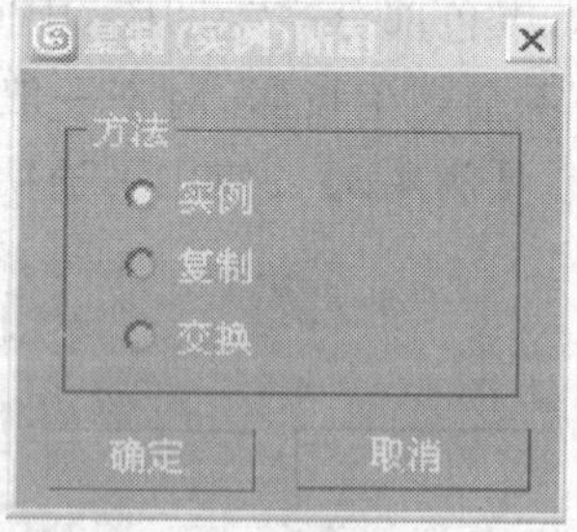

图 4-2-12 【复制(实例)贴图】对话框参数

(9)用同样的方法制作地面材质，在【贴图】卷展栏的漫反射颜色通道中，加载程序贴图“平铺”，设置合适的 UV 瓷砖数，指定给地面。

(10)选择另一个空白材质球，在材质名称框中输入“景观灯”。在视图中选择 3 个景观灯，单击将材质赋予选定的景观灯。

(11)选用默认的 Blinn 明暗器，在【Blinn 基本参数】卷展栏中勾选自发光颜色复选框，单击色样，将色样和“反射高光”组的参数设置如图 4-2-13 所示。

(12)选择另一个空白材质球，在材质名称框中输入“漆面金属”。在视图中选择 3 个景观灯底座，单击按钮，将材质赋予选定的底座。

(13)选择金属明暗器类型，在【金属基本参数】卷展栏中将环境光和漫反射的色样和“反射高光”组的参数设置如图 4-2-14 所示。

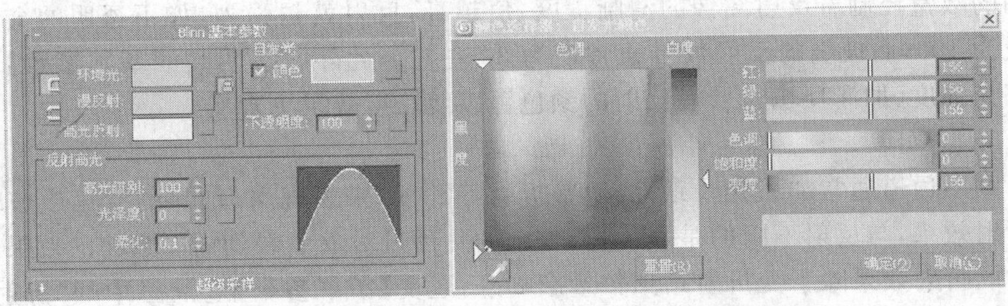

图 4-2-13 自发光颜色和“反射高光”组参数设置

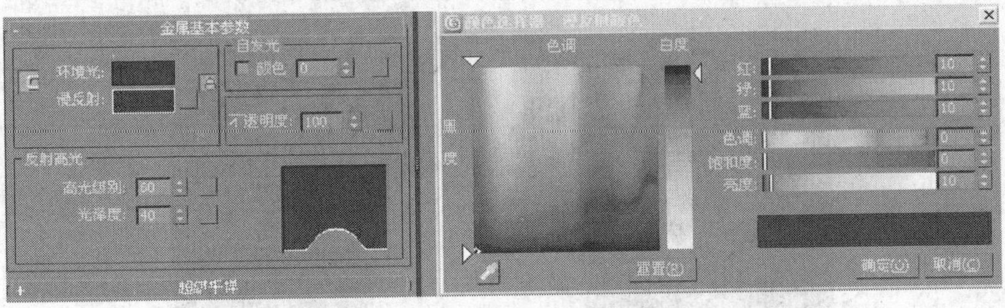

图 4-2-14 环境光和漫反射颜色和“反射高光”组的参数设置

(14)在【贴图】卷展栏中的“反射”通道中选择位图，加载教学光盘中【项目 4】/【实例】下的“refmap. jpg”文件，单击“确定”按钮，并将“反射”数量改为 70。

(15)选择另一个空白材质球，在材质名称框中输入“栅栏”。在视图中选择立柱间的 2 个长方体，单击将材质赋予选定的长方体。

(16)在【贴图】卷展栏的漫反射颜色通道中选择位图，加载教学光盘中【项目 4】/【实例】下的“栅栏 . jpg”文件，单击“确定”按钮。进入贴图层级，设置【坐标】卷展栏参数如图 4-2-15 所示。

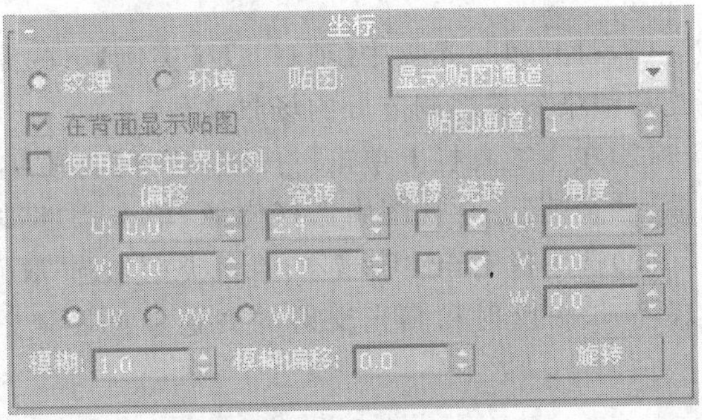

图 4-2-15 【坐标】卷展栏参数

(17)在【贴图】卷展栏的不透明度通道中选择“位图”类型，加载教学光盘中【项目 4】/【实例】下的“栅栏 mask. jpg”文件，单击“确定”按钮。

(18)进入贴图层级，设置【坐标】卷展栏参数如图 4-2-15 所示。

(19)创建灯光、设置渲染参数，单击主工具栏上的按钮，渲染效果如图 4-2-9 所示，将文件另存为“围墙效果 . max”。

1. 4. 4 反射

反射贴图通道中常常加载位图、光线跟踪、平面镜等贴图，来表现金属、陶瓷等表面光滑的材料质感。加载一张金属或周围环境的位图是渲染速度最快、也是反射效果最不真实的方式，但在要求不高的情况下也经常使用。光线跟踪贴图虽然渲染速度较慢，但在 3ds Max 的是反射效果最真实的贴图类型。

贴图的数量控制着反射图像的清晰程度，值越高，反射就越强烈，如不透明的金属可将反射数量设为100，而玻璃的反射数量通常设为30左右。此外，在【明暗器基本参数】中增加光泽度和高光强度、加深环境光及漫反射的颜色可以使反射效果更真实。

1.4.5　折射

折射贴图通道通常加载光线跟踪、薄壁折射等贴图，来表现水、加热的空气或玻璃等透明介质的折射效果，与反射不同的是，它主要表现的是透过对象所看到周围景物的效果。

材质的折射效果除了受折射贴图数量影响外，还受【扩展参数】卷展栏中的“折射率”的影响，它控制材质透光线的程度，默认的折射率(IOR值)为1.5，即玻璃的折射率。

【例4-4】　使用凹凸、反射贴图通道制作金箔材质(图4-2-16)。

图4-2-16　金佛效果

(1)打开教学光盘中【项目4】/【实例】下的素材文件“佛像素材.max”，这是一个摄像机、灯光和渲染参数都调节好的场景文件。

(2)在主工具栏上单击按钮，打开【材质编辑器】。选择一个空白材质球，在材质名称框中输入“金箔”。在视图中选择佛像，单击“将材质指定给选定对象”按钮，将材质赋予佛像。

(3)选用各向异性明暗器，着色类型勾选“双面”复选框。在【各向异性基本参数】卷展栏中设置环境光、漫反射和高光反射的颜色值如图4-2-17、图4-2-18所示，其他参数设置如图4-2-19所示。

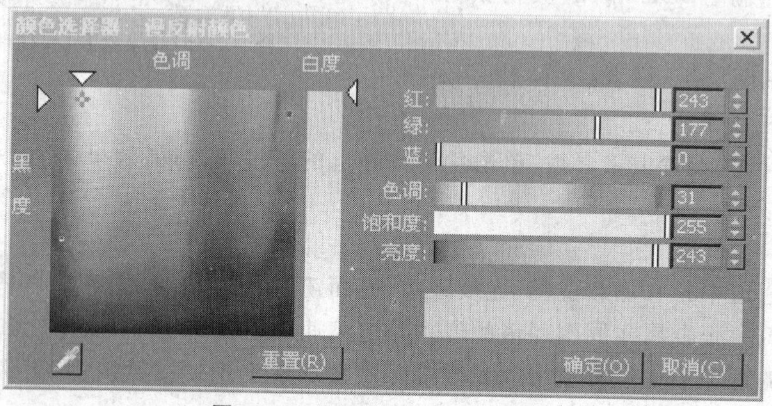

图4-2-17　漫反射颜色参数设置

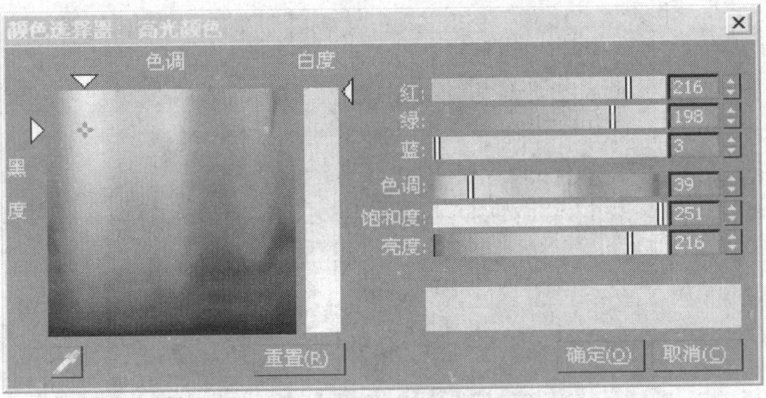

图 4-2-18　高光颜色参数设置

(4)在【贴图】卷展栏的凹凸贴图通道中，单击空白按钮，在打开的【材质/贴图浏览器】对话框中选择“噪波”贴图，在【噪波参数】卷展栏下将噪波类型设置为“规则”，大小设为 1，凹凸贴图通道数量为 30。

(5)单击“转到父对象”按钮，返回上一层级，在反射贴图通道中，单击空白按钮，选择“光线跟踪”贴图，参数保持默认即可，反射贴图通道数量为 90。

(6)创建灯光、设置渲染参数，单击主工具栏上的按钮，渲染效果如图 4-2-16 所示，将文件另存为“佛像效果 . max”。

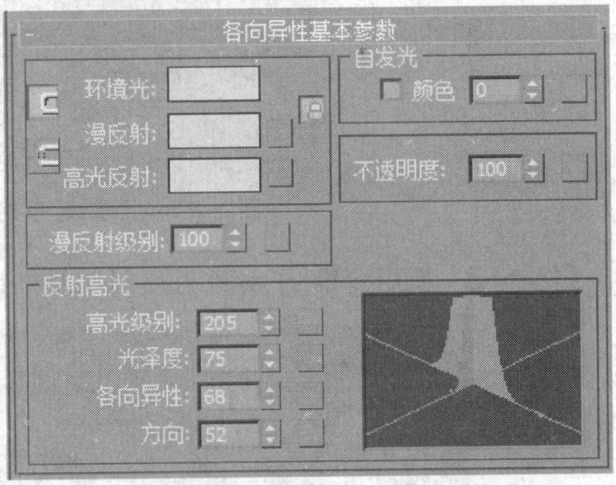

图 4-2-19　【各向异性基本参数】卷展栏参数

2　多维/子对象材质

多维/子对象材质可用于将多种材质赋予一个物体的各个子对象，在物体表面的不同位置显示不同的材质。使用多维/子对象材质时，需要给各子对象分配 ID 号，此 ID 号对应的是不同材质的 ID 号，这样便能实现一个物体多种材质的效果了。

【多维/子对象基本参数】卷展栏如图 4-2-20 所示。

◆设置数量：设置子材质的数量，默认情况下是 10 个子材质，通过右边的“添加”、“删除”按钮可递增或删除添加或删除子对象材质。

◆外：由中心向边缘增加透明度，类似云雾、烟雾的效果。

◆数量：指定衰减的程度。

◆材质球：提供子材质的预览，单击材质球图标可以对子材质进行选择。

◆ID 号：显示指定给子沉重的 ID 号，同时还可以在此重新指定 ID 号。

◆名称：在此输入自定义的子材质名称

◆子材质：单击该按钮，可用来选择不同的材质作为子材质。右侧的按钮用来确定子材质的漫反射颜色值，最右侧的“启用/禁用”复选框可以对单个子材质进行启用和禁用的开关控制。

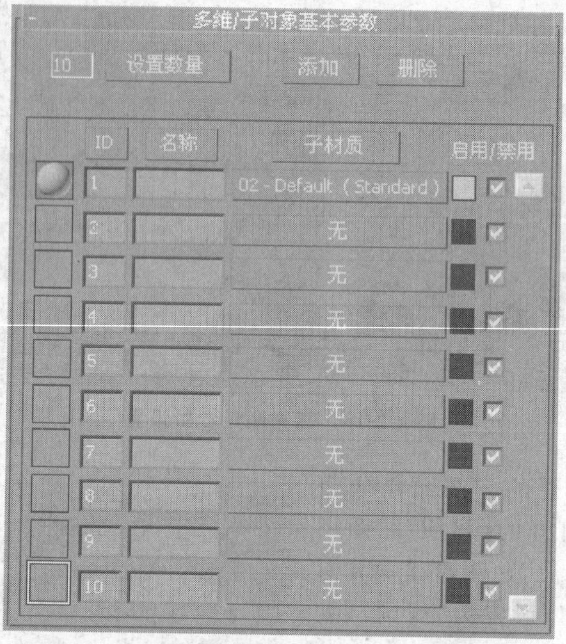

图 4-2-20 【多维/子对象基本参数】卷展栏

【例 4-5】 使用多维/子对象材质制作路锥材质(图 4-2-21)。

图 4-2-21 道路和路锥效果

(1)打开教学光盘中【项目 4】/【实例】下的素材文件“路锥 . max”，这是一个摄像机、灯光和渲染参数都调节好的场景文件。

(2)切换至【修改】面板,在修改器堆栈中可看到该模型是“可编辑多边形”对象。进入“多边形”层级,展开【多边形:材质 ID】卷展栏,选择不同的多边形,在“设置 ID”后的数值框中输入如图 4-2-22 中的 ID 号。

(3)在主工具栏上单击按钮,打开【材质编辑器】,选择一个空白材质球,在材质名称框中输入“路锥材质”。

单击 Standard “材质类型”按钮,在弹出的【材质/贴图浏览器】中选择多维/子对象,单击“确定”按钮,在弹出的【替换材质】对话框中选择“将旧材质保存为子材质”(图 4-2-23)。

(4)在【多维/子对象基本参数】卷展栏中单击“设置数量”按钮,将子材质数量设置为 3(图 4-2-24)。

(5)单击 ID=1 的子材质按钮,选择“Blinn”明暗器,设置【Blinn 基本参数】卷展栏参数如

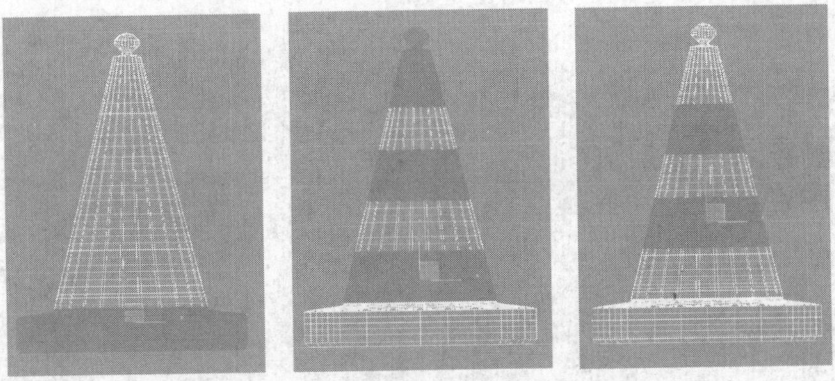

ID=1　　ID=2　　ID=3

图 4-2-22 设置路锥材质 ID 号

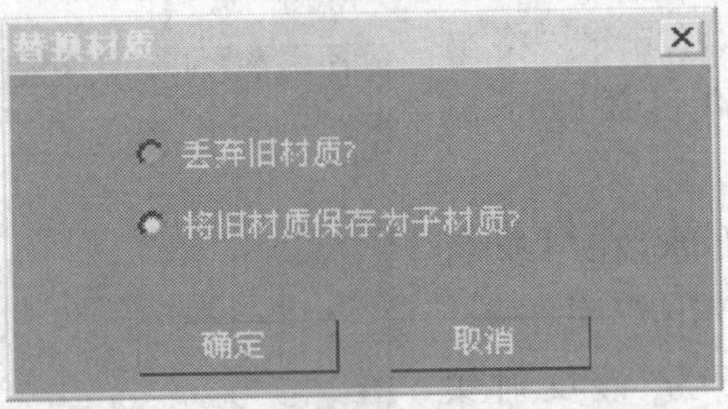

图 4-2-23 【替换材质】对话框

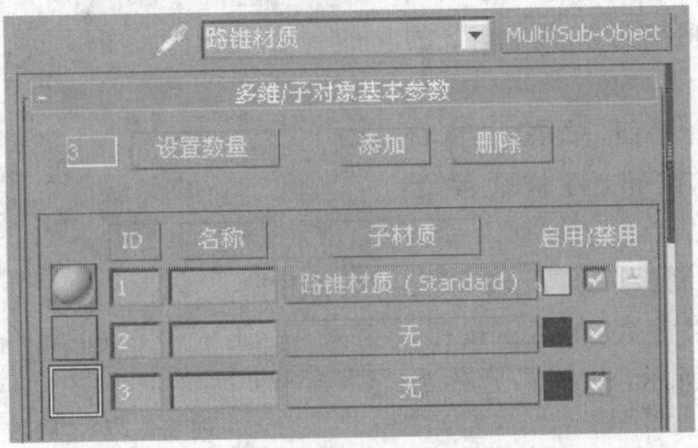

图 4-2-24 【多维/子对象基本参数】卷展栏

图 4-2-25 所示，其中环境光和漫反射颜色 R、G、B 值均为 0。

(6)单击【转到父对象】，单击 ID＝2 的子材质按钮，在弹出的【材质/贴图浏览器】对话框中选择“标准”材质，单击“确定”按钮，接着在【材质编辑器】中选取“各向异性”明暗器，设置【各向异性基本参数】卷展栏参数如图 4-2-26 所示，只是环境光和漫反射颜色改为 R＝255，G、B 值为 0。

(7)用设置 ID＝2 子材质的方法和参数设置 ID＝3 的子材质，只是将环境光和漫反射颜色 R、G、B 值改为 255。

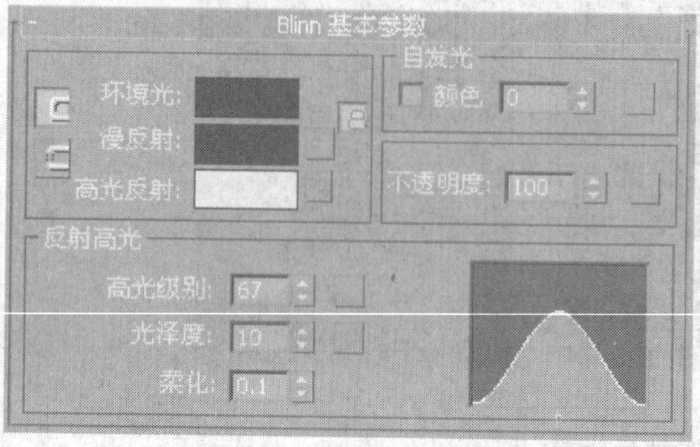

图 4-2-25　ID＝1 子材质参数

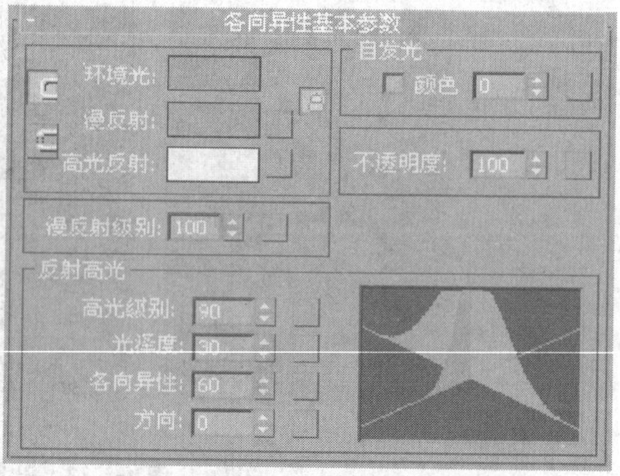

图 4-2-26　ID＝2 子材质参数

(8)在视图中选择路锥，单击"将材质指定给选定对象"按钮，将材质赋予路锥，至此路锥材质制作完毕。

(9)选择另一个空白材质球，在材质名称框中输入"道路"，选择"Blinn"明暗器、标准材质，在【贴图】卷展栏下为"漫反射颜色"通道加载一张"噪波"贴图，设置参数如图 4-2-27 所示，在【噪波参数】卷展栏中设置颜色＃1 的 R、G、B 值均为 0，颜色＃2 的 R、G、B 值均为 60。

(10)在视图中选择平面，单击"将材质指定给选定对象"按钮，将材质赋予道路。

(11)将路锥作复制、移动、旋转等变换，创建灯光、设置渲染参数，单击按钮，渲染效果如图 4-2-21 所示，将文件另存为"路锥效果 . max"。

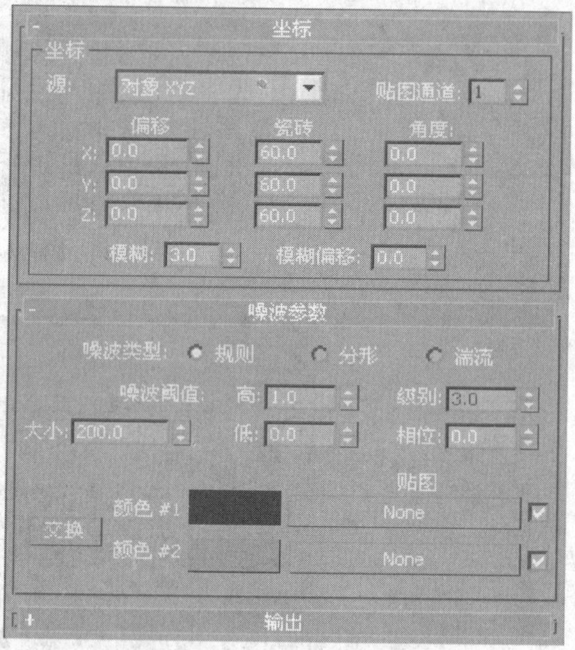

图 4-2-27　"噪波"贴图参数

3　混合材质

混合材质可以在曲面的单个面上将两种材质进行混合，并可以根据混合量来控制两种材质的显示程度，或者指定一张图像作为融合的遮罩，利用贴图本身的灰度值来决定两种材质的融合程度。混合材质经常用来制作一些质感比较复杂的材质，如生锈的金属、打磨的大理石、斑驳的砖墙等(图 4-2-28)。

【混合基本参数】卷展栏如图 4-2-29 所示。

◆材质 1/材质 2：设置两个用来混合的材质。使用复选框可启用或禁用材质。

◆交互式：在视图中以"平滑＋高光"方式交互渲染时，用于选择哪个材质显示在对象表面。

图 4-2-28 材质 1、材质 2 与使用贴图遮罩的混合材质效果

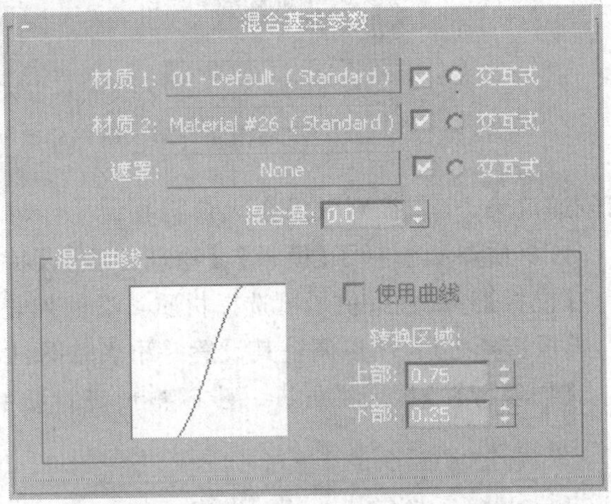

图 4-2-29 【混合基本参数】卷展栏

◆遮罩:设置用于做遮罩的贴图,使用遮罩可使混合的效果更自然。两个材质之间的混合程度取决于遮罩贴图的强度。如果贴图是彩图,系统会自动将其转换为灰度图片,遮罩较明亮(较白)区域显示“材质 1”,而较暗(较黑)区域显示“材质 2”。使用复选框可启用或禁用遮罩贴图。

◆混合量:确定混合的比例(百分比)。取值为 0 时表示只有“材质 1”在曲面上可见;取值为 100 时表示只有“材质 2”可见。如果已指定遮罩贴图,并且启用遮罩的复选框,则该项不可用。

◆“混合曲线”组:混合曲线影响进行混合的两种颜色之间变换的渐变或尖锐程度。只有指定遮罩贴图后,才会影响混合。“使用曲线”:用来确定混合曲线是否影响混合。只有指定并激活遮罩,该复选框才可用。“转换区域”:用来调整“上限”和“下限”的级别。如果两个值相同(即两者差值为 0)时,两个材质会在一个分界明显的边上接合;而两者差值较大时能产生从一个材质到另一个材质更为平缓的混合。左侧的混合曲线缩略图显示更改这些值的效果。

4 建筑材质

建筑材质提供了大量的建筑类材质的预设效果,如水泥、砂石、水、玻璃、纸、木材等,通过调用这些预设效果可以方便地进行材质制作,可用于建筑或室内效果图的制作(图 4-2-30)。

建筑材质的设置是物理属性,当与光度学灯光和光能传递渲染设置一起使用时,能够产生最逼真的效果,因此在 3ds Max 场景中如果使用了建筑材质,最好使用光度学灯光,并采用光

图 4-2-30 使用建筑材质的场景渲染效果

能传递渲染方案，否则效果会大打折扣。

该材质参数包括了【模板】、【物理性质】、【特殊效果】和【高级照明覆盖】等卷展栏。

【模板】卷展栏提供了可选择材质类型的列表，它是一组预设的参数，提供了要创建材质的种类，模板选择之后，可以调整其设置并添加贴图，以增强逼真效果、改进材质外观(图 4-2-31)。

【物理特性】卷展栏可进一步调整预设材质的参数(图 4-2-32)。

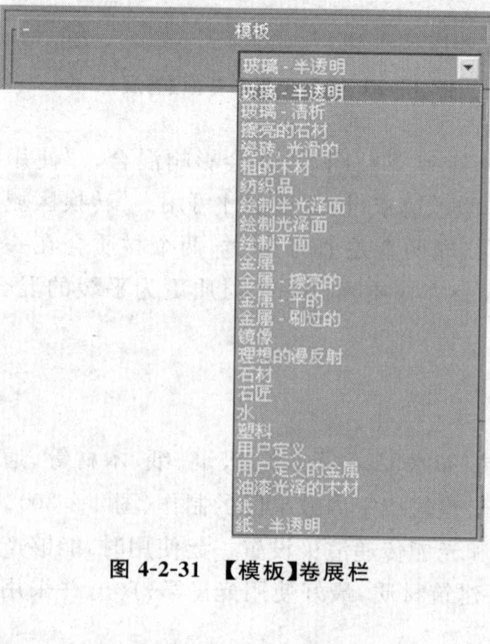

图 4-2-31 【模板】卷展栏

图 4-2-32 【物理特性】卷展栏

◆漫反射颜色：控制材质在灯光直射时的颜色和指定贴图，同标准材质的漫反射颜色。单击右侧的按钮可将漫反射颜色更改为当前漫反射贴图中的平均颜色值（如果没有指定贴图，此按钮不起作用）。

◆反光度：设置材质的反光度和贴图。当值为 100.0 时，材质达到最亮；值为 0.0 时，完全没有光泽。

◆透明度：控制材质的透明程度和贴图。当值为 100.0 时，该材质完全透明；值为 0.0 时，该材质完全不透明。

◆半透明：控制材质的半透明程度和贴图。半透明对象是透光的，但是也会将光散射于对象内部。当值为 0.0 时，材质完全不透明；当值为 100.0 时，材质达到最大的半透明程度。

◆折射率：控制材质对透过的光的折射（弯曲）程度。常见材质 IOR 值见表 4-1-1。

◆亮度 cd/m2：设置材质自发光亮度和贴图。

◆按钮：通过场景中的灯光获取材质的亮度。单击可启用该按钮，然后在视口中单击灯光，可将材质的亮度设置为与灯光的亮度相匹配。

◆双面：复选框启用此选项后，将材质应用到对象的双面。

◆粗糙漫反射纹理：启用此选项后，将使材质不使用光能传递效果。

【特殊效果】卷展栏可为材质指定生成凹凸或位移的贴图，并调整光线强度或控制透明度（图 4-2-33）。

◆凹凸：指定凹凸贴图模拟粗糙的表面效果，并设置凹凸的数量。

◆置换：指定置换贴图模拟起伏的表面效果，并设置置换的数量。

◆强度：将强度贴图指定给材质，用以调整材质的亮度，如果是彩色贴图将会被自动转换为灰度图片。

◆裁切：为材质指定裁切贴图（贴图的浅色区域渲染为不透明，深色区域渲染为透明，之间的值渲染为半透明），并设置贴图效果的强弱。

【高级照明覆盖】卷展栏可改善光能传递解决方案中建筑材质的效果（图 4-2-34）。

图 4-2-33　【特殊效果】卷展栏

图 4-2-34　【高级照明覆盖】卷展栏

◆反射能量（基于亮度）：选中此选项时，材质会根据它的亮度值为光能传递解决方案增添光量。

◆颜色溢出比例：增加或减少反射颜色的饱和度。

◆间接凹凸比例：缩放由间接照明所照亮区域中材质的凹凸贴图的效果，在材质被直接照射的区域中，此值不影响凹凸量。当此值为 0.0 时，凹凸贴图不会影响间接照亮的区域。

◆反射比比例：缩放材质反射的能量值。

◆透射比比例：缩放材质透射的能量值。

5 双面材质

使用双面材质可以为对象的正面和背面指定不同的材质，使之均成为可见面，并调节透明度(图 4-2-35)。

图 4-2-35 标准材质(左)和双面材质(右)的花钵效果

一般情况下，将其他材质类型指定给一个单面模型时(通常由单线车削或放样生成)，模型内部的面会因为法线的问题不可见，如果要让双面均可见，就只能制作双面模型，但会增加模型面数，如果使用双面材质就可以在单面模型的情况下制作双面可见的逼真效果。

【双面基本参数】卷展栏如图 4-2-36 所示。

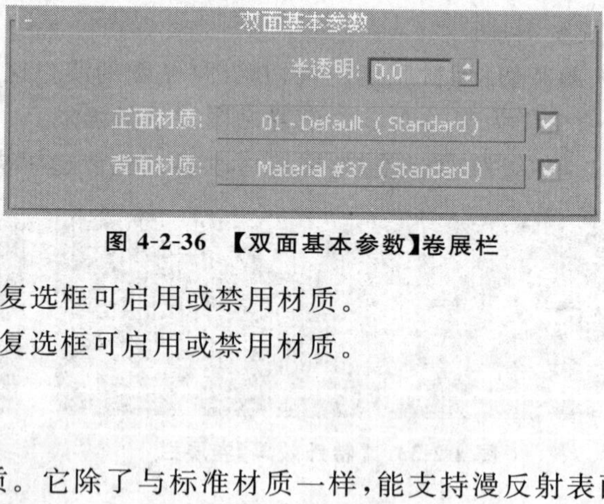

图 4-2-36 【双面基本参数】卷展栏

◆半透明：设置外面和内面两个材质的混合。半透明值为 0 时，没有混合；值为 100% 时，可以在内面上显示外面材质，并在外面上显示内面材质；设置为中间的值时，内面材质指定的百分比将下降，并显示在外面上。

◆正面材质：指定对象外表面的材质，使用复选框可启用或禁用材质。

◆背面材质：指定对象外表面的材质，使用复选框可启用或禁用材质。

6 光线跟踪材质

光线跟踪材质是一种高级的表面着色材质。它除了与标准材质一样，能支持漫反射表面明暗处理外，还能创建完全光线跟踪的反射和折射，支持雾、颜色密度、半透明、荧光以及其他特殊效果。光线跟踪材质可用来制作玻璃或金属等材质(图 4-2-37)。

用光线跟踪材质生成的反射和折射，比用反射/折射贴图更精确，但渲染会比使用反射/折射贴图更慢，这时可将特定的对象排除在光线跟踪之外，在场景中进一步优化。

光线跟踪材质参数主要包括【光线跟踪基本参数】和【扩展参数】卷展栏。

【光线跟踪基本参数】卷展栏控制材质的着色、反射、折射以及凹凸(图 4-2-38)，此卷展栏中的基本参数与标准材质的基本参数相似，如“明暗处理”、“双面/线框/面贴图/面状”等，但颜色组件含义则不同。

图 4-2-37 光线跟踪材质制作的不锈钢指示牌效果

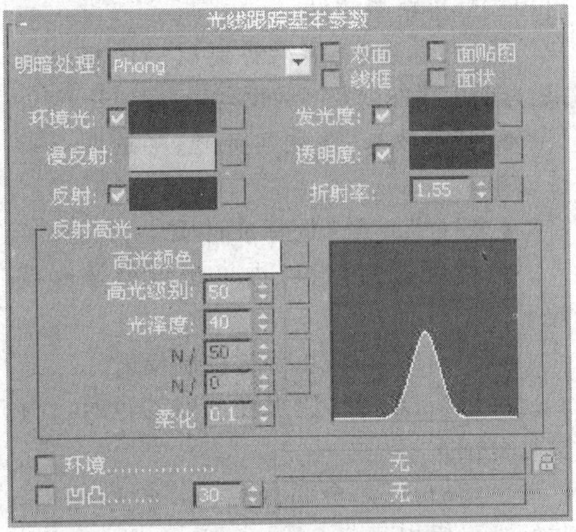

图 4-2-38 【光线跟踪基本参数】卷展栏

◆环境光:与标准材质的环境光颜色不同。对于光线跟踪材质,此参数控制吸收多少环境光。将环境光设置为白色,与在标准材质中锁定环境光和漫反射光颜色相同,默认为黑色。启用环境光颜色复选框时,材质使用环境光颜色单击右侧的色样可使用【颜色选择器】进行颜色选择,禁用时环境光为灰度模式,可以直接输入或通过微调器设置环境光的灰度值。

◆漫反射:设置漫反射颜色,与标准材质的漫反射颜色选项相同。如果漫反射值为 100%(纯白),则漫反射颜色不可见,默认设置为 50%灰色。

◆反射:设置对象高光反射的颜色,颜色值控制反射数量,默认设置为黑色(无反射)。与环境光一样,通过启用或禁用反射复选框,可设置反射的颜色和灰度值。另外,如果再次启用该复选框,会为反射应用 Fresnel 效果,它可以根据对象的视角为对象增加反射效果。

◆发光度:与标准材质的自发光设置相似,但它不依赖于漫反射颜色,如可以给漫反射为蓝色的对象指定红色的发光色,默认设置为黑色。禁用发光度复选框时,该选项会更改为自发光选项,通过微调器可设置发光色的灰度值。

◆透明度:控制透过光线跟踪材质观察到其后对象所呈现的颜色,默认设置黑色为不透明,白色为完全透明,任何中间值会过滤光线跟踪材质后的对象,即产生半透明的效果。漫反射和透明度中设置完全饱和的颜色可实现染色玻璃的效果。禁用透明度复选框时,可通过微调器可设置透明度的灰度值。

◆折射率:透过输入折射率(IOR)值来控制材质折射光线的程度。

◆"反射高光"组:控制对象表面反射区反射的颜色,其参数含义同标准材质的反射高光。

◆环境:单击该按钮可指定光线跟踪材质的局部环境贴图,否则反射和透明度都使用整个场景范围内的环境贴图,使用复选框可启用或禁用此贴图。使用该功能,可以单独为场景中的对象指定不同的环境贴图。右侧的按钮处于锁定状态时,可将环境贴图锁定到透明环境贴图(位于【扩展参数】卷展栏中),透明环境贴图控件被禁用,应用于光线跟踪环境的贴图也会被应用于透明环境;处于解锁状态时,透明环境贴图控件启用,可将其他贴图指定给透明环境。默认设置为锁定。

◆凹凸:单击该按钮可以指定凹凸贴图。使用微调器可更改凹凸量。使用复选框可控制启用或禁用贴图效果。

【扩展参数】卷展栏控制材质的特殊效果、透明度属性以及高级反射率(图 4-2-39)。

◆"特殊效果"组创建荧光、半透明等特殊效果。

◆"线框"组含义同标准材质。

◆"高级透明"组可进一步调整透明度效果。

◆"反射组"可以更好地控制反射。

• 默认:反射将使用漫反射颜色对反射进行分层。

• 相加:反射会添加到漫反射颜色上,与标准材质相同。

• 增益:控制反射亮度。值越小,反射越亮。在增益为 1.0 时,没有反射。默认设置为 0.5。

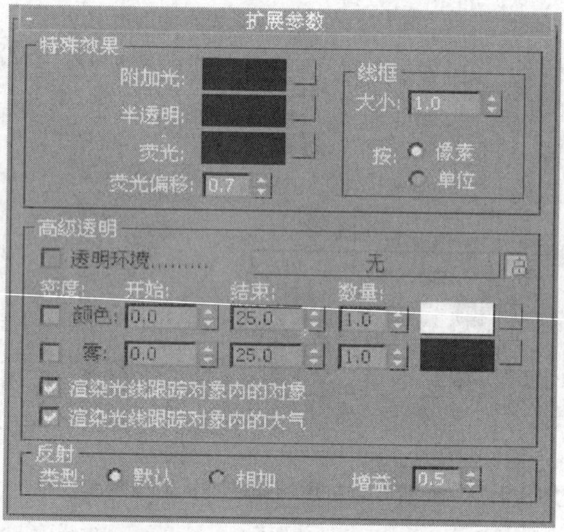

图 4-2-39 【扩展参数】卷展栏

【光线跟踪控件】卷展栏影响光线跟踪器本身,一般情况下其参数保留其默认设置。

任务 3 常用贴图

学习领域

- 贴图与贴图坐标。
- 常用贴图。

工作领域

- 了解贴图类型、贴图坐标的概念。
- 掌握调整贴图坐标、【UVW 贴图】修改器的使用。
- 掌握位图以及其他常用贴图的使用。

行动领域

- 能够创建园林效果图常用的贴图材质及调整贴图效果。

任务知识讲解

1 贴图与贴图坐标

1.1 贴图类型

在 3ds Max 的材质中使用贴图可改善材质的外观和真实感,在增加细节的同时不增加对象几何体的复杂度(置换贴图除外)。【材质/贴图浏览器】中的【贴图】/【标准】卷展栏中显示了3ds Max自带的所有贴图(图4-3-1)。

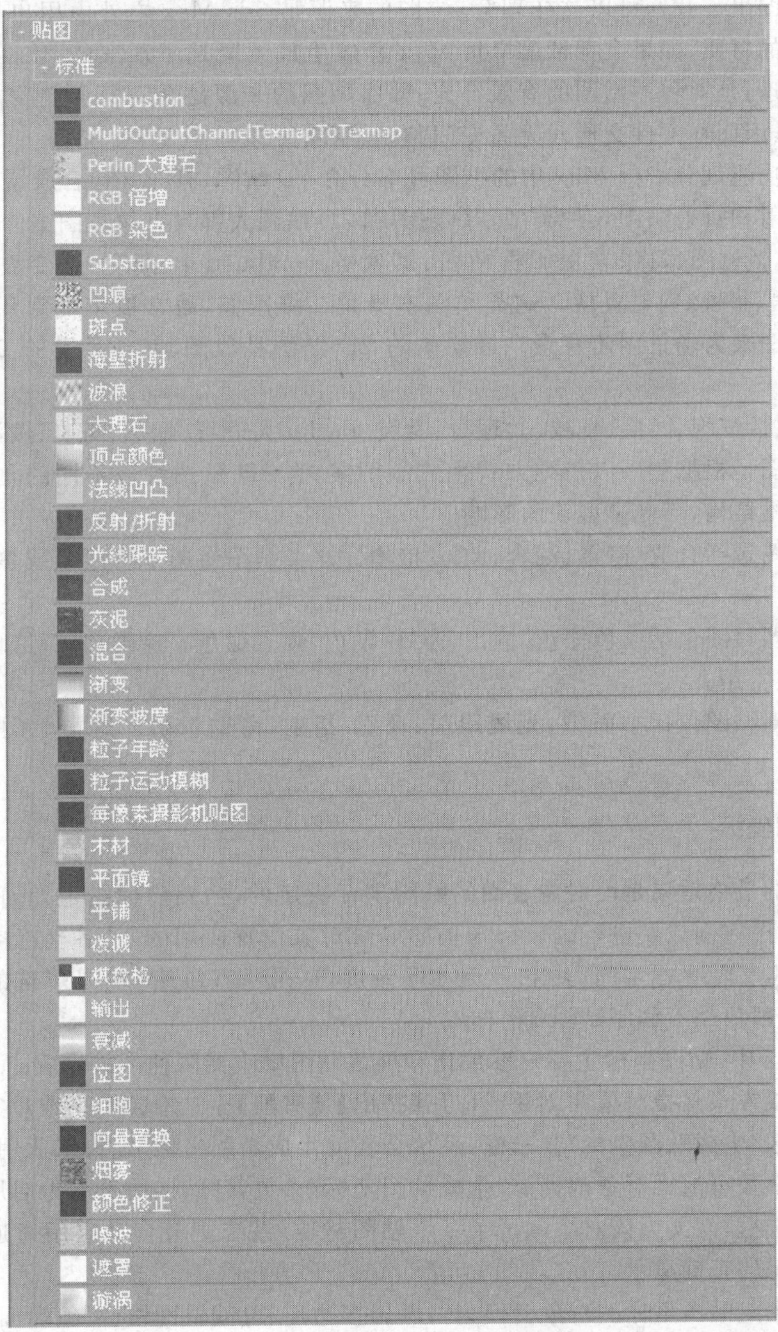

图4-3-1 3ds Max中的贴图类型

按照贴图的生成方式的不同,3ds Max中的贴图可划分为位图、程序贴图以及组合贴图三大类。位图是由图形处理软件(如Photoshop CS)绘制的图片、扫描生成的图片或用数码相机拍摄的照片,放大到一定程度会出现马赛克状的像素,有效像素的多少决定了图片质量,而图片质量又影响着贴图材质的质量。程序贴图是由计算机程序生成的贴图,贴图提供了很多可供修改的参数,在 3ds Max 中放大时不会出现失真的现象。组合贴图则是将位图和程序贴图组合在同一贴图里。我们可以这样理解:位图的来源是 3ds Max 之外由用户提供的,对于现实世界中大量的材质,如果全部依靠 3ds Max 程序生成无疑是不现实的,位图可提供复杂而真实的表面纹理,是对程序贴图的有效补充;程序贴图的来源是 3ds Max 自身生成,它就储存在场景文件中,因而在文件交换时无需专门归档、压缩。

按照不同功能划分,3ds Max 中的贴图可细分为 2D 贴图、3D 贴图、合成器贴图、颜色修改器贴图以及反射和折射贴图 5 种类型,2D 贴图和 3D 贴图大都具有纹理图案。

2D 贴图包括位图、每像素摄影机贴图、棋盘格、combustion、渐变、渐变坡度、法线凹凸、substance、旋涡、平铺、向量置换。这类贴图本身是二维图像,通常被包裹到几何对象的表面或用作环境贴图来为场景创建背景。最简单的 2D 贴图是位图,其他种类的 2D 贴图按程序生成。

3D 贴图包括细胞、凹痕、衰减、大理石、噪波、Perlin 大理石、烟雾、斑点、泼溅、灰泥、波浪、木材。这类贴图是根据程序以三维方式生成的图案,与 2D 贴图纹理不同的是,3D 贴图的纹理有自身的三维结构,不受模型表面影响。

合成器贴图包括合成、遮罩、混合、RGB 倍增。这类贴图专用于将两个或多个图像合成为新的贴图。

颜色修改器贴图包括颜色修正、输出、RGB 染色、顶点颜色。这类贴图可以改变材质中的颜色,但不是很常用。

反射和折射贴图包括平面镜、光线跟踪、反射/折射、薄壁折射。这类贴图可创建反射和折射。

1.2 贴图坐标

贴图材质的最终效果是由对象表面的贴图坐标决定的,贴图坐标指定如何在几何体上放置贴图、调整贴图方向以及进行缩放。与描述场景对象位置使用的 XYZ 坐标空间不同,贴图材质使用的是 UVW 坐标空间,其中 U 是水平维度,V 是垂直维度,W 是可选的第三维度,用来指示深度,一般仅用于程序贴图(图 4-3-2)。

在 3ds Max 中,贴图坐标主要由参数化和加载贴图修改器两种方式生成。

参数化生成方式是指对象在创建或应用【挤出】、【车削】等二维转换三维对象修改器时,在参数选项中勾选“生成贴图坐标”复选框,系统会自动生成贴图坐标,并投影适用于对象类型的贴图方式。大多数可渲染对象都拥有“生成贴图坐标”参数,且默认情况下为启用状态,但如果没有勾选此复选框,而又为该对象赋予了一个贴图材质,系统则会自动启用通道 1 贴图坐标,以保证渲染图像的正确显示。

将参数化生成贴图坐标的对象转换为可编辑多边形、可编辑网格、可编辑面片或进行布尔运算等操作后,对象原有默认生成的贴图坐标会丢失,如果要为其赋予贴图材质,就需要加载【UVW 贴图】、【UVW 展开】等贴图修改器来指定贴图坐标。

对于以下 3 种情况,可以直接应用贴图而无需指定贴图坐标。

(1)反射贴图、折射贴图和环境贴图:这些贴图使用了环境贴图系统,其中贴图的放置基于渲染视图,并固定到场景中的世界坐标上。

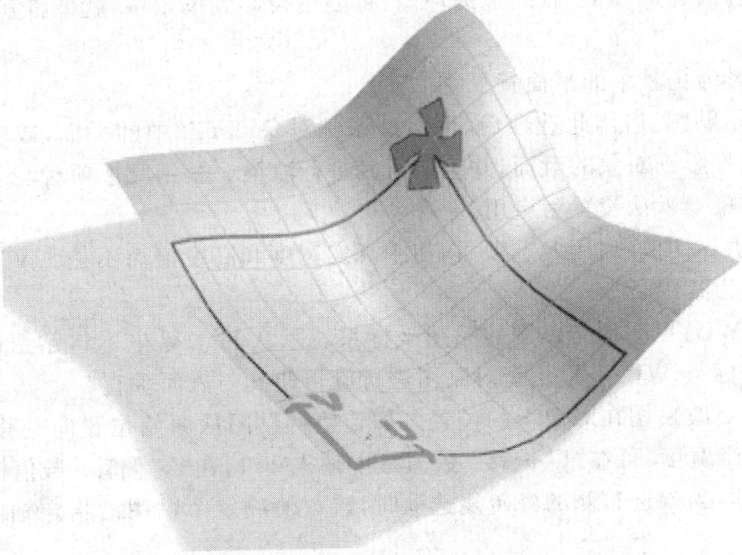

图 4-3-2 在曲面上显示的局部 U 轴和 V 轴的贴图坐标

(2)3D 程序贴图：噪波、大理石等 3D 贴图纹理是程序生成的，基于对象的局部轴显示，不需要贴图坐标即可进行渲染。

(3)应用面贴图的材质：当标准材质、光线跟踪材质、Ink'n Paint 材质在材质基本参数中勾选了面贴图复选框时，意味着可对象的每个面单独进行贴图。

1.2.1 调整贴图坐标

应用 2D 和 3D 贴图的对象有时渲染结果并非以用户希望的方式显示贴图材质，这时就需要使用贴图【坐标】卷展栏来调整贴图参数，相对于应用贴图的对象表面移动贴图，以实现理想效果。2D 贴图和 3D 贴图坐标参数比较相似，主要区别在于 2D 贴图坐标采用的是 UVW 坐标，而 3D 贴图坐标采用的是 XYZ 坐标，接下来仅介绍 2D 贴图【坐标】卷展栏参数含义(图 4-3-3)。

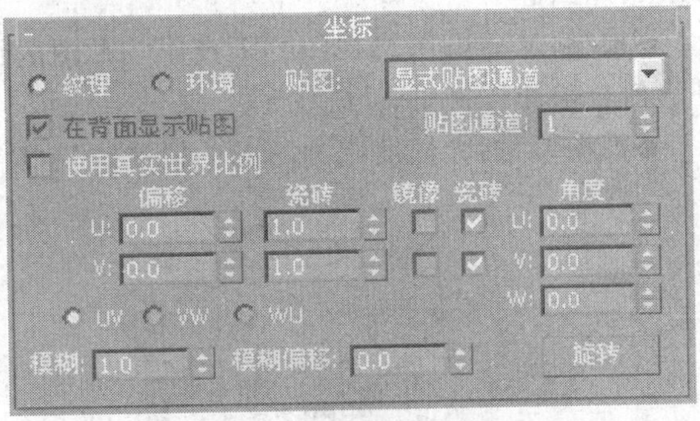

图 4-3-3 2D 贴图【坐标】卷展栏

◆纹理：使用该贴图作为纹理应用于表面，从贴图列表中选择坐标类型。

◆环境：使用该贴图作为环境贴图，从贴图列表中选择坐标类型。

◆贴图列表：选择纹理或环境贴图时该列表有不同选项。

• 显式贴图通道：使用任意贴图通道。如选中该字段，“贴图通道”将处于活动状态，可选择从 1 到 99 的任意通道。

• 顶点颜色通道：使用指定的顶点颜色作为通道。

• 对象 XYZ 平面：使用基于对象本地坐标的平面贴图(不考虑轴点位置)。用于渲染时，除非启用“在背面显示贴图”，否则平面贴图不会投影到对象背面。

• 世界 XYZ 平面：使用基于场景的世界坐标的平面贴图(不考虑对象边界框)。用于渲染时，除非启用“在背面显示贴图”，否则平面贴图不会投影到对象背面。

·球形环境/圆柱形环境/收缩包裹环境：将贴图投影到场景中，就像将其贴到背景中的不可见对象上一样。

·屏幕：投影为场景中的平面背景。

◆在背面显示贴图：启用此选项后，平面贴图（“对象 XYZ”中的平面，或者带有“UVW 贴图”修改器）将被投影到对象的背面，并且能对其进行渲染。禁用此选项后，不能在对象背面对平面贴图进行渲染。默认设置为启用。

◆使用真实世界比例：启用此选项后，使用真实宽度和高度值而不是 UV 值将贴图应用于对象。默认设置为禁用。

◆UV/VW/WU：更改用于贴图的贴图坐标系。默认的 UV 坐标将贴图作为幻灯片投影到表面。VW 坐标与 WU 坐标用于对贴图进行旋转使其与表面垂直。

◆偏移：用于更改贴图在对象上的位置。如希望将贴图从原始位置向左移动其整个宽度，并向下移动其一半宽度，可在“U 偏移”数值框中输入 −1，在“V 偏移”数值框中输入 0.5。

◆瓷砖数值框：当勾选右侧的瓷砖复选框时，该数值决定了贴图沿指定轴向平铺（重复）的次数（图 4-3-4 左）。

◆镜像复选框：是瓷砖选项的变体，沿指定轴向从左至右（U 轴）或从上至下（V 轴）镜像贴图（图 4-3-4 右）。

◆瓷砖复选框：在指定轴向上启用或禁用平铺。

◆角度 U/V/W：绕 U、V 或 W 轴旋转贴图（以度为单位）。

◆旋转：单击该按钮，可显示图解的【旋转贴图坐标】对话框，用于通过在弧形球图上拖动来旋转贴图。

◆模糊：基于贴图离视图的距离影响贴图的锐利度或模糊度。较低的值会减少抗锯齿；较高的值会增加抗锯齿。

◆模糊偏移：大幅度影响贴图的锐度或模糊度，而与贴图离视图的距离无关。

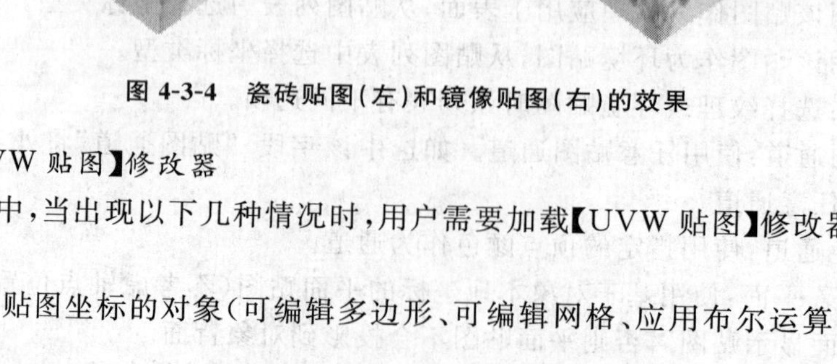

图 4-3-4　瓷砖贴图（左）和镜像贴图（右）的效果

1.2.2　【UVW 贴图】修改器

在 3ds Max 中，当出现以下几种情况时，用户需要加载【UVW 贴图】修改器以保证理想的材质渲染效果：

(1)对不具有贴图坐标的对象（可编辑多边形、可编辑网格、应用布尔运算的对象等）应用贴图材质时；

(2)需要变换贴图 Gizmo 以调整贴图置换时（具有内置贴图坐标的对象缺少 Gizmo）；

(3)当材质包含多种贴图使用多个贴图通道时,必须在通道 1 之外为每一个通道分别指定贴图坐标;

(4)2D 贴图采用了错误的贴图坐标需要重新指定贴图坐标时。

提示:(1)如果对象本身已经具备了贴图坐标,在对它加载了【UVW 贴图】修改器后,会覆盖原有的贴图坐标。

(2)如果在对对象执行【弯曲】、【扭曲】等修改器命令之后再加载【UVW 贴图】修改器,对象的材质纹理会无法正确显示,因此,加载【UVW 贴图】修改器应尽量在执行改变物体形态的操作之前。

图 4-3-5　【UVW 贴图】修改器【参数】卷展栏

【UVW 贴图】修改器【参数】卷展栏如图 4-3-5 所示,可调整贴图坐标类型、贴图大小及贴图平铺次数、贴图通道和对齐设置。

◆"贴图"组:确定所使用的贴图坐标的类型。通过贴图几何投影到对象上的方式以及投影与对象表面交互的方式,来区分不同种类的贴图坐标。

• 平面:从对象上的一个平面投影贴图,在某种程度上类似于投影幻灯片,适用于平面的表面贴图(图 4-3-6)。

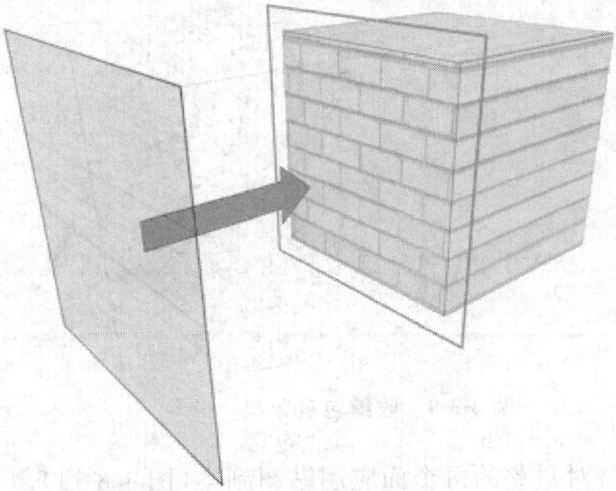

图 4-3-6　平面贴图效果

• 柱形:以柱体投影贴图包裹对象。位图接合处的缝是可见的,除非使用无缝贴图,适用于基本形状为圆柱形的对象。对圆柱体顶面和底面应用平面贴图坐标(图 4-3-7)。

• 球形:以球体投影贴图来包围对象。在球体顶部和底部,位图边与球体两极交汇处会看到接缝,适用于基本形状为球形的对象(图 4-3-8)。

• 收缩包裹:使用球形贴图,但会截去贴图的各个角,然后在一个单独极点将它们全部接合在一起(图 4-3-9)。

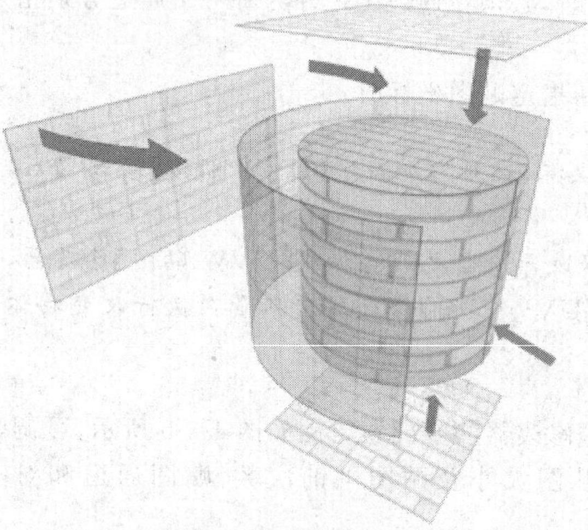

图 4-3-7　柱形贴图效果

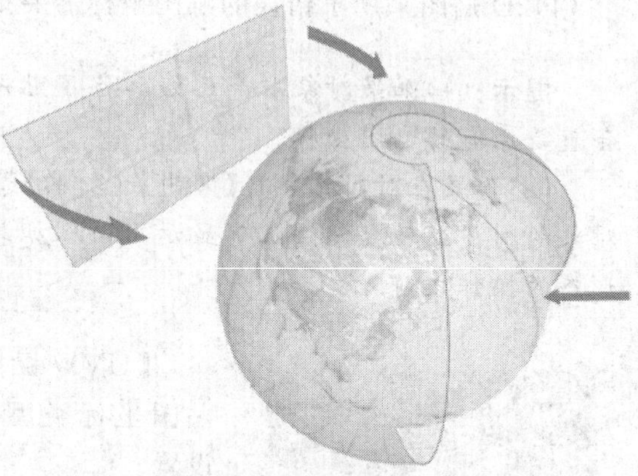

图 4-3-8　球形贴图效果

• 长方体:在长方体的 6 个侧面投影贴图。每个侧面投影为一个平面贴图,且表面效果取决于面法线方向(图 4-3-10)。

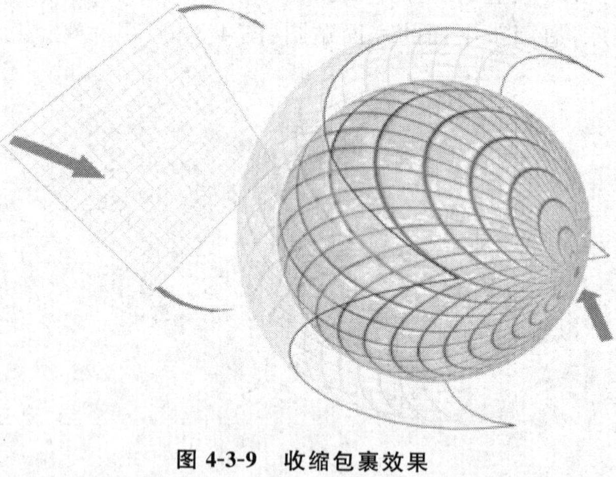

图 4-3-9　收缩包裹效果

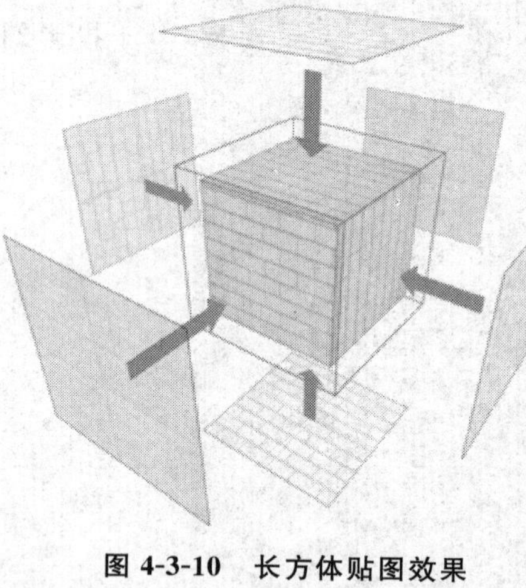

图 4-3-10　长方体贴图效果

• 面:对对象的每个面应用贴图副本(图 4-3-11)。

• XYZ 到 UVW:将 3D 程序坐标贴图到 UVW 坐标,这会将程序纹理贴到表面,如果表面被拉伸,3D 程序贴图也被拉伸(图 4-3-12)。

• 长度/宽度/高度:指定 UVW 贴图 Gizmo 的尺寸。

• U/V/W 向平铺:用于在指定轴向上贴图的重复次数。

• 翻转:绕相应轴向反转图像。

提示:用户可以在贴图的【坐标】卷展栏(即瓷砖值)和【UVW 贴图】修改器中选择任一方式来设置平铺值,但最好不要同时使用这两种方法设置,以免混淆平铺值的来源,如贴图在 U 向【坐标】参数中设置"瓷砖"值为 2.0,且【UVW 贴图】修改器参数中 U 向"平铺"值为 3.0,则最终结果是 U 向贴图平铺 2.0×3.0=6.0 次。

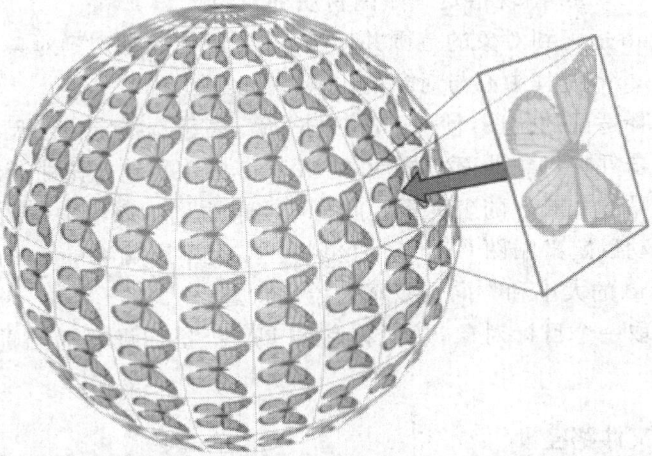

图 4-3-11 面贴图效果

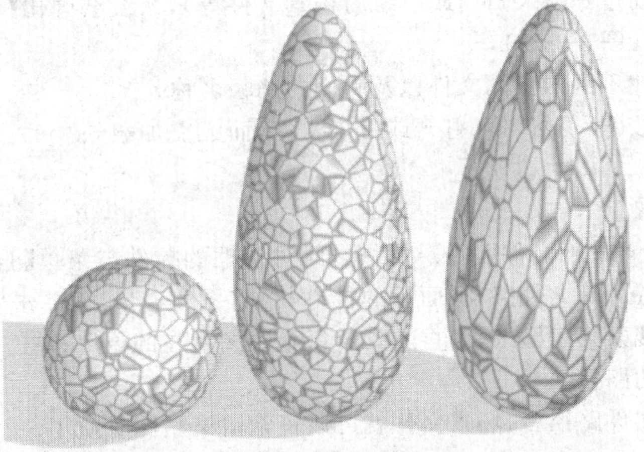

图 4-3-12 原对象与使用 XYZ 到 UVW 贴图并拉伸的效果对比

◆“通道”组：将贴图发送至指定的通道中。每个对象最多可拥有 99 个 UVW 贴图坐标通道，每个修改器各有一个。默认贴图通道（在对象创建参数中勾选“生成贴图坐标”复选框）始终为通道 1。【UVW 贴图】修改器可为任何通道指定坐标，这样在同一个面上可同时存在多组坐标。

• 贴图通道：设置贴图通道。【UVW 贴图】修改器默认为通道 1，因此贴图以默认方式工作，除非显式更改为其他通道。

提示：如果在【材质编辑器】的【坐标】卷展栏中，将贴图的“源”设置为“显式贴图通道”或“顶点颜色通道”，则【UVW 贴图】修改器需使用相同贴图通道。

• 顶点颜色通道：将通道定义为顶点颜色通道。

◆“对齐”组：设置贴图坐标的对齐方法。

• X/Y/Z：指定 Gizmo 上与对象的局部 Z 轴对齐的轴向。

• 操纵:启用时,Gizmo 出现指定了贴图材质的对象上。

• 适配:将 Gizmo 适配到对象的范围并使其居中,以使其锁定到对象的范围。

• 中心:移动 Gizmo 使其中心与对象的中心一致。

• 位图适配:选择适配的位图,使 Gizmo 的长、宽、高于选择定位图尺寸一致。

• 法线对齐:单击并在对象曲面上拖动,则 Gizmo 的 XY 轴与该曲面的 XY 轴一致。

• 视图对齐:将贴图 gizmo 的坐标重定向为与当前视图的 XY 轴一致。区域适配:单击此按钮,可在视图中拖动以定义贴图 Gizmo 的区域大小,但不影响 Gizmo 的方向。

• 重置:将 Gizmo 的大小和方向恢复至初始化状态。

• 获取:通过选取一个目标对象,从而将它的 UVW 坐标设置为当前对象的 UVW 贴图坐标。

1.3 配置贴图文件路径

有时用户打开或渲染带有其路径已不再是当前路径的位图场景时(如位图已移动或删除、查看别的计算机上创建好的未归档或压缩的场景文件等),系统会弹出【缺少外部文件】或【缺少贴图文件】对话框(图 4-3-13)。

◆列表框:列出找不到的位图文件以及它们的路径名称。

◆继续:单击此按钮,仍然可以打开或渲染文件,而无需加载缺少的位图文件,但位图在渲染时不会出现。

◆取消:取消渲染。

◆浏览:显示【配置外部文件路径】对话框,此对话框的控件与菜单【自定义】/【配置用户路径】对话框中的【配置外部文件路径】面板的控件相同(图 4-3-14)。单击"添加"按钮可将缺失文件的路径添加到搜索列表框中,即重新指定每个贴图所在的位置;单击"修改"或"删除"可修改或删除列表框中的路径。

重新配置贴图文件路径后,场景文件就可以正常渲染贴图材质了。

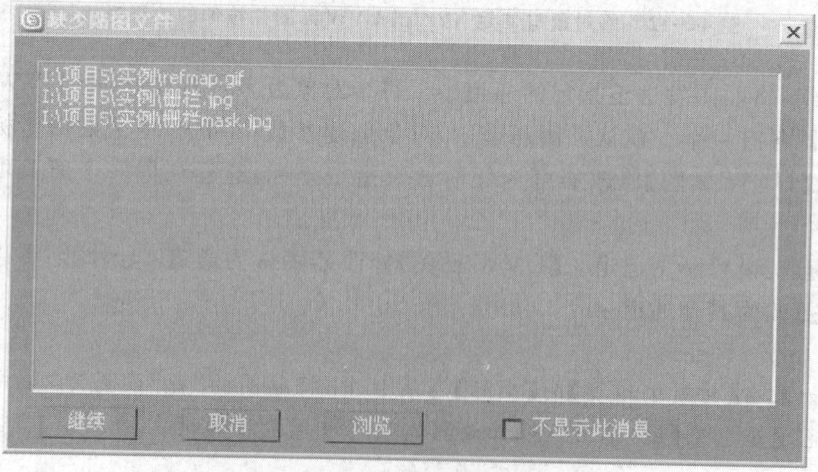

图 4-3-13 【缺少贴图文件】对话框

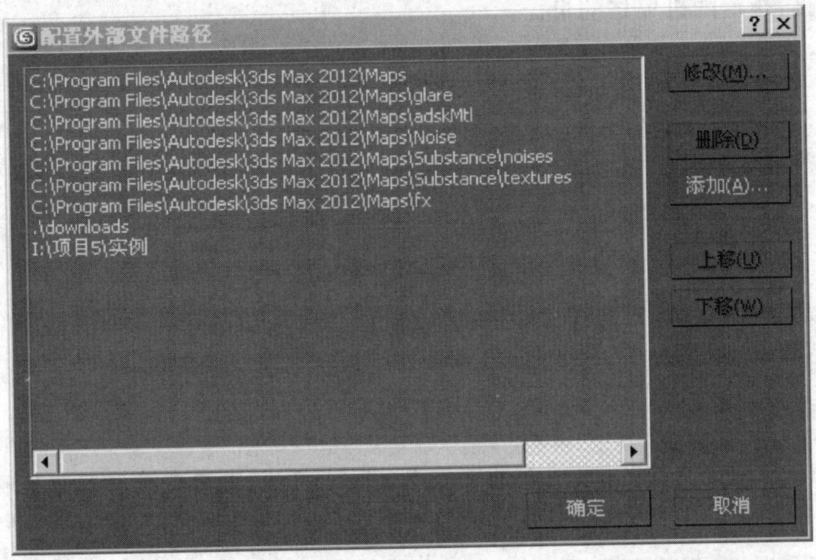

图 4-3-14 【配置外部文件路径】对话框

2 常用贴图

2.1 位图

位图贴图是将位图图形文件作为贴图使用，支持多种位图格式，如 BMP、GIF、JPG 等，可用来创建木纹、砖墙等多种材质，通常用在漫反射颜色、凹凸、反射、折射等贴图通道中。

选择位图后，可在【位图参数】卷展栏中设置位图来源及调整位图图形(图 4-3-15)，其中“裁剪/放置”组可以裁剪位图或改变其尺寸用于自定义放置。

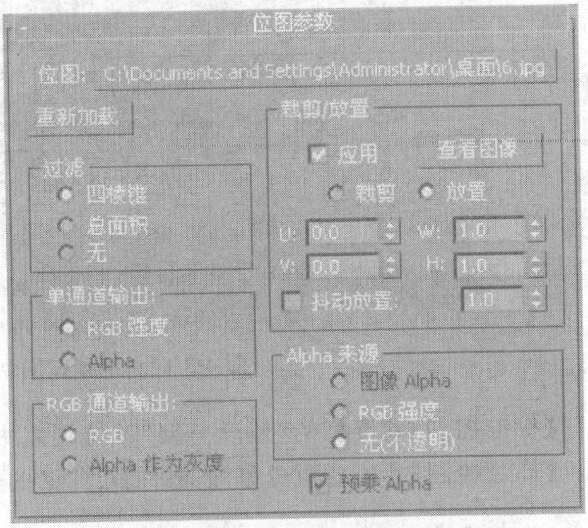

图 4-3-15 【位图参数】卷展栏

◆应用：启用此选项可开启裁剪或放置设置。

◆查看图像：单击此按钮，可在打开的窗口显示由区域轮廓包围的位图。要更改裁剪区域的大小，拖动控制柄即可。要移动区域，可将鼠标光标定位在要移动的区域内，然后进行拖动。

◆裁剪/放置：激活裁剪或放置。裁剪意味着将位图减小为比原来区域更小，但不更改位图的比例。放置可以缩放贴图并将其平铺放置于任意位置，它会改变位图的比例，但显示整个位图(图 4-3-16)。

◆U/V：调整位图位置。

◆W/H：调整位图或裁剪区域的宽度和高度。

◆抖动放置:指定随机偏移的量。

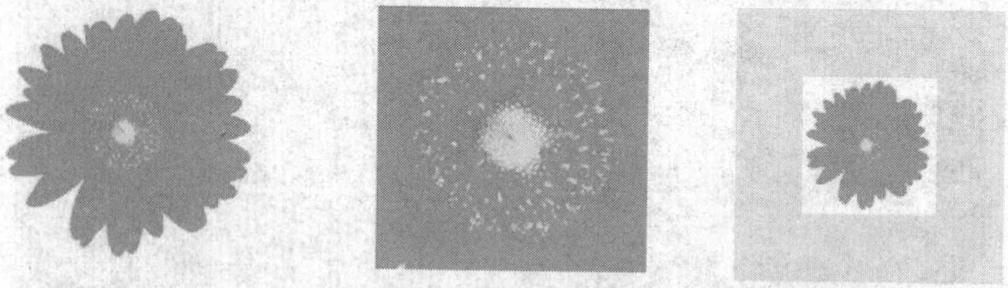

图 4-3-16　默认、裁剪与放置效果对比

2.2　平铺

平铺贴图非常适合制作砖墙、地面铺装效果(图 4-3-17),常常在漫反射颜色和凹凸贴图通道中使用。平铺贴图的主要参数包括【标准控制】、【高级控制】卷展栏(图 4-2-18)。

图 4-3-17　平铺贴图制作的地面铺装效果

【标准控制】卷展栏的“预设类型”下拉列表中列出了常见的砖块砌筑样式。

【高级控制】卷展栏可分别设置平铺、砖缝的颜色和尺寸,从而制作出个性的平铺贴图。

2.3　噪波

噪波贴图可基于两种颜色或材质创建随机的混合效果,常在漫反射颜色、凹凸贴图通道中使用,用于制作凹凸不平的质感,如柏油道路、喷浆墙面、水面波浪的效果(图 4-3-19)。

【噪波参数】卷展栏可控制噪波的类型、程度及选择噪波的颜色或贴图等(图 4-3-20)。

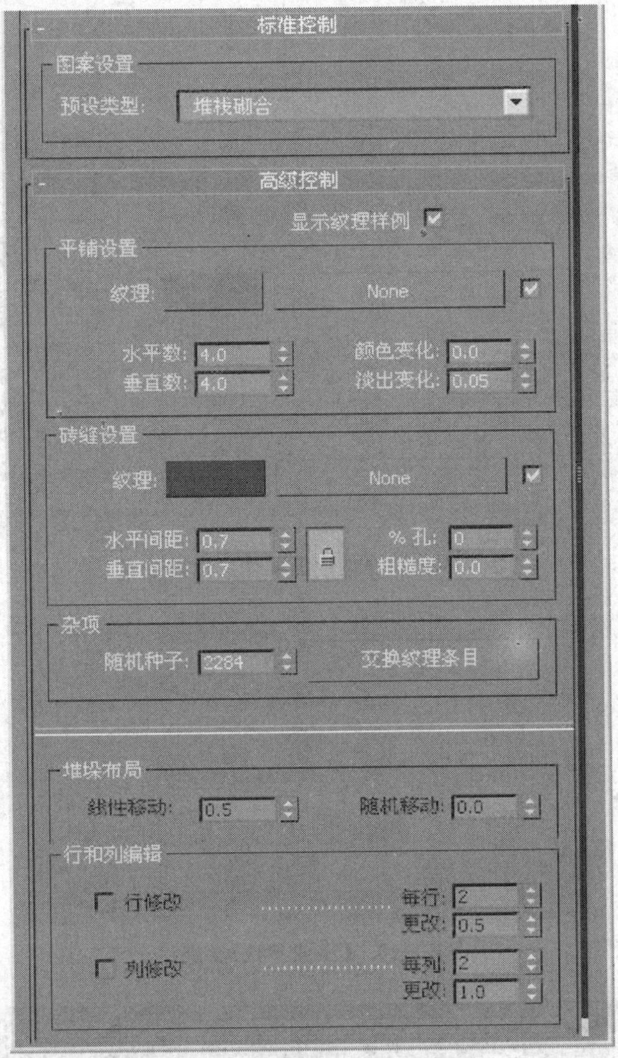

图 4-3-18 平铺贴图主要参数

◆类型:选择生成噪波的类型,默认设置为规则。

◆大小:设置噪波的大小,默认设置为 25.0。

◆颜色 #1/颜色#2:通过所选的两种颜色生成中间颜色值以形成噪波,单击右侧的空白按钮可将贴图作为形成噪波的来源。启用复选框开启或禁用贴图效果。

2.4 衰减

衰减贴图基于几何体曲面上法线的角度或受光方向自动生成从白到黑、由亮至暗的效果,与标准材质【扩展参数】卷展栏的“衰减”设置相比,衰减贴图提供了更多的不透明度衰减效果。衰减贴图常在不透明度、反射贴图通道中使用,用于制作金属、水面、光线等表面深浅不一或半透明的材质效果(图 4-3-21)。

衰减贴图的主要参数包括【衰减参数】、【混合曲线】卷展栏(图 4-3-22)。

【衰减参数】卷展栏可选择衰减类型、方向以及用以衰减的颜色和贴图。

图 4-3-19　噪波贴图制作的道路效果

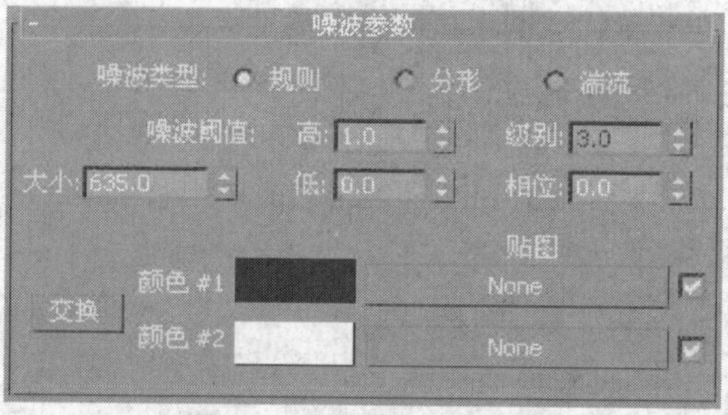

图 4-3-20　【噪波参数】卷展栏

图 4-3-21　衰减贴图制作的瓷器效果

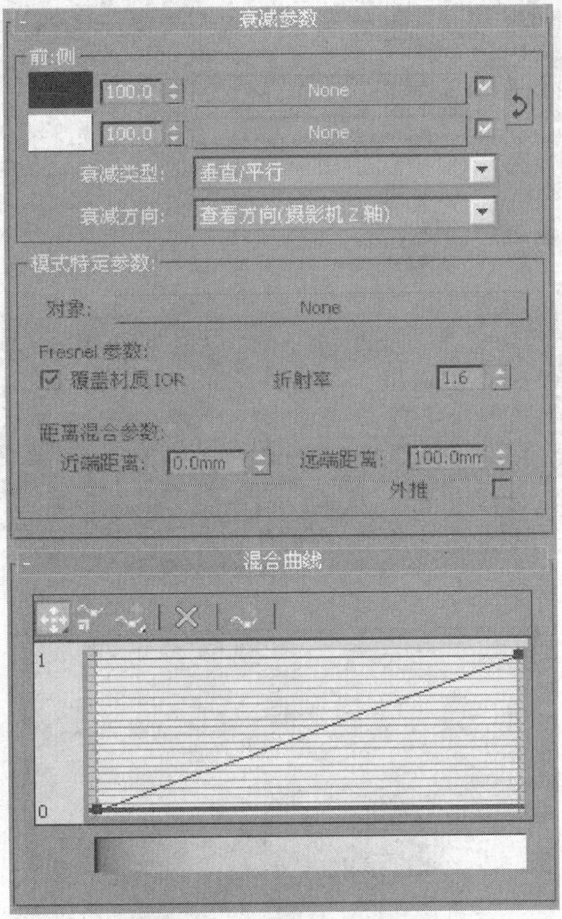

图 4-3-22　衰减贴图主要参数

【混合曲线】卷展栏可通过调整曲线图形以精确地控制由任何衰减类型所产生的渐变，并在图形下方的渐变栏中查看效果。

【例 4-6】 使用衰减和噪波贴图制作水面波纹(图 4-3-23)。

(1)打开教学光盘中【项目 4】/【实例】中的素材文件“水面波纹 .max”，这是一个摄像机、灯光和渲染参数都调节好的场景文件。

(2)在主工具栏上单击按钮，打开【材质编辑器】，选择一个空白材质球，在材质名称框中输入“天空”。

在【贴图】卷展栏的漫反射贴图通道中，单击空白按钮，在打开的【材质/贴图浏览器】对话框中选择“位图”贴图，加载教学光盘中【项目 4】/【实例】中的“sky. jpg”文件。在视图中将该材质赋予垂直平面。

(3)选择另一个空白材质球，在材质名称框中输入“水面”。选用(ML 多层)明暗器，参数设置如图 4-3-24 所示，其中漫反射颜色设置如图 4-3-25 所示。

(4)这时将水面材质赋予视图中的水平面，单击主工具栏上的按钮，发现除了颜色改变之外，水面既没有起伏变化，也没有对天空的反射效果。接下来主要增加水面波浪和反射效果。

图 4-3-23　水面波纹效果

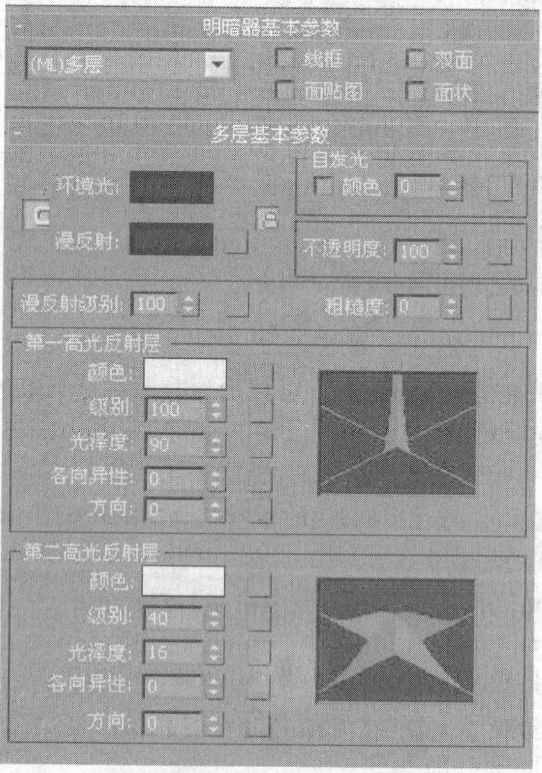

图 4-3-24　水面【明暗器基本参数】、【多层基本参数】卷展栏

(5)在【贴图】卷展栏的反射贴图通道中加载“衰减”贴图，进入贴图层级，在第 2 个颜色通道上加载一张“光线跟踪”贴图，这样可以使水面产生衰减的反射效果，即离视点远的区域反射强烈、离视点近的区域反射较弱，以体现水面的深度感。通过调节“混合曲线”控制反射的衰减变化，如图 4-3-26 所示。

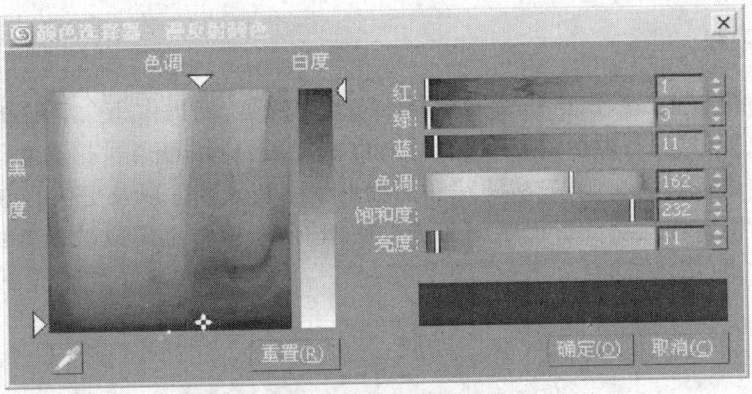

图 4-3-25 漫反射颜色值

单击“转到父对象”按钮，将反射贴图通道数量设置为 90。

(6)在【贴图】卷展栏的凹凸贴图通道中加载“衰减”贴图，进入贴图层级，在第 1 个颜色通道上加载一张“噪波”贴图，这样可以使水面产生波浪起伏的效果，“噪波”贴图参数设置如图4-3-27 所示。

单击“转到父对象”按钮，将凹凸贴图通道数量设置为 40。

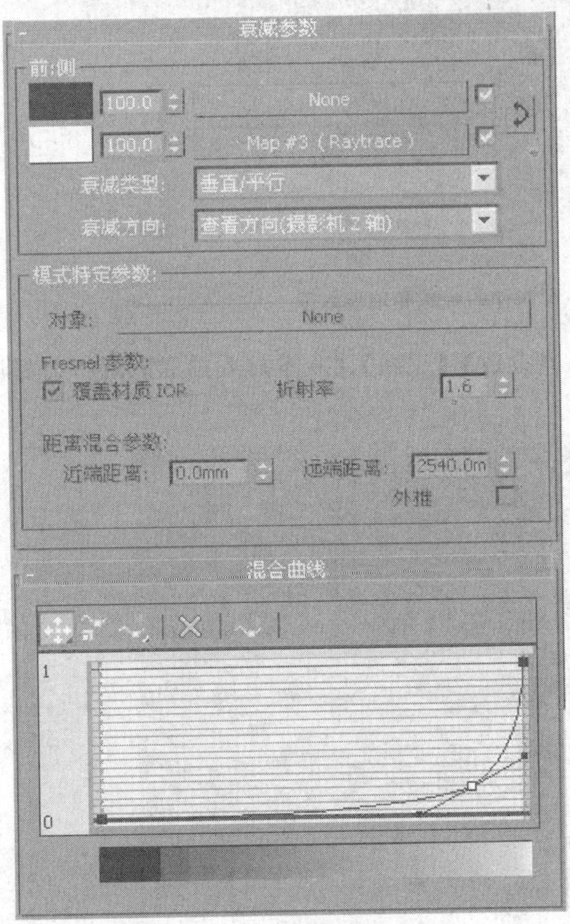

图 4-3-26 “衰减”贴图参数

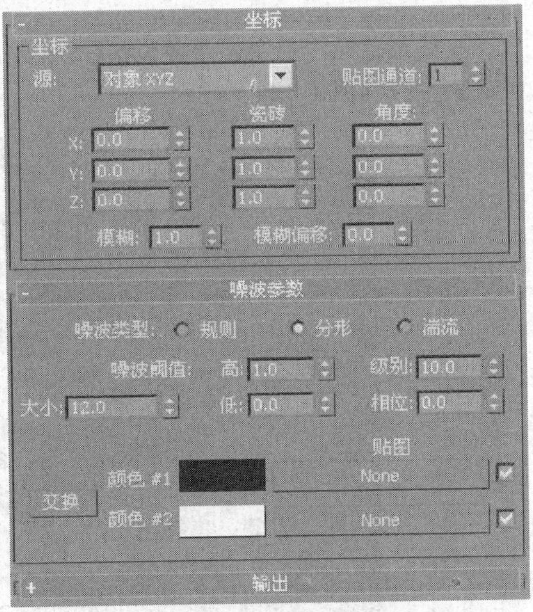

图 4-3-27 “噪波”贴图参数

(7)在材质顶层级下，在【超级采样】卷展栏中勾选“启用局部超级采样器”，并将方式设置为“Hammersley”。单击主工具栏上的按钮，渲染效果如图 4-3-23 所示，将文件另存为“水面波纹效果 . max”。

2.5 光线跟踪

光线跟踪贴图与光线跟踪材质使用相同的光线跟踪器，能提供完全反射和折射效果，它大大优越于【反射/折射】进行贴图，但渲染的时间也更加长，应用可通过排除功能对场景进行优化计算。与光线跟踪材质相比，光线跟踪贴图拥有更多衰减控件以及更快的渲染速度。

光线跟踪贴图常在反射或折射贴图通道中使用，用于模拟金属或玻璃等材质对周围环境的反射和折射效果(图 4-3-28)。

图 4-3-28　光线跟踪贴图制作的金属和玻璃效果

光线跟踪贴图的主要参数包括【光线跟踪器参数】、【衰减】、【基本材质扩展】和【折射材质扩展】卷展栏(图 4-2-29)。

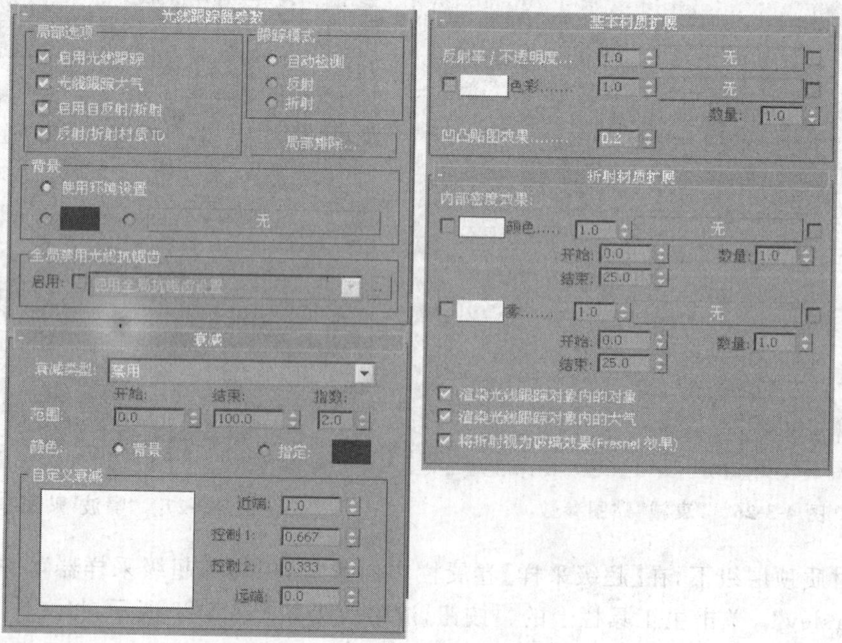

图 4-3-29　光线跟踪贴图主要参数

◆光线跟踪器参数：卷展栏包含用于光线跟踪贴图的控件，一般均采用默认参数。

◆衰减：卷展栏用于衰减光线，使光线强度随着距离降低。

◆基本材质扩展：卷展栏用于微调光线跟踪贴图效果。

◆折射材质扩展：卷展栏微调材质折射组件上光线跟踪效果。

项目实训 1　树池座椅材质的创建

打开配套光盘上的文件：项目 4/实训 6 树池座椅材质的创建/初始文件 . max，这是一个摄像机、灯光和渲染参数都调节好的场景文件。利用本项目中已学知识和文件夹中的贴图文件，创建材质并赋予树池座椅，如图 4-1-1 所示。

演示视频位置：项目 4/实训 6 树池座椅材质的创建 . swf。

图 4-4-1　树池座椅材质效果

操作提示

该模型材质均可使用标准材质类型，贴图均可采用位图。

1. 树池花岗岩材质：漫反射贴图通道加载花岗岩位图，贴图坐标类型为长方体，可通过调节【UVW 贴图】的 Gizmo 来调节 3 个轴向上的纹理平铺，且因为是抛光材质因而带有少许反射；

2. 防腐木材质：漫反射贴图通道加载木纹位图；

3. 支架材质：见本项目【例 4-3】中的漆面金属材质；

4. 地面铺装材质：漫反射贴图通道加载铺装贴图，具有凹凸效果。

项目实训 2 景观支架材质的创建

打开配套光盘上的文件：项目 4/实训 7 景观支架材质的创建/初始文件 . max，这是一个摄像机、灯光和渲染参数都调节好的场景文件。利用本项目中已学知识和文件夹中的贴图文件，创建材质并赋予景观支架，如图 4-4-2 所示。

演示视频位置：项目 4/实训 7 景观支架材质的创建 . swf。

图 4-4-2 景观支架材质

操作提示

该模型材质有玻璃、亚光不锈钢、铸铁、地面，玻璃具有透明、反射、折射的特性，亚光不锈钢具有银色、反射、表面抛光以及轻微的颗粒感。

1. 棱锥玻璃材质：标准材质、Blinn 明暗器，“漫反射”颜色设置为较淡的蓝绿色，降低不透明度，设置一定的自发光和平滑高光，在“反射”及“折射”贴图通道加载“光线跟踪”贴图；

2. 支架不锈钢材质：标准材质、金属明暗器，“漫反射”颜色设置为浅色，提高高光级别和光泽度值，在“凹凸”贴图通道加载“噪波”贴图，在“反射”贴图通道加载“光线跟踪材质”；

3. 格栅铸铁材质：标准材质、各向异性明暗器，提高高光级别、光泽度，在“漫反射”贴图通道加载“噪波”贴图，并将噪波交换的两种颜色设置为相近的深色，设置一定的大小值；

4. 地面材质：标准材质、Blinn 明暗器，在“漫反射”贴图通道加载“位图”贴图(项目 4/实训 7 景观支架材质的创建/brick. tif)。

项目5

摄影机、灯光与渲染输出

任务1　摄影机的创建与调整

学习领域

- 摄影机类型。
- 目标摄影机的创建与调整。

工作领域

- 掌握摄影机的创建与参数设置。

行动领域

- 能够创建、校正摄像机以表现最佳的园林场景效果。

任务知识讲解

1　摄影机类型

图 5-1-1　【摄影机】类型

摄影机是场景的重要组成，其功能相当于人的眼睛，最终所创作的园林效果图都需要这双眼睛来观察，不同的摄影机位置、焦距、景深、视角，效果也各不相同。

选择【创建】命令面板/【摄影机】/【对象类型】，可以看到3ds Max有“目标”和“自由”两种类型的摄影机（图5-1-1）。本书主要以目标摄影机为例介绍其创建和使用。

1.1　目标摄影机

目标摄影机包含两个对象：摄影机和目标。摄影机指定了观察视点的位置，目标指的是观察对象，用户可以独立地变换摄影机和目标，但摄影机始终面向其目标。对于园林静帧效果图来说，使用目标摄影机较为理想，摄影机和目标的独立变换功能对设置和移动摄影机视野具有最大的灵活性。

1.2 自由摄影机

自由摄影机只包括摄影机一个对象，由于自由摄影机没有目标，它比目标摄影机更难于设置和瞄准，但该类摄影机在方向上不分上下，更容易沿着指定路径设置动画，这是其优势所在，因此，自由摄影机多用于制作动画。

2 目标摄影机的创建与调整

2.1 目标摄影机的创建

2.1.1 由【创建】面板创建

【例 5-1】 为场景创建目标摄影机。

(1)打开 3ds Max，创建一个包括茶壶和平面的简单场景。

(2)选择【创建】/【摄影机】/【目标】工具，在顶视图中单击确定摄影机位置，拖曳鼠标至目标对象，释放鼠标完成目标摄影机的创建。

(3)单击透视视图，按<C>键切换到摄影机视图，这时发现所观察到的茶壶效果不理想(图 5-1-2)。

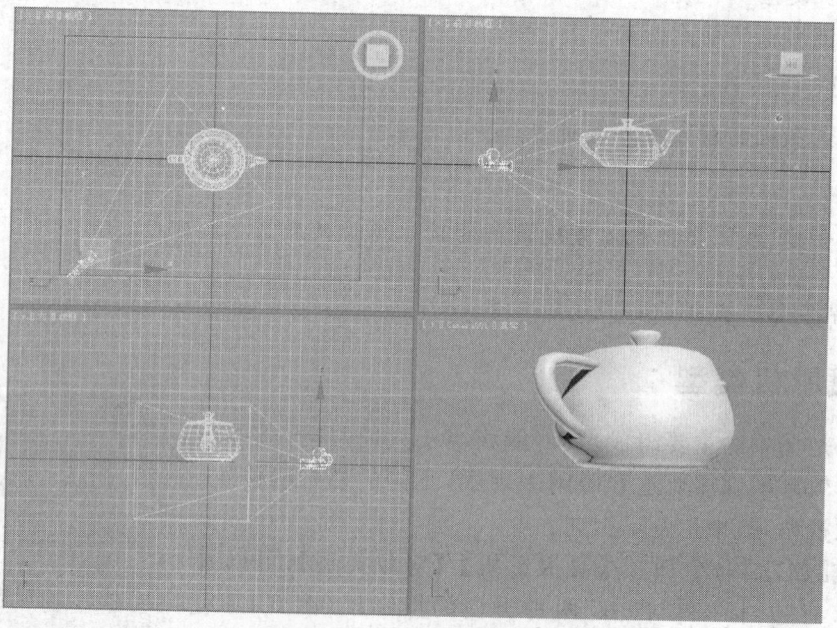

图 5-1-2 创建目标摄影机

(4)在各视图中分别选择摄影机和目标，沿垂直或水平方向进行移动，直到摄影机视图中能够清楚地看到茶壶细节(图 5-1-3)。

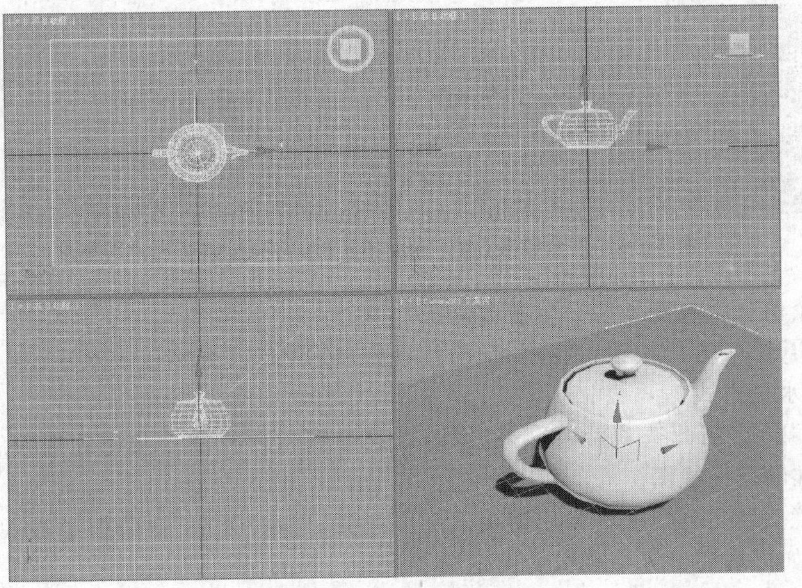

图 5-1-3 调整目标摄影机

2.1.2 从视图创建摄影机

在透视视图中调整好视点位置后，按＜Ctrl＋C＞或执行【创建】/【摄影机】/【从视图中创建摄影机】菜单命令，可基于当前透视视图创建目标摄影机。

2.2 目标摄影机的调整

2.2.1 目标摄影机的参数设置

选中摄影机，切换至【修改】面板，目标摄影机的卷展栏包括【参数】、【景深参数】，接下来介绍常用的【参数】卷展栏(图 5-1-4)。

◆镜头：以毫米为单位设置摄影机的焦距，镜头的长短决定了镜头视角、视野、景深范围的大小，是摄影机的重要参数。

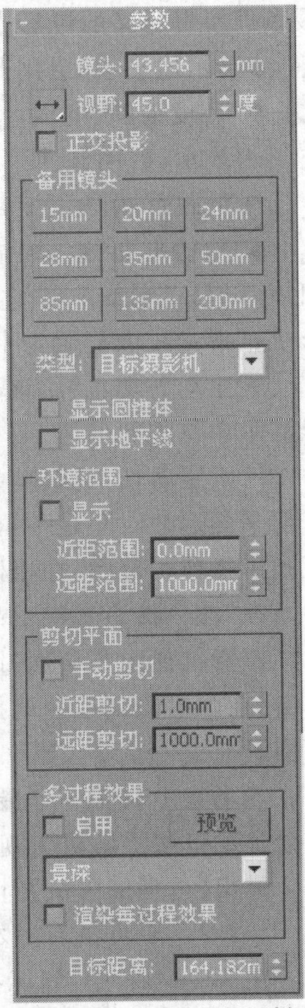

图 5-1-4 【参数】卷展栏

与现实世界中的相机镜头一样，目标摄影机的镜头根据不同焦距可分为标准镜头、广角镜头、长焦镜头：标准镜头是指焦距在40～55 mm 的镜头，所表现的景物透视与人眼比较接近，物体变形小，大多数园林效果图可采用标准镜头；广角镜头指焦距在 28～38 mm的镜头，由于视角较宽、景深深，在画面中可包含较多的场景对象，尤其适合广场等较大场景的环境表现；长焦镜头的焦距则一般在 80 mm 以上，其特点是视角小、景深短、视野狭窄，画面所包含的对象最少，在表现道路、中轴对称的景观时采用长焦镜头可加大纵深感(图 5-1-5)。

◆视野：以度为单位决定通过摄影机所观察到场景的角度。

镜头和视野是两个相互储存的参数，摄影机的拍摄范围通过这两个值来确定。由于这两个参数描述的是同一摄影机属性，所以改

图 5-1-5　广角镜头(左)、标准镜头(中)、长焦镜头(右)效果

变了其中一个值也就改变了另一个参数值。

◆[↔][↕][⤢] FOV 方向按钮:选择如何应用视野(FOV)值,分别代表水平、垂直、对角 3 种方式,一般使用水平方式。

◆正交投影:启用此选项后,摄影机视图效果如同用户视图。禁用此选项后,摄影机视图效果如同标准的透视视图。

◆"备用镜头"组:列出 9 种常用镜头供用户选择,与在"镜头"数值框中输入焦距值作用相同,备用镜头如同现实世界中相机的固定镜头。

◆类型:用于更改摄影机类型,包括目标摄影机和自由摄影机。

◆显示圆锥体:启用此选项后,即使不选中摄影机,除摄影机视图外的其他视图都会显示摄影机视野定义的锥形光线(四棱锥)。

◆显示地平线:启用此选项后,在摄影机视图中显示一条深灰色的地平线。

◆"环境范围"组:

· 显示:启用此选项后,在摄影机锥形光线内将以矩形显示近距范围和远距范围的设置。

· 近距范围/远距范围:确定在【环境】面板上设置大气效果的近距范围和远距范围限制。

◆"剪切平面"组:如果场景中拥有许多复杂几何体,使用剪切平面可以排除场景的一些几何体,以只查看或渲染场景的某些部分。此外,它们还可以帮助创建剖面视图。剪切平面在摄影机锥形光线内显示为带有对角线的红色矩形。

· 手动剪切:启用该选项可定义剪切平面。禁用该选项后,不显示近于摄影机距离小于 3 个显示单位的几何体。

· 近距剪切/远距剪切:设置近距和远距平面。对于摄影机,比近距剪切平面近或比远距剪切平面远的对象是不可视且不可渲染的,如图 5-1-6 所示中的圆柱体与长方体,由于超出近距和远距剪切范围,在摄影机视图中都只能显示局部。

2.2.2　摄影机视图的切换

摄影机视图是从通过选中的摄影机所看到的视图。激活任一视图,在"视图类型"标签上单击,在弹出的菜单中选择摄影机视图,或直接在激活的视图中按＜C＞键即可切换至摄影机视图。

当场景中只有一个摄影机或在多摄影机场景中已选中其中一个摄影机时,按＜C＞键系统会自动以该摄影机为视点创建视图,若多摄影机场景中没有选择摄影机的情况下,按＜C＞键会弹出【选择摄影机】对话框,从中选择相应的摄影机即可切换至该摄影机视图(图 5-1-7)。

2.2.3　变换摄影机及视图导航

在 3ds Max 中,目标摄影机和几何体、灯光等其他对象一样,可以对其执行某些基本的变换命令,另外也可使用专门的视图导航控制工具来调整其视图。两者的区别在于,使用变换工

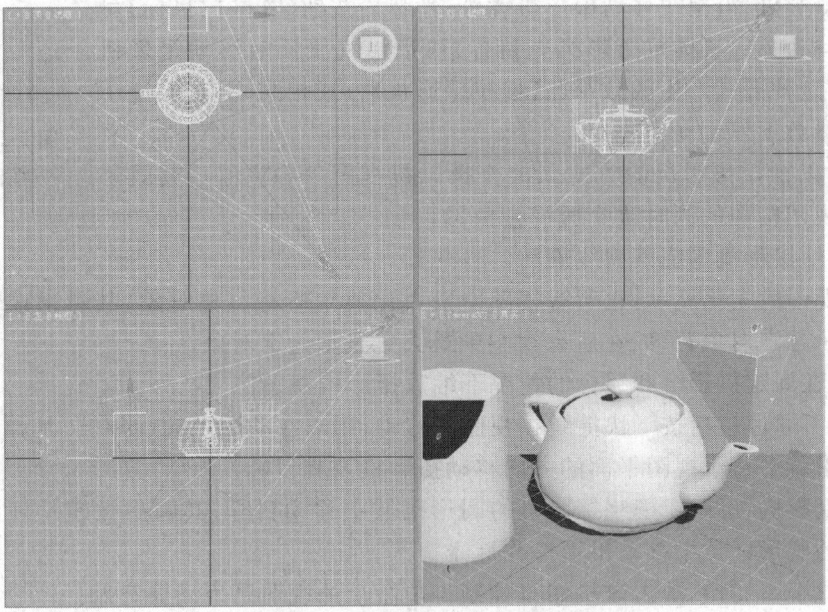

图 5-1-6　开启“手动剪切”效果

图 5-1-7　【选择摄影机】对话框

具可以同时在两个轴向上变换摄影机，而摄影机导航工具只允许沿一个轴进行变换。

使用【移动】工具可调整摄影机或目标的位置，使用【旋转】工具可使目标摄影机绕其局部 Z 轴旋转，但最好不要对摄影机执行【缩放】工具，缩放摄影机会使摄影机基本参数显示错误。

当前视图为摄影机视图时，工作界面下方的视图控制区切换为如图 5-1-8 所示，各工具按钮含义如下：

图 5-1-8 摄影机视图控制区

推拉摄影机：沿视线移动摄影机镜头；其弹出按钮【推拉目标】可以沿视线移动目标；【推拉摄影机＋目标】可以沿视线同时移动摄影机镜头和目标，这种方式产生的效果与【推拉摄影机】方式相同，只是保证了摄影机本身参数不发生任何改变。

透视：以推拉摄影机的方式来改变摄影机视野（FOV 值），其效果是在维持此视图构图的同时改变透视张角量。

侧滚：使摄影机围绕其视线旋转。

所有视图最大化显示：在所有视图中最大化显示所有可见对象；其弹出按钮【所有视图最大化显示选定对象】可以在所有视图中最大化显示选定对象。

视野：在固定摄影机和目标的情况下缩放摄影机视图。

穿行：可通过包括按下快捷键在视图中移动，用以在动画视频中导航；其弹出按钮【平移摄影机】：沿着平行于视图平面的方向移动摄影机及其目标。

摇移摄影机：可以在围绕摄影机的圆形区域中移动目标；其弹出按钮环游摄影机：可在围绕目标的圆形区域中移动摄影机或灯光。

最大化视口切换：单击该按钮可控制当前激活的视图是否满屏显示。

2.2.4 摄影机校正

默认情况下，3ds Max 的摄影机视图使用三点透视，在俯视或仰视较高的园林建筑如塔、楼阁、纪念碑、雕像等比较高大的构筑物时，其中的垂直线看上去会有倾斜变形的现象，这时可以视效果图表现需要对摄影机进行校正，在摄影机视图中使用两点透视，即垂直线始终保持垂直（图 5-1-9）。

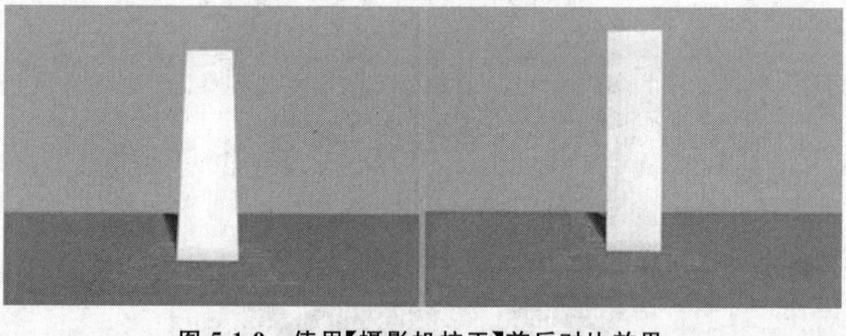

图 5-1-9 使用【摄影机校正】前后对比效果

要校正摄影机视图，执行【修改器】/【摄影机校正】菜单命令，或者在视图中选中摄影机，右击在四元菜单中选择【应用摄影机校正修改器】，然后在【修改】面板上的【2 点透视校正】卷展栏上调整“数量”和“方向”直到获得想要的效果。

任务 2 灯光的创建与调整

学习领域

• 3ds Max 灯光类型及特点。

- 标准灯光的创建与调整。
- 太阳光系统。
- 全局照明效果的模拟。

工作领域

- 掌握 3ds Max 灯光类型及特点。
- 掌握目标聚光灯、太阳光等常用灯光的创建和调整。
- 掌握利用三点照明法模拟全局照明效果的要点。

行动领域

- 能够创建、调整合理的园林效果图布光方案。

任务知识讲解

1 3ds Max 灯光类型及特点

除了默认的灯光设置外，选择【创建】命令面板/【灯光】，在面板的下拉列表中可看到 3ds Max 提供了两种类型的灯光对象：光度学和标准，两者共享包括阴影生成器在内的相同参数。如果用户安装了其他插件如 VRay 渲染器，则会在下拉列表中增加相应的灯光类型，如 VRay 灯光。

1.1 场景默认灯光

当场景中没有设置光源时，3ds Max 将提供默认的照明设置，以便用户在工作时有效观察场景，但这往往不能满足场景多样的照明和渲染需求，因此，用户一般需要创建专门的照明方案。

默认的光源是在场景中呈对角线布置的两盏泛光灯，一般情况下，这两盏灯是不可见的，要想更改默认的灯光设置或在视图中显示默认灯光，操作步骤如下：

(1)单击透视视图左上角的“+”标签，在弹出的菜单中选择【视口配置】命令，调出【视口配置】对话框。

(2)在对话框的【视觉样式外观】选项卡的“照明和阴影”组内，选择“默认灯光”，并设置为“1 盏灯”或“2 盏灯”，单击“确定”按钮(图 5-2-1)。

(3)选择【创建】/【灯光】/【标准灯光】/【添加默认灯光到场景】命令，调出【添加默认灯光到场景】对话框，保留默认设置，单击“确定”按钮。

(4)回到视图中，场景中已经显示 1 盏或 2 盏默认的泛光灯。单击泛光灯，可以在【修改】面板中对其参数进行调整，这时默认灯光已经和用户创建的标准灯光没什么区别了。

一旦用户在场景中创建了灯光，默认的照明设置就会被禁用，如果场景中用户创建的所有灯光都被删除，则默认灯光重新启用。

1.2 光度学灯光

光度学灯光使用光度学(光能)值，可以使用户更精确地定义灯光，就像在真实世界一样。用户可以设置它们的分布、强度、色温和其他真实世界灯光的特性。如果要求特殊的灯光效

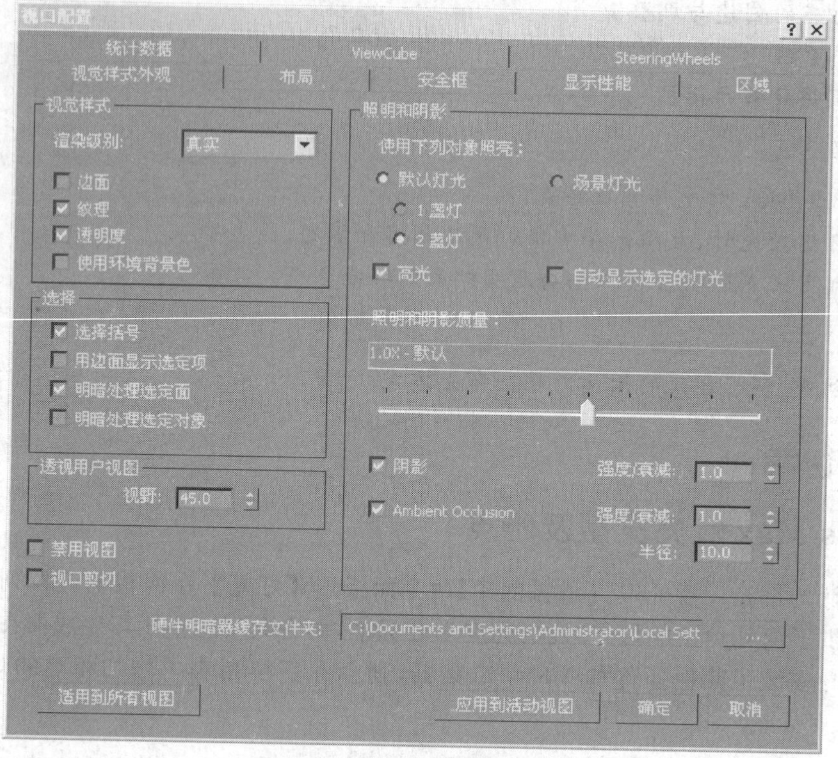

图 5-2-1 【视口配置】对话框

果，用户也可以导入照明制造商的特定光度学文件以便设计基于商用灯光的照明(图 5-2-2)。

图 5-2-2 光度学灯光

光度学灯光一般适合表现室内装饰光，如射灯、台灯等灯光(图 5-2-3)。

1.3 标准灯光

标准灯光是基于计算机的模拟灯光对象，比如背景灯光、舞台和电影工作时使用的灯光设备或太阳光等大面积主光源。不同种类的灯光对象可用不同的方法投影灯光，模拟不同种类的光源。与光度学灯光不同，标准灯光不具有基于物理的强度值(图 5-2-4)。

图 5-2-3 使用光度学灯光照明的建筑室内场景

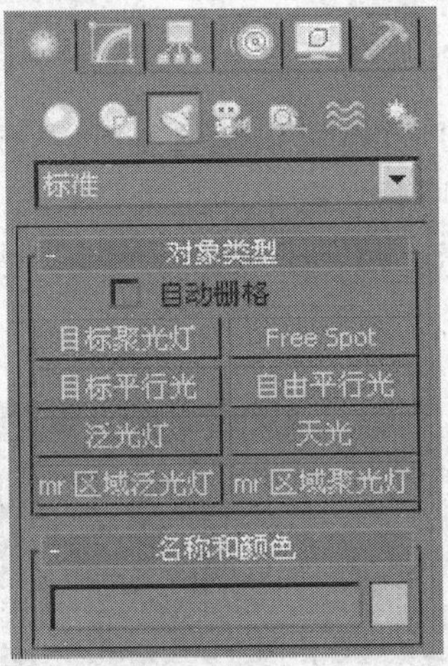

图 5-2-4 标准灯光

标准灯光一般适合建筑、园林等室外环境的光照效果(图 5-2-5),本书接下来主要以标准灯光为例,介绍灯光的创建与调整。

2 标准灯光的创建与调整

2.1 标准灯光的创建

要在场景中创建标准灯光,操作步骤如下:

(1)选择【创建】命令面板/【灯光】,在【对象类型】卷展栏中,单击要创建的灯光类型。

(2)对于泛光灯、天光这类没有目标点的灯光类型,在视图中合适位置单击即可创建灯光,但像目标聚光灯、目标平行光等具有目标的灯光类型,需要首先单击确定灯光位置,然后拖曳鼠标至合适位置以确定目标。

(3)调整创建参数,直到实现理想的光照效果。

图 5-2-5　使用标准灯光照明的建筑室外场景

2.1.1　目标聚光灯

目标聚光灯像产生锥形的照射区域，可以调整投射方向和照射范围，在照射范围外的物体不受影响，因此可用来有选择性地照射场景中的主景(图 5-2-6)。

目标聚光灯具有光源点和目标点两个子对象可调整，常常用来作为场景中的主光源，比如室外太阳光。

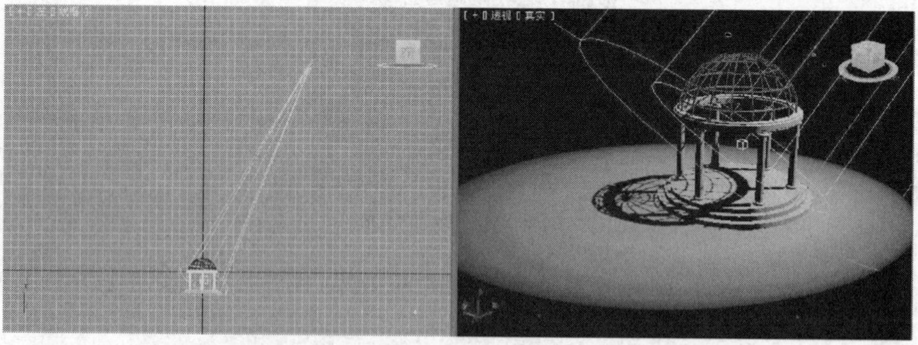

图 5-2-6　目标聚光灯效果

2.1.2　自由聚光灯

自由聚光灯和目标聚光灯类似，但不同的是，自由聚光灯没有目标对象，用户可以移动和旋转自由聚光灯以使其指向任何方向。

自由聚光灯通常与运动路径结合制作动画灯光，如摇晃的船桅灯、晃动的手电筒等。

2.1.3　目标平行光

目标平行光与目标聚光灯一样，具有光源点和目标点，不同之处在于其光束类似于一个圆柱体或矩形棱柱而非圆锥体，发出平行光线，同样也可以调整其投射方向和照射范围(图 5-2-7)。

由于太阳在地球表面上投影时，阳光是以一个方向投影平行光线，因此在园林效果图中目标平行光常用来模拟太阳光。

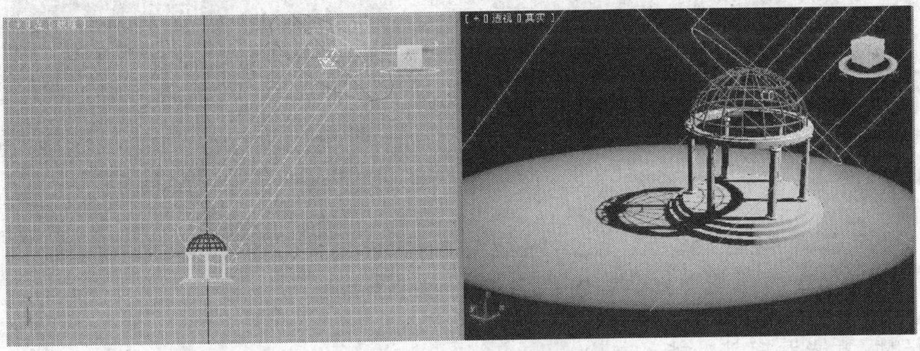

图 5-2-7 目标平行光效果

2.1.4 自由平行光

自由平行光与目标平行光一样，光源点发出的平行光线，光束类似于一个圆柱体或矩形棱柱，但不同的是，自由平行光没有目标对象。用户可以移动和旋转自由聚光灯以使其指向任何方向。

2.1.5 泛光灯

泛光灯从单个光源向各个方向投影光线，类似于没有灯罩的灯泡或夜空中的星星。它的优点是易于建立和调整，不需要考虑是否有对象在照射范围外，缺点是不能创建太多，否则场景对象会显得平淡而缺乏层次。

泛光灯常常配合主光源进行辅助照明，或模拟点光源(图 5-2-8)。

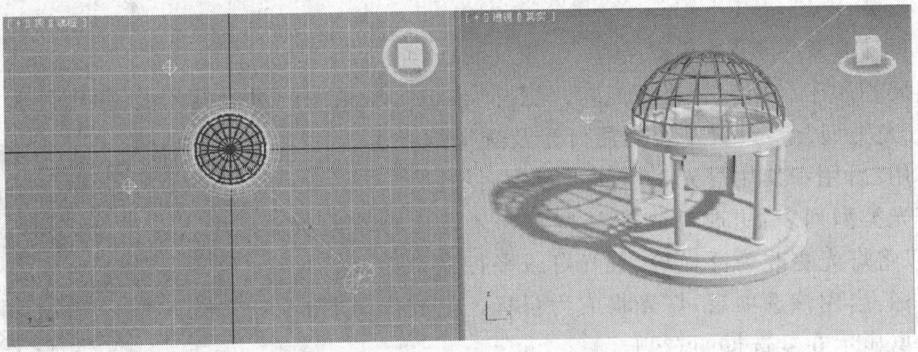

图 5-2-8 泛光灯作为辅光效果

2.1.6 天光

天光是一种圆顶的日光光源，可以设置天空的颜色或将其指定为贴图。天光既可以作为场景中的唯一光源，提供柔和的背景阴影，也可以与其他灯光配合使用，产生特殊的、高亮整齐的投影效果(图 5-2-9)。

天光通常与“光跟踪器”照明插件结合使用，渲染效果会更佳，但这时场景的渲染速度也将变得很慢。

2.1.7 mr 区域泛光灯与 mr 区域聚光灯

mr 区域泛光灯与 mr 区域聚光灯需在【渲染设置】对话框中将指定渲染器切换为 mental

图 5-2-9　单一天光效果

ray 渲染器时，才能发挥其功能。

当使用 mental ray 渲染器渲染场景时，区域泛光灯从球体或圆柱体区域发射光线，而不是从点源发射光线。使用默认的扫描线渲染器，区域泛光灯像其他标准的泛光灯一样发射光线。

当使用 mental ray 渲染器渲染场景时，区域聚光灯从矩形或碟形区域发射光线，而不是从点源发射光线。使用默认的扫描线渲染器，区域聚光灯像其他标准的聚光灯一样发射光线。

2.2　标准灯光的参数设置

不同类型的标准灯光，其卷展栏参数也略有不同，其中【常规参数】、【强度/颜色/衰减】、【高级效果】、【阴影参数】卷展栏是标准灯光的通用卷展栏；当采用聚光灯或平行光作为光源时，会增加相应的【平行光参数】或【聚光灯光参数】卷展栏，接下来重点介绍这些卷展栏的参数含义。

2.2.1　【常规参数】卷展栏

该卷展栏用于启用和禁用灯光，并且排除或包含场景中的对象(图 5-2-10)。

◆“灯光类型”组：设置是否启用灯光及选择灯光类型。

• 启用：启用和禁用灯光。默认设置为启用。

• 灯光类型列表：更改灯光的类型。如果选中标准灯光类型，可以将灯光更改为泛光灯、聚光灯或平行光。

• 目标：启用该选项后，灯光将成为目标。灯光与其目标之间的距离显示在复选框的右侧。

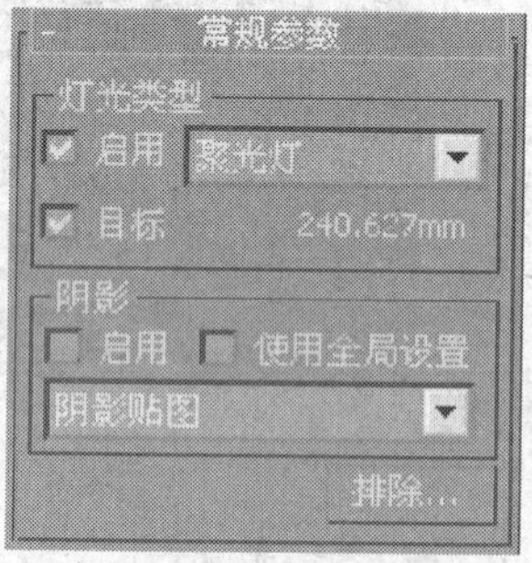

图 5-2-10　【常规参数】卷展栏

◆“阴影”组：设置是否启用阴影及选择阴影类型。

• 启用：决定当前灯光是否投影阴影。默认设置为禁用。

• 使用全局设置：启用此选项将把当前灯光的阴影设置应用到场景中所有具有投影功能的灯光上。

• 阴影类型下拉列表：决定渲染器采用何种方式生成当前灯光的阴影，包括阴影贴图、光线跟踪阴影、高级光线跟踪、mental ray 阴影贴图、区域阴影 5 种。选择不同的阴影类型，标准灯光的【修改】面板下会出现相应的卷展栏控件。

提示:1. 阴影贴图是从光源的方向投射出贴图来遮挡应该照射在阴影位置的光源。其优点是渲染时间快,且阴影边缘柔和,缺点是阴影不够精确,不支持透明贴图,如图5-2-11a所示的顶部椎体阴影完全显示不出玻璃的透明感。

2. 光线追踪阴影是通过跟踪从光源采样出来的光线路径来产生阴影。与阴影贴图相比,光线追踪方式所产生的阴影更精确,并且支持透明对象,其缺点是渲染速度较慢,且产生的阴影边缘十分生硬(图5-2-11b)。

3. 高级光线追踪阴影是光线追踪阴影的增强,具有更多的参数控制,但渲染速度更慢。它既可以像阴影贴图那样得到边缘柔和的投影效果,又可以具有光线追踪阴影的准确性。

4. 区域阴影基于投射光的区域创建阴影,在使用标准灯光或一个点光源的场景中,也可以得到使用高级光线追踪阴影加面积光才能投射出的真实阴影效果。不需要太多内存,但渲染速度较慢(图5-2-11c)。

5. mental ray阴影贴图类型需与mental ray渲染器一起使用。当选择该阴影类型并启用阴影贴图(位于【渲染设置】对话框的【阴影与位移】卷展栏上)时,阴影使用mental ray阴影贴图算法。如果选中该类型但使用默认扫描线渲染器,则进行渲染时不显示阴影。

(a)阴影贴图

(b)光线跟踪阴影

(c)区域阴影

图5-2-11　不同阴影类型效果

- “排除”按钮:单击此按钮调出【排除/包含】对话框,可将选定对象排除于灯光效果之外,如果选择“包含”选项并选中某对象,表示灯光只对此对象有照射效果,如果选择“排除”选项并选中某对象,则表示灯光不会照射到此对象(图5-2-12)。当场景较为复杂时,使用该功能可加快渲染速度。

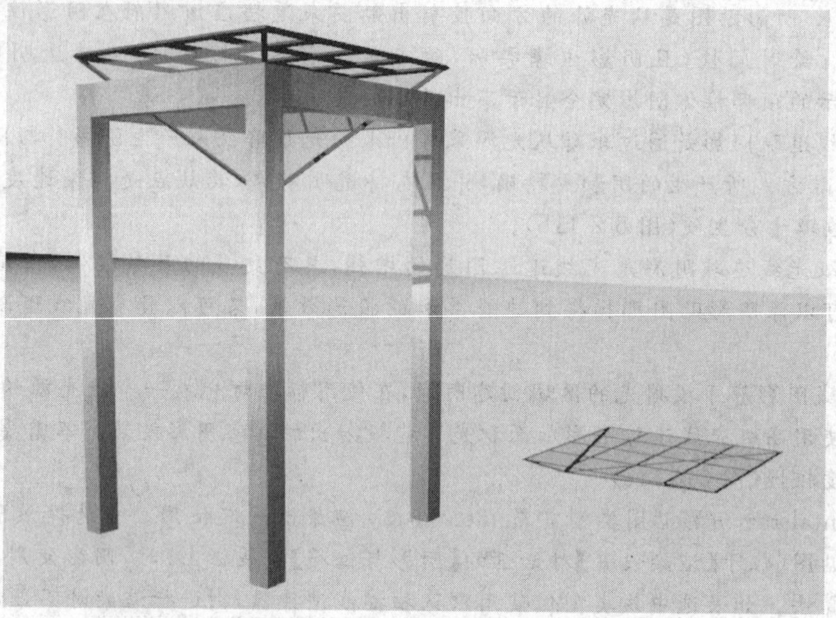

图 5-2-12 排除支架的阴影效果

2.2.2 【强度/颜色/衰减】卷展栏

该卷展栏可以设置灯光的颜色和强度，也可以定义灯光的衰减（图 5-2-13）。

◆倍增：通过此参数来控制灯光强度。将倍增参数设置为负数为产生吸收光线的效果，也就是负值越大，物体表面越暗。单击右侧的颜色显示窗，在打开的【颜色选择器】可为灯光选择颜色。

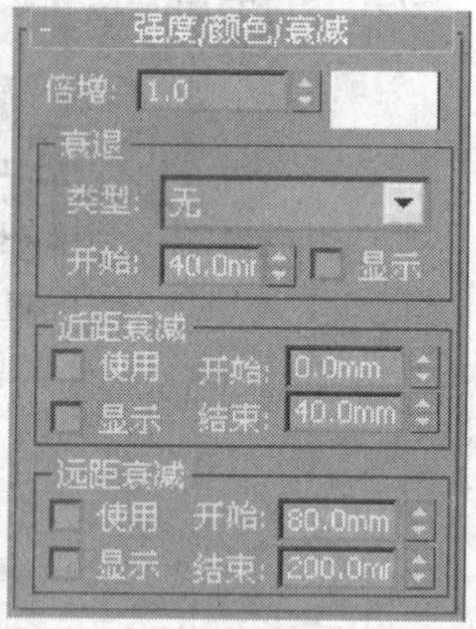

图 5-2-13 【强度/颜色/衰减】卷展栏

◆"衰退"组：衰退是灯光的强度将随着距离的加长而减弱的效果，这将使场景的照明效果更加真实。

• 类型选择要使用的衰退类型。无：不应用衰退。从光源到无穷远灯光仍然保持全部强度，除非启用远距衰减；倒数：应用方向衰退。使光强从光源处开始线性衰减；平方反比：应用平方反比衰退。模拟真实世界中灯光的衰减，是光度学灯光使用的衰退方式。

• 开始：设置距离光源多远开始衰减，开始点取决于是否使用衰减，如果不使用衰减，则光源处开始衰退。使用近距衰减，则从近距结束位置开始衰退。

• 显示：在视图中显示衰退开始的位置。

◆"近距衰减"组：设置灯光开始发射到光强最强的范围。

• 开始：设置灯光开始淡入的距离。

• 结束：设置灯光达到其全值的距离，即达到倍增参数设置的强度值。

• 使用：启用灯光的近距衰减。

• 显示：在视口中显示近距衰减范围设置。默认情况下，"近距开始"为深蓝色并且"近距结束"为浅蓝色。在取消选择灯光后开启或禁用该复选框才会有明显效果。

◆“远距衰减”组：设置灯光开始衰减到完全消失的范围。设置远距衰减范围可有助于大大缩短渲染时间。

• 开始：设置灯光开始淡出的距离。

• 结束：设置灯光减为 0 的距离。

• 使用：启用灯光的远距衰减。

• 显示在视口中显示远距衰减范围设置。默认情况下，“远距开始”为浅棕色并且“远距结束”为深棕色。在取消选择灯光后开启或禁用该复选框才会有明显效果。

2.2.3 【聚光灯参数】/【平行光灯参数】卷展栏

当前灯光为聚光灯或平行光类型时，【修改】面板下会出现相应的参数卷展栏(图 5-2-14)。

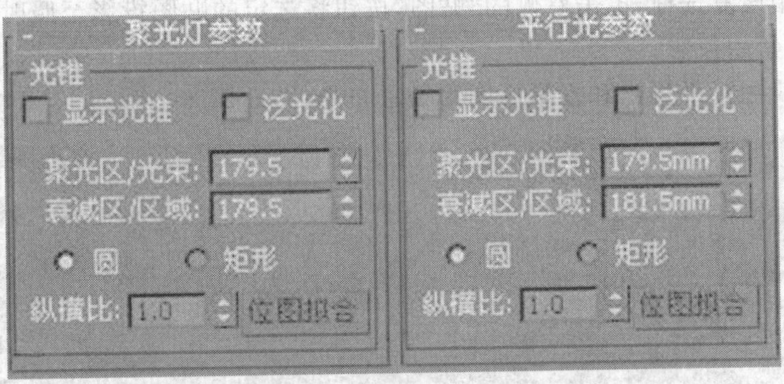

图 5-2-14 【聚光灯参数】/【平行光灯参数】卷展栏

◆光锥组：设置聚光灯或平行光的光锥特性。

• 显示光锥：启用或禁用圆锥体的显示。

• 泛光化：启用泛光化后，灯光在所有方向上投影灯光。但是，投影和阴影只发生在其衰减圆锥体内。

• 聚光区/光束：调整灯光圆锥体的角度，在该范围内的灯光强度为 100%。

• 衰减区/区域：调整灯光衰减区的角度。由“聚光区/光束”范围过渡到“衰减区/区域”，灯光强度会降低至 0%，以上两个参数配合，可以实现灯光由内而外自然衰减的效果。

• 圆形/矩形：确定聚光区和衰减区的形状。如果想要一个标准圆形的灯光，应设置为“圆形”。如果想要一个矩形的光束(如灯光通过窗户或门口投影)，应设置为“矩形”。

• 纵横比设置矩形光束的纵横比。默认设置为 1.0。

• 位图拟合：如果灯光的投影纵横比为矩形，使用“位图适配”按钮可以使纵横比匹配特定的位图。

2.2.4 【高级效果】卷展栏

该卷展栏用于设置灯光照射到对象曲面上灯光的反射和投影贴图等(图 5-2-15)。

◆“影响曲面”组：

• 对比度：调整对象曲面的漫反射区域和环境光区域之间的对比度。增加该值可增加特殊效果的对比度，如表现外部空间刺眼的光。

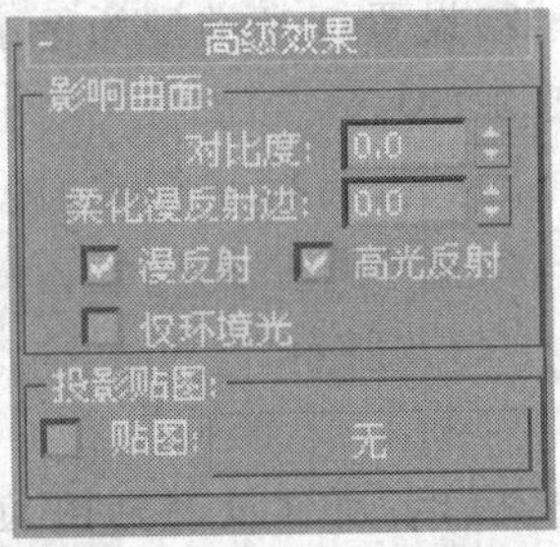

图 5-2-15 【高级效果】卷展栏

• 柔化漫反射边:增加该值可以柔化对象曲面的漫反射区域与环境光区域之间的边缘,有助于消除在某些情况下曲面上出现的边缘。

• 漫反射:启用此选项后,灯光将影响对象曲面的漫反射属性。禁用此选项后,灯光在漫反射曲面上没有效果。

• 高光反射启用此选项后,灯光将影响对象曲面的高光属性。禁用此选项后,灯光在高光属性上没有效果。

• 仅环境光:启用此选项后,灯光仅影响照明的环境光组件,这样可使用户可以对场景中的环境光照明进行更详细的控制。在视口中该选项的效果不可见,仅当渲染场景时才显示。

◆"投影贴图"组:

• 贴图:启用该复选框,单击右侧的"贴图"按钮将选定的贴图投影至照射对象的表面。禁用该复选框可以禁用投影。

【例 5-2】 使用标准灯光和投影贴图为场景布光(图 5-2-16)。

图 5-2-16 休息椅场景效果

(1)打开教学光盘中【项目 5】/【实例】下的压缩文件"休息椅素材.zip",打开其中的"休息椅素材.max",这是一个已经定义材质和摄影机的场景文件。

(2)设置灯光类型为标准灯光,单击"目标平行光"按钮,在顶视图中创建一盏目标平行光(图 5-2-17)。

(3)选择目标平行光,进入【修改】面板,设置如图 5-2-18 所示的参数,在【高级效果】卷展栏下,勾选"贴图"复选框,并加载教学光盘中【项目 5】/【实例】下的"投影贴图.jpg"位图文件,如图 5-2-19所示。

提示: 用作投影贴图的图片最好在 Photoshop CS 等后期处理软件中对其进行模糊处理,这样在渲染时阴影边缘才会产生虚化的真实效果。

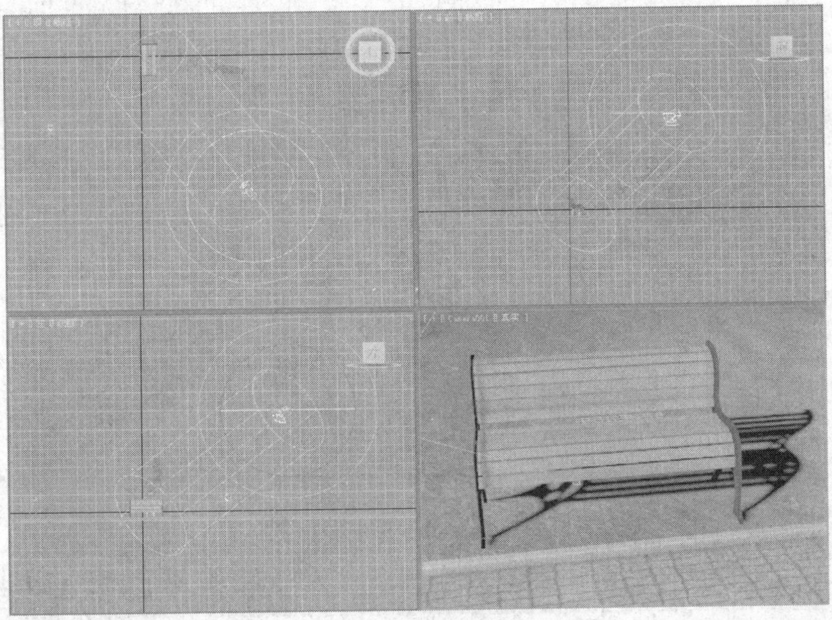

图 5-2-17 为场景创建平行光

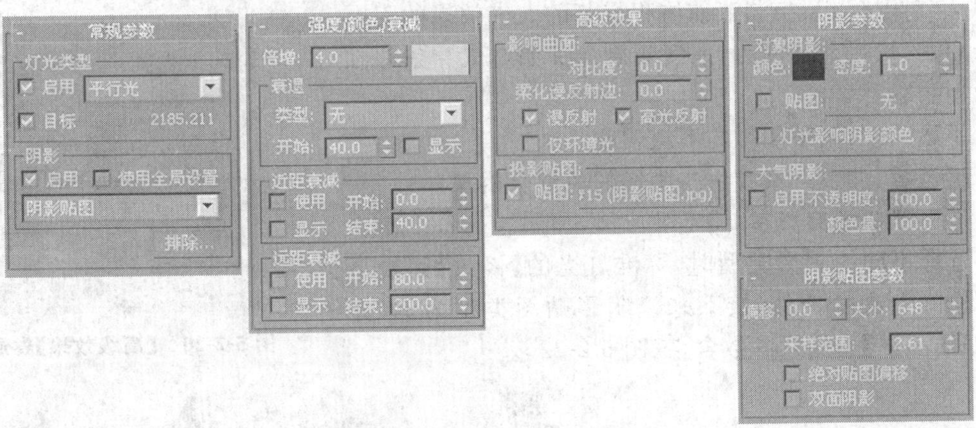

图 5-2-18 目标平行光参数

(4)回到视图中,切换至摄影机视图,单击主工具栏的按钮,渲染场景如图 5-2-16 所示。

2.2.5 【阴影参数】卷展栏

该卷展栏可以设置阴影颜色和其他常规阴影属性。标准灯光的所有灯光类型(除了天光外)和所有阴影类型都具有【阴影参数】卷展栏(图 5-2-20)。

◆“对象阴影”组:设置阴影特性及贴图。

• 颜色:选择当前灯光投影的阴影颜色。

• 密度:调整阴影的密度。值越大阴影越黑,如图 5-2-21 所示从左到右密度值逐渐增加。

• 贴图:启用该复选框,单击右侧的“贴图”按钮将贴图指定给阴影。

• 灯光影响阴影颜色:启用此选项后,将灯光颜色与阴影颜色(若阴影已设置贴图)混合起来。

图 5-2-19　投影贴图文件

◆“大气阴影”组:控制诸如体积雾等的大气效果的阴影。

• 启用:启用此选项后,大气效果会犹如空气穿射般在对象上投射阴影。

• 不透明度:调整阴影的不透明度。

• 颜色量:调整大气颜色与阴影颜色混合的量。

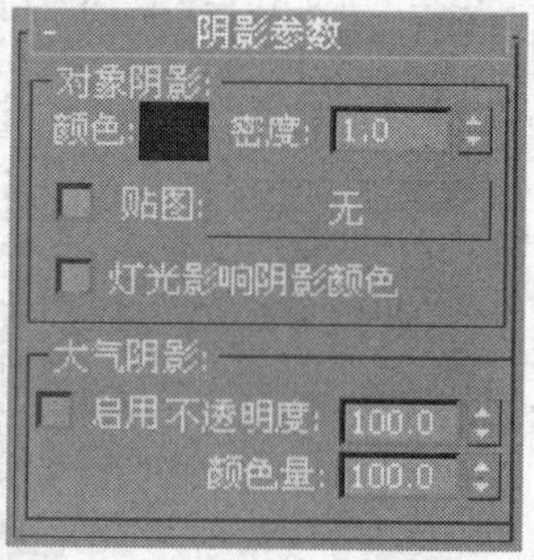

图 5-2-20　【高级效果】卷展栏

2.2.6　【阴影贴图参数】卷展栏

当选择不同的阴影类型时,标准灯光的【修改】面板下会出现相应的卷展栏控件,接下来以阴影贴图类型为例,介绍【阴影贴图参数】卷展栏参数含义(图 5-2-22)。

图 5-2-21　不同阴影密度效果

◆偏移：设置阴影与投射对象之间的距离。值越大，阴影距离对象越远。

◆大小：设置用于计算灯光的阴影贴图的大小（以像素平方为单位）。值越大，对贴图的描述就越细致（图 5-2-23）。

◆采样范围：决定阴影内平均有多少区域，影响柔和阴影边缘的程度。

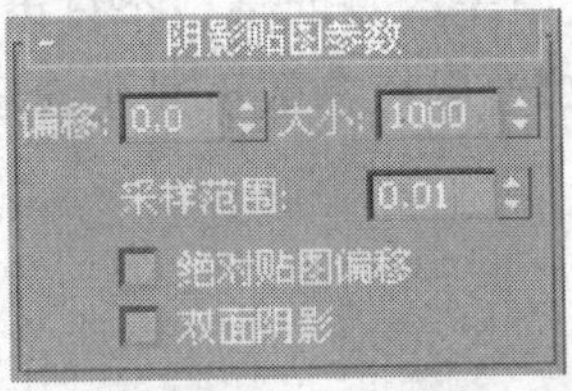

图 5-2-22 【阴影贴图参数】卷展栏

图 5-2-23 不同阴影贴图大小的效果（左：32，右：256）

◆绝对贴图偏移：启用此选项后，阴影贴图的偏移未标准化，但是该偏移在固定比例的基础上以 3ds Max 为单位表示。

◆双面阴影：启用此选项后，计算阴影时背面将不被忽略。

3 太阳光系统

太阳光系统可以使用系统中的灯光为场景提供照明，该系统遵循太阳在地球上某一给定位置的符合地理学的角度和运动。用户可以选择位置、日期、时间和指南针方向，也可以设置日期和时间的动画。

在园林效果图制作中使用太阳光结合其他标准灯光可为场景提供真实的自然光照明效果，还可以利用其进行场地的光照分析（图 5-2-24）。

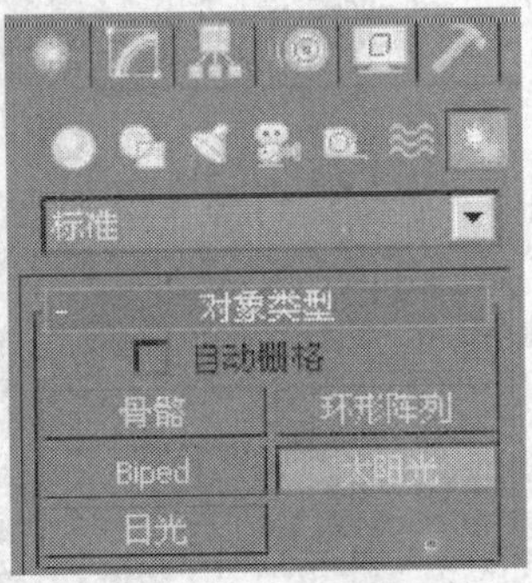

图 5-2-24 【太阳光】

要为创建太阳光，操作步骤如下：

（1）选择【创建】命令面板/【系统】/【对象类型】/【太阳光】，在【控制参数】卷展栏中设置日期、位置等参数；

（2）在顶视图或透视/摄影机视图中单击并拖曳鼠标，创建罗盘的半径；

（3）释放并移动鼠标，设置太阳光在罗盘上的轨道缩放。至此，场景中产生了两个对象：罗盘（为太阳提供世界方向的辅助对象）和灯光自身（是罗盘的子对象，永远对准罗盘的中心）。

提示：创建完成后，灯光自身是不能移动的，灯光与罗盘捆绑一起，移动、旋转罗盘，灯光的位置也会发生变换。

太阳光本身就是一个自由平行光，它与罗盘的修改参数都较为简单，创建太阳光时的【控制参数】卷展栏参数也只包含了“时间”和“位置”两个参数组(图 5-2-25)。

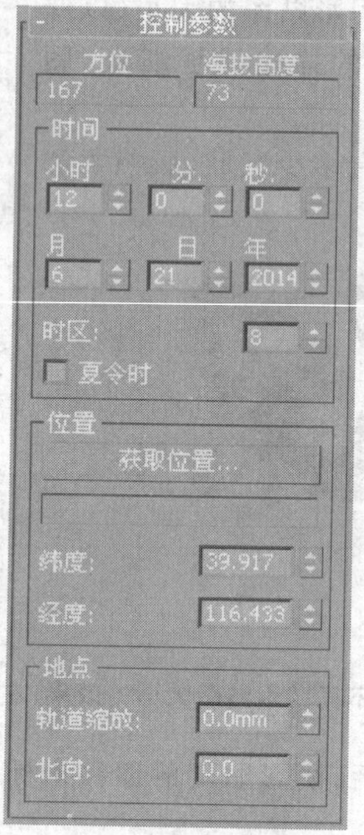

图 5-2-25 【控制参数】卷展栏

◆时间组：设置场景光照的时间，可以精确到年月日甚至分秒。

◆位置组：设置场景的具体位置，单击“获取位置”按钮，可调出【地理位置】对话框，从中选择与场景最近的地理位置(图 5-2-26)。

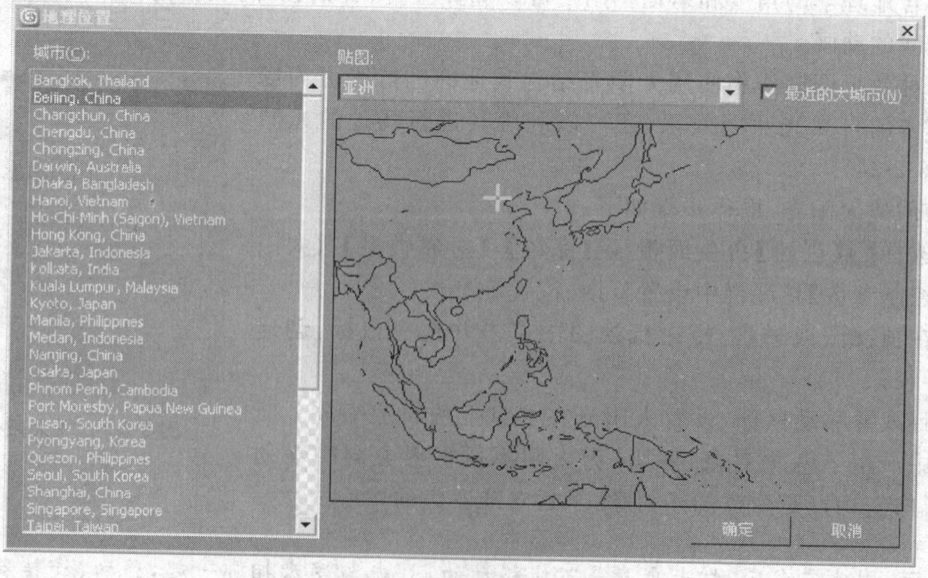

图 5-2-26 【地理位置】对话框

提示：太阳光和日光具有类似的用户界面，区别在于太阳光使用平行光，而日光将太阳光和天光相结合。太阳光组件可以是 IES 太阳光 mr Sun，可以是标准灯光（目标直接光）。天光组件可以是 IES 天光、mr 天光或天光。

4 全局照明效果的模拟

4.1 全局照明概述

在现实世界中，光线的传递是一个包括镜面反射、漫反射、吸收、折射的复杂过程，光线从光源发射出来，在空间中的若干个对象曲面间不断反射、衰减，最终产生柔和的阴影和均匀的照明效果。这解释了为什么在真实的物理世界中，即使阴影没有光源直接照射，我们也能看清阴影处的对象细节。

而在 3ds Max 中，灯光的工作原理与自然界的光照是有所不同的，因为出于渲染速度等方面的考虑，3ds Max 的灯光是不带有辐射反弹的性质的。如果要真实地模拟光线在环境中相互作用的方式，就必须运用多种手段（不仅仅运用灯光，还可能是材质如光线追踪材质、渲染等）进行模拟。

系统采用局部照明和全局照明两个常规的明暗器算法来描述对象曲面如何反射和透射灯光。局部照明算法只描述单独的曲面如何反射或透射灯光，而全局照明则考虑模型中曲面间传输灯光方式，显然，全局照明算法更适合模拟真实光照效果。3ds Max 提供了两种全局照明算法作为其产品级渲染系统的构成部分：光线跟踪和光能传递，其中光能传递适用于的室内空间照明，而光线跟踪器则主要用于室外场景的照明，用户可以在【渲染设置】对话框中的【高级照明】选项卡的“照明插件”下拉列表中选择这两种光照系统。

4.2 模拟全局照明效果

在 3ds Max 的灯光布置中，我们可以利用灯光阵列、天光、十字布光、三点照明等方法来模拟全局照明效果，其中，三点照明法可用于室外环境或室内特定物体的布光。接下来以三点照明法为例介绍如何在园林效果图中模拟全局照明效果。

三点照明法源自摄影棚中的传统布光方案，即采用主光、辅光与背光 3 种灯光来照明一个物体。在园林效果图的三点照明方案中，布光步骤如下：

(1)添加主光。主光通常由聚光灯担任，负责整个场景中的主要照明，并且应该启用阴影投影。其位置一般位于主景正面左侧或右侧、视平线上方的 45°左右，与摄影机的夹角为 45°左右（即与摄影机的位置相对，以避免主景的摄影机视图因为光照太强而缺乏层次）。主光一般光照强度较大，能把主景从背景中充分凸显出来。

(2)添加辅光。辅光又称为补光，可以由聚光灯或泛光灯担任，主要作用是柔化并扩展主光的照明区域，增加主景更多区域的可见性。在顶视图中，辅光的位置与主光是相对的，即主光在左侧，辅光就应在右侧，反之亦然。另外，辅光应该与摄影机同侧，以便产生平面光和柔和的照射效果。在高度上，辅光要低于主光。在光强上，辅光的亮度只有 2/3 左右，禁用阴影投影。

(3)添加背光。背光位于主光的反方向，主要作用是使对象从背景中脱离出来，通常由泛光灯担任。高度略高于主景,光强为主光的 1/3 左右,禁用阴影投影。

三点照明法虽然由 3 种灯组成,但并不局限于 3 盏灯光,同一类灯可以由几盏灯担任。如果场景很大,则可以把它拆分成若干个较小的区域进行三点布光。一个优秀的布光方案最终效果应该是突出主景、层次分别、明暗对比强烈而不失柔和(图 5-2-27、图 5-2-28)。

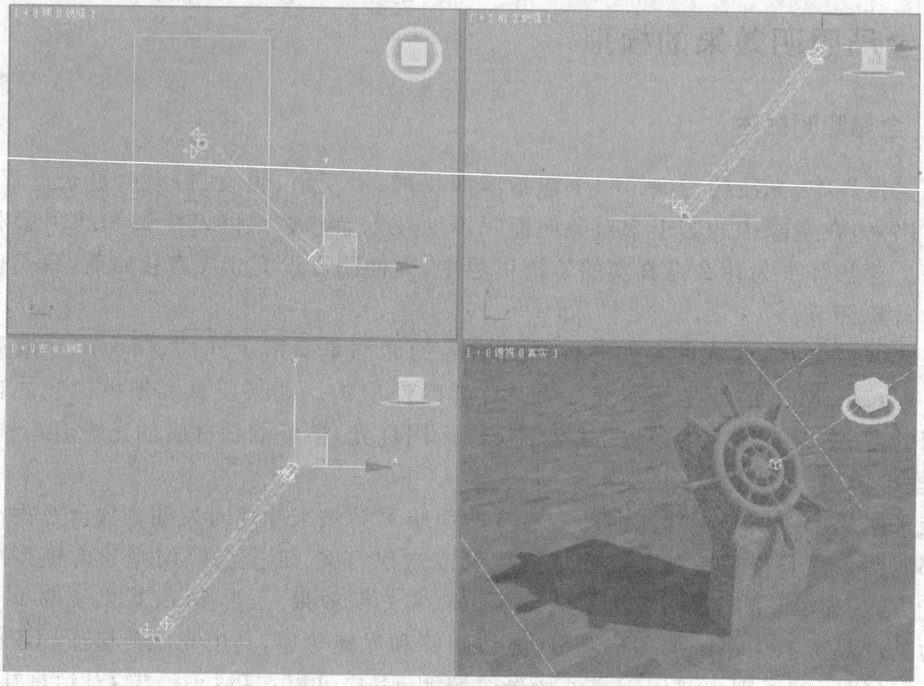

图 5-2-27　三点照明灯光位置图

【例 5-3】 为别墅模型创建灯光。

(1)打开教学光盘中【项目 5】/【实例】下的压缩文件“别墅素材.zip”,打开其中的“别墅素材.max”,这是一个已经定义材质和摄影机的场景文件。

(2)在【灯光】创建面板中设置灯光类型为标准灯光,单击“目标平行光”按钮,在顶视图中创建一盏目标平行光在【修改】面板中将【强度/颜色/衰减】卷展栏中的灯光【倍增】值调整为 0.68,然后在【常规参数】、【平行光参数】卷展栏中调整参数如图 5-2-29 所示。

> **提示:** 我们在渲染园林建筑模型时,最好使用“光线跟踪阴影”的投影方式,这种阴影类型能够对玻璃、栅栏等物体产生真实、锐利的透明阴影和透空阴影。

(3)使用【选择并移动】工具将创建的目标平行光移动到如图 5-2-30 所示的位置。单击按钮,快速渲染摄影机视图,观察发现整个场景较暗,需要补光。

(4)在顶视图中再创建一盏目标平行光作为辅助光源,在【修改】面板中将【强度/颜色/衰减】和【平行光参数】卷展栏设置参数如图 5-2-31 所示,其中平行光的颜色 RGB 值为 114、133、181。使用【选择并移动】工具将创建的目标平行光移动到如图 5-2-32 所示的位置。

图 5-2-28　三点照明渲染效果

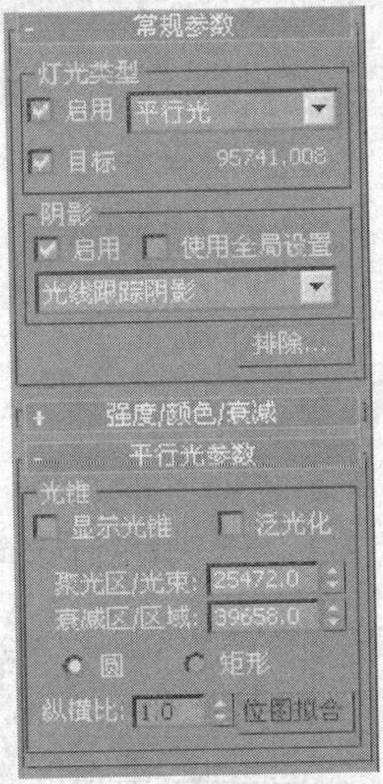

图 5-2-29　主光源目标平行光参数

提示：设置灯光颜色是渲染场景气氛的一种手段，一般主光源可以设置偏暖的颜色，而背光和补光则可以使用偏冷的颜色。

(5)接着在顶视图中创建一盏泛光灯，在【修改】面板中将【强度/颜色/衰减】卷展栏中泛光灯的【倍增】值调整为 0.3，并调整灯光的颜色 RGB 值为 237、247、253。使用【选择并移动】工具将泛光灯移动到如图 5-2-33 所示的位置。

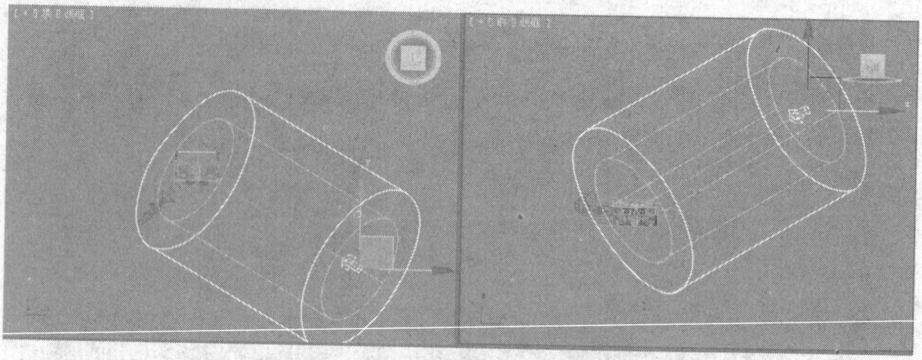

图 5-2-30　调整目标平行光位置

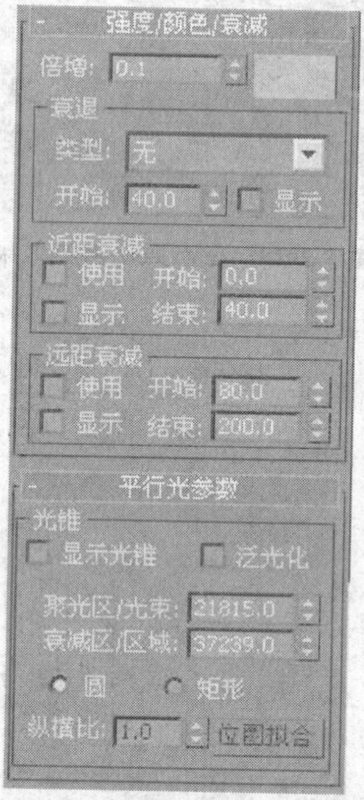

图 5-2-31　辅光源目标平行光参数

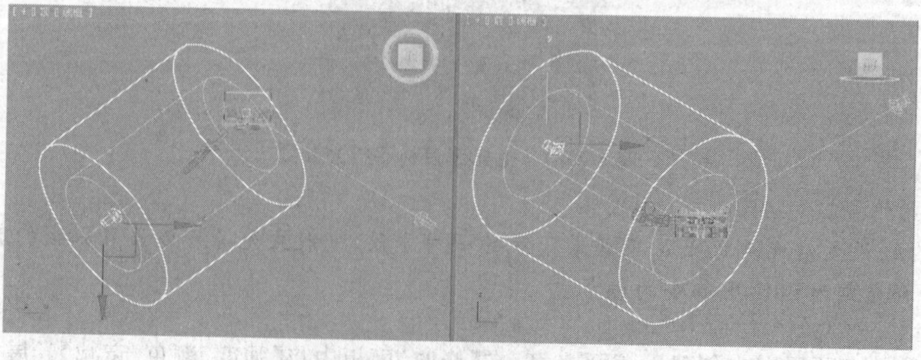

图 5-2-32　调整目标平行光位置

图 5-2-33 调整泛光灯位置

提示：这里选择在建筑的下方布置泛光灯，目的是照亮阳台、雨棚下部的阴影，使这部分构件的阴影出现上深下浅的退晕效果。

(6)在【灯光】创建面板中单击“天光”按钮，在任意位置创建一盏天光。在【修改】面板中将【天光参数】卷展栏中设置天光的【倍增】值为0.6，以使整个场景的光照明亮而柔和。

单击按钮，快速渲染摄影机视图，观察发现渲染效果比较亮，出现了曝光过度的现象(图5-2-34)。这需要结合在渲染阶段“光跟踪器”渲染才能得到完美的效果。将文件另存为“别墅灯光.max”备用。

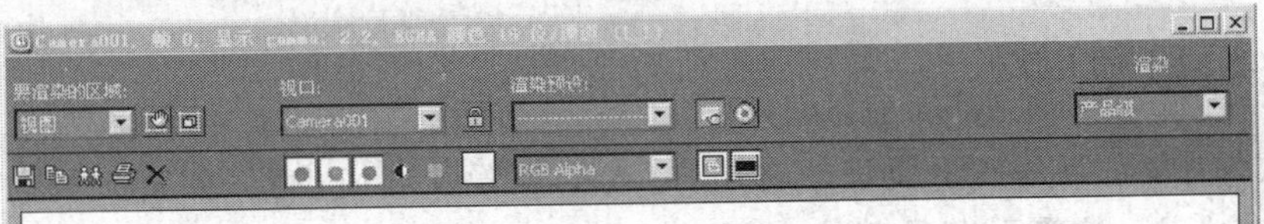

图 5-2-34 曝光过度的别墅渲染效果

任务3 渲染输出

学习领域

• 渲染基础知识。

• 静帧园林效果图的渲染。

工作领域

• 了解渲染器的类型及特点。

掌握 3ds Max 渲染工具、渲染场景对话框的使用。

掌握使用渲染器渲染材质图、通道图的方法。

行动领域

• 能够结合材质、灯光、渲染参数渲染园林效果图。

任务知识讲解

1 渲染基础知识

1.1 渲染器类型

在 3D 软件中,渲染是基于模型的材质、灯光的位置及环境设置(如背景和大气)为场景的几何体着色的过程。渲染引擎是其核心部分,3ds Max 2012 默认的渲染器有默认扫描线渲染器、iray 渲染器、mental ray 渲染器、Quicksliver 硬件渲染器、VUE 文件渲染器。除此之外,还可以安装一些第三方开发的渲染插件,如 VRay、Brazil、Renderman、Lightscape 等,满足不同场合的渲染需求。

本书仅介绍 3ds Max 2012 常用的默认扫描线渲染器和 mental ray 渲染器的使用,两者的特点如下。

(1)默认扫描线渲染器:3ds Max 早期版本以来的内置渲染器,其功能简单、渲染速度快,可以将场景渲染为从上到下生成的一系列扫描线。一般只处理直接光照,很多特效如焦散等不能表现。如果用户的布光技术和艺术感觉较高,也可以使用该渲染器渲染出逼真的效果,比如用灯光阵列、三点照明法使用辅助光来模拟全局照明效果(图 5-3-1)。

(2)mental ray 渲染器:从 3ds Max 2010 版本中内置为其默认渲染器,其渲染过程由不同的渲染块依次渲染完成。该渲染器可以生成灯光效果的物理校正模拟,包括光线跟踪反射和折射、焦散和全局照明。参数比较容易设置,在渲染大量反射,折射物体的场景,速度要比扫描线渲染器快(图 5-3-2)。

1.2 渲染工具

3ds Max 中渲染控制的项目很多,主要集成在【渲染】菜单栏,此外,主工具栏右侧提供了

图 5-3-1 使用默认扫描线渲染器渲染的场景

图 5-3-2 使用 mental ray 渲染器渲染的场景

一些渲染工具，一般的渲染工作都可通过菜单选项和工具按钮调出【渲染设置】对话框完成。

接下来主要介绍各渲染工具按钮功能：

渲染设置：单击该按钮可以打开【渲染设置】对话框，基本上所有的渲染参数都可在该对话框中完成。

渲染帧窗口：单击该按钮可以打开【渲染帧窗口】对话框，在该对话框中可以选择渲染区域、切换通道和储存渲染图像等任务。

渲染产品：单击该按钮可以打开【渲染帧窗口】对话框，使用【渲染帧窗口】、【渲染设置】对话框等所有当前设置渲染场景，即使用产品级渲染。其弹出按钮【渲染迭代】：单击该按钮可在迭代模式下渲染场景。迭代渲染会忽略文件输出、网络渲染、多帧渲染、导出到 MI 文件，以及电子邮件通知。【ActiveShade】：单击该按钮可以在浮动的窗口中执行动态着色渲染。

它能参产生快速低质量的渲染效果，且诸如灯光等调整的结果可以交互地显示在视图中。

【渲染帧窗口】对话框各工具含义如下(图 5-3-3)：

图 5-3-3 【渲染帧窗口】对话框

◆要渲染的区域：该下拉列表提供可用的要渲染的区域选项，包括“视图”、“选定”、“区域”、“裁剪”和“放大”。当使用“区域”、“裁剪”或“放大”时，视图中将会出现“编辑区域”控件，可使用该控件来设置区域。

◆编辑区域：可以调整控制手柄来重新调整渲染图像的大小。

◆自动选定对象区域：激活该按钮，系统会将“区域”、“裁剪”和“放大”区域自动设置为当前选择。

◆视口：显示当前渲染的视图名称。单击按钮，则不管用户切换到任何视图，系统只渲染视口下拉列表中的视图。

◆渲染预设：从下拉列表中选择与预设渲染相关的选项。

◆渲染设置：单击该按钮可以打开【渲染设置】对话框。

◆环境和效果对话框(曝光控制)：单击该按钮，打开【环境和效果】对话框打开“环境”面板，可以在【曝光控制】卷展栏中设置曝光控制。

◆：单击该按钮可以当前设置来渲染场景。

◆：从下拉列表中选择快速渲染的方式，包括产品级、迭代。

◆保存图像：用于保存在渲染帧窗口中显示的渲染图像。

◆复制图像：将渲染图像复制到 Windows 剪贴板上。

◆克隆渲染帧窗口：创建另一个包含所显示图像的窗口，允许将另一个图像渲染到渲染帧窗口，然后将其与上一个克隆的图像进行比较。

◆打印图像：将渲染图像发送至 Windows 中定义的默认打印机。将背景打印为透明。

◆清除：清除【渲染帧窗口】对话框中的渲染图像。

◆启用红色/绿色/蓝色通道：单击按钮，可显示相应的颜色通道。

◆显示 Alpha 通道：Alpha 是出现在 32 位位图文件中的一类数据，用于向图像中的像素指定透明度。单击该按钮，可在渲染帧窗口中显示 Alpha 通道：黑色像素是完全透明的，白色像素是不透明的，而灰色像素则显示透明度。

◆单色：以 8 位灰度模式显示渲染图像。

◆RGB Alpha 通道显示列表：列出用图像进行渲染的通道。当从列表中选择通道时，它将显示在渲染帧窗口中。

◆切换 UI 叠加启用时，如果"区域"、"裁剪"或"放大"区域中有一个选项处于活动状态，则会显示表示相应区域的帧。

◆切换 UI：启用时，【渲染帧窗口】对话框所有工具与选项均可使用。禁用时，将简化对话框界面并且使该界面占据较小的空间。

1.3 渲染设置

【渲染设置】对话框具有多个选项卡，选项卡的数量和名称因活动渲染器而异，但是始终显示【公用】和【渲染器】选项卡，其中【公用】选项卡包含任何渲染器的主要控件，如是渲染静态图像还是动画、设置渲染输出的分辨率等；【渲染器】选项卡包含当前渲染器的主要控件。

接下来主要介绍【公用】选项卡的参数，包括【公用参数】、【电子邮件通知】、【脚本】、【指定渲染器】卷展栏（图 5-3-4）。

【公用参数】卷展栏用来设置所有渲染器的公用参数。

◆"时间输出"组：设置渲染时间，静帧效果图一般选择"单帧"即可。

◆"输出大小"组：可以使用户控制最后渲染图像的大小和比例。

• 高度/宽度：以像素为单位指定图像的高度和宽度，从而设置输出图像的分辨率。

• 预设分辨率按钮（320×240、640×480 等）：单击这些按钮之一，可以选择一个预设分辨率，也可以右击按钮以显示【配置预设】对话框，更改该按钮指定的分辨率。

• 图像纵横比：设置渲染图像的长宽比。单击按钮锁定"图像纵横比"，高度和宽度其中一个数值的改变将会影响另外一个数值。默认的自定义纵横比 1.333 33，表示长宽比为 4∶3。

• 像素纵横比：设置显示在其他设备上的像素纵横比（图 5-3-5）。单击按钮锁定"像素纵横比"，调整像素长宽度其中一个值，另一个也将跟着改变以保持指定的纵横比。

◆"选项"组：用来激活不同的渲染选项。

• 大气和效果：启用此选项后，渲染任何应用的大气效果，如体积雾。

• 效果：启用此选项后，渲染任何应用的渲染效果，如模糊。

• 置换：启用此选项后，渲染任何应用的置换贴图。禁止该选项，将不渲染置换贴图，可以加速渲染过程。

• 渲染隐藏的几何体：渲染场景中所有的几何体对象，包括隐藏的对象。

• 区域光源/阴影视作点光源：将所有的区域光源或阴影当作从点对象发出的进行渲染，这样可以加快渲染速度。

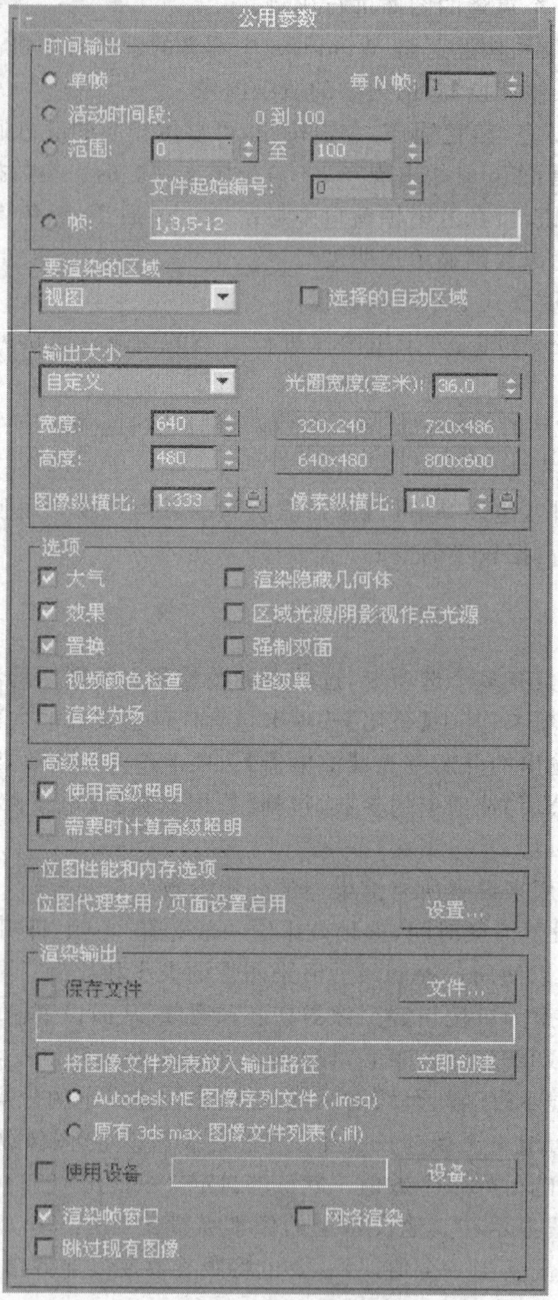

图 5-3-4 【公用参数】卷展栏

提示:该切换不影响带有光能传递的场景,因为区域光源对光能传递解决方案的性能影响不大。

• 强制双面:启用此选项后,将强制渲染 3ds Max 场景中曲面的两个面(图 5-3-6)。如果需要渲染对象的内部及外部,或如果导入面法线未正确统一的几何体,则需要启用此选项。

◆"高级照明"组:设定是否渲染及何时计算高级光照效果。

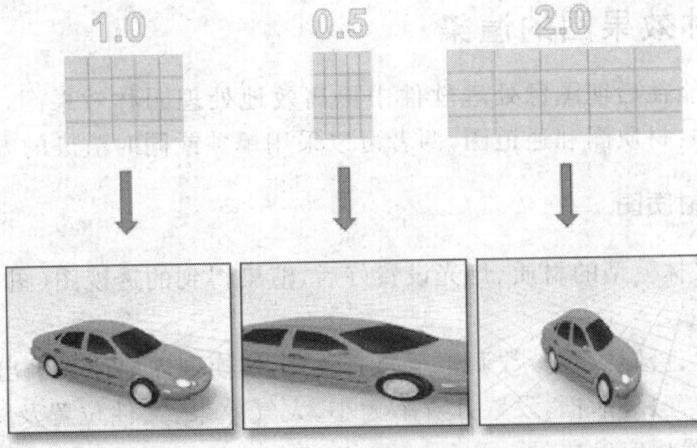

图 5-3-5 不同像素纵横比的图像在具有方形像素的显示器上的效果

图 5-3-6 禁用(左)和启用(右)"强制双面"的效果对比

• 使用高级照明:启用此选项后,3ds Max 在渲染过程中提供光能传递或光跟踪照明插件。

• 需要时计算高级照明:启用此选项后,当需要逐帧处理时,3ds Max 计算光能传递。

◆"渲染输出"组:用来设置渲染输出文件的位置及格式。

• 保存文件:启用此选项后,进行渲染时 3ds Max 会将渲染后的图像保存到磁盘。使用"文件"按钮指定输出文件之后,"保存文件"才可用。

• 文件…:单击"文件…"按钮,打开【渲染输出文件】对话框,可指定输出文件名、格式以及路径。

【指定渲染器】卷展栏:显示产品级和 ActiveShade 级的渲染器,以及【材质编辑器】示例窗中样本球使用的渲染器,可以单击...按钮改变当前的渲染器设置(图 5-3-7)。

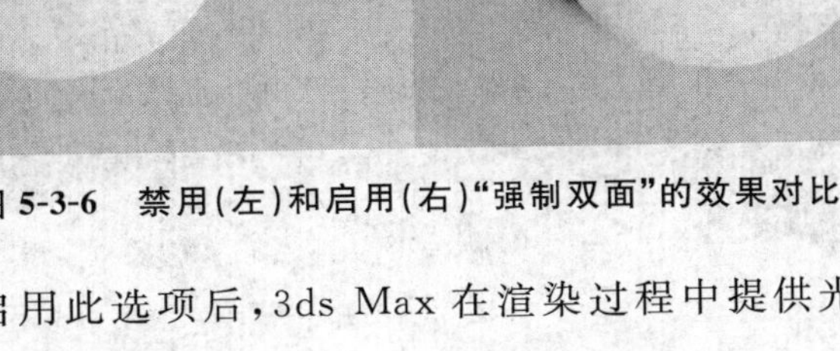

图 5-3-7 【指定渲染器】卷展栏

2 静帧园林效果图的渲染

一般来说，为了能在后期图像处理软件中更高效地处理园林效果图，从 3ds Max 输出的渲染图至少包括两种：材质图和通道图，两者可以采用单独或同时渲染的方式。

2.1 单独渲染材质图

材质图是指将园林模型的材质、灯光设置好后，渲染得到的透视图（图 5-3-8），其操作步骤如下：

（1）将灯光、材质、摄影机等参数调整至合适效果，切换到需要渲染输出的视图。

（2）打开【渲染设置】对话框，设置分辨率大小、大气效果、文件位置及格式等参数，如有光线跟踪效果，还需设置相应参数。

（3）设置点击“渲染”按钮后，软件弹出渲染帧窗口，并显示渲染进程。

（4）保存渲染好的材质图。

图 5-3-8 材质图效果

2.2　单独渲染通道图

为方便在 Photoshop 等后期处理软件中制作选区，我们通常要调整园林模型的材质、删除灯光，渲染一副与材质图同样视点、同样尺寸及分辨率的纯色通道图（图 5-3-9），其操作步骤如下：

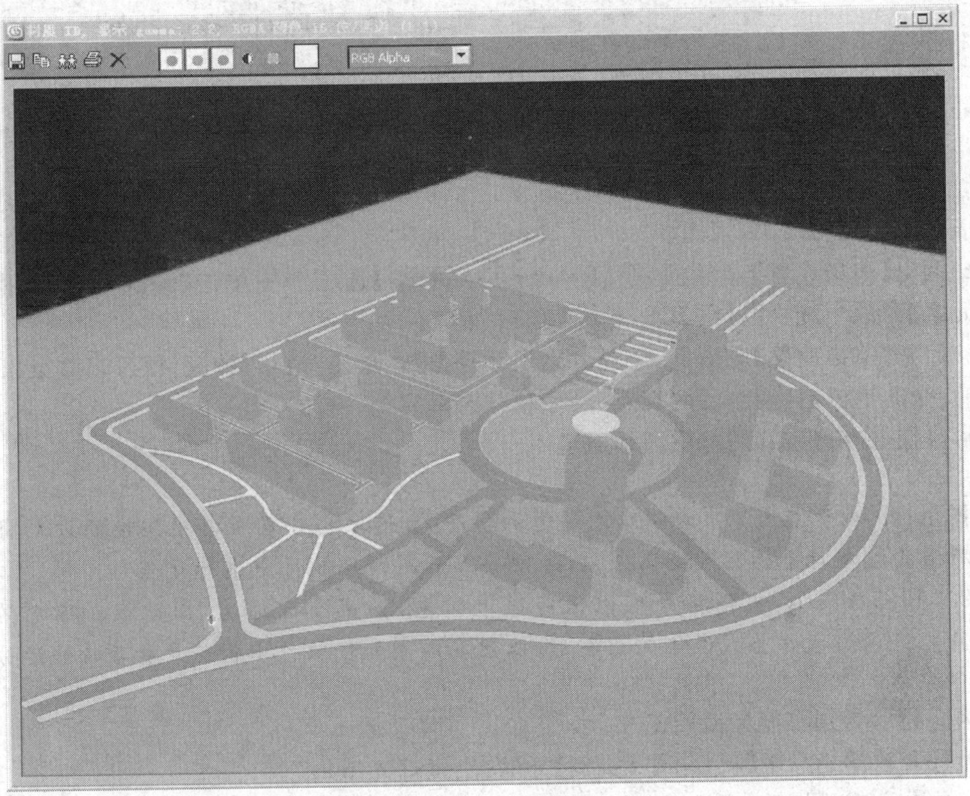

图 5-3-9　通道图效果

（1）在保持与材质图同样视点、尺寸的情况下，在【材质编辑器】对话框中逐一选择示例窗中的材质球，在【贴图】卷展栏中将所有贴图通道上的贴图取消，然后将材质的漫反射颜色设置为互相区别的纯色，并将高光级别设为“0”（图 5-3-10）。

（2）在视图中选择所有的灯光，按<Delete>键删除。

（3）如果选择了光跟踪器高级照明，则需在【渲染场景】对话框的【高级照明】选项卡的【选择高级照明】卷展栏中取消勾选“活动”选项；如果启用了大气效果，取消勾选该选项。

（4）在【渲染设置】对话框设置与材质图相同的分辨率和文件格式，单击“渲染”按钮。

（5）保存渲染好的通道图。

2.3　同时渲染材质图与通道图

同时渲染材质图或通道图，其操作步骤如下：

（1）在【材质编辑器】对话框中逐一选择各材质，单击水平工具栏上的“材质 ID 通道”按钮不放，在弹出的数字调板中选择不同的数字，确保每种材质都具有不同的材质 ID 号。默认

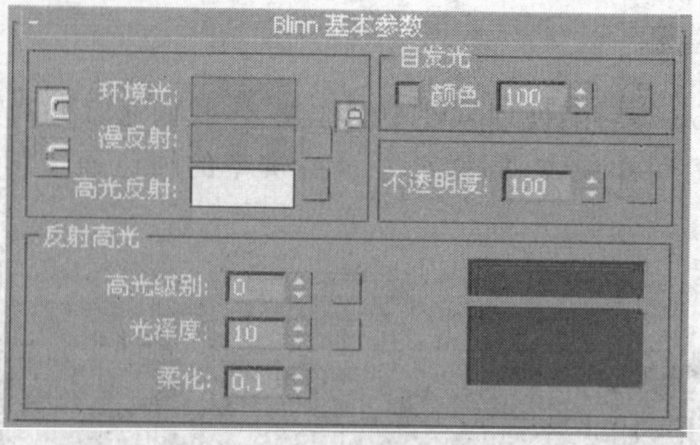

图 5-3-10　修改材质设置参数

值“0”表示未指定材质 ID 通道。

(2)调出【渲染设置】对话框，在【Render Elements】选项卡中单击“添加”按钮，在弹出的【渲染元素】列表中选择“材质 ID”，单击“确定”按钮。

(3)回到【渲染设置】对话框，设置渲染尺寸等参数，单击“渲染”按钮，便可以渲染出 1 张材质图和 1 张通道图，且两张图的视点、尺寸和分辨率完全一样。

(4)分别保存渲染好的材质图和通道图。

提示：1. 对于使用了不透明贴图通道的材质，最好采用分层或单独渲染的方式将该使用该材质的模型对象单独渲染出来，以方便导入后期处理软件中进行处理。

2.“.tga”或“.tif”文件格式可以保存通道信息，如 Alpha 通道，因此我们常常在 3ds Max 中以这两种文件格式渲染输出图形，以便在后期处理软件中将前景和背景快速分离。

【例 5-4】　为别墅模型渲染出图。

(1)打开教学光盘中【项目 5】/【实例】下的“别墅灯光.max”。

(2)单击主工具栏的【材质编辑器】工具，在弹出的对话框中逐一修改各材质 ID 号，使每个材质都有独立的 ID 通道。

(3)由于场景的渲染效果曝光过度且使用了“天光”，这里需要结合“光跟踪器”渲染，单击主工具栏的【渲染场景】工具，在调出的对话框中选择【高级照明】选项卡，照明插件下拉列表中选择“光跟踪器”，然后在调出的【参数】卷展栏中将“天光”值设为 0.6，“颜色溢出”值设为 0.8(图 5-3-11)。

(3)在【公用】选项卡中调整渲染输出图像的【宽度】值为 2000，【高度】值为 1500，文件名为“别墅材质图”，格式为“.tga”。

(4)在【Render Elements】选项卡中单击“添加”按钮，在弹出的【渲染元素】列表中选择“材质 ID”，单击“确定”按钮。

(5)单击“渲染”按钮，渲染出 1 张材质图和 1 张通道图，分别储存为“别墅材质图.tga”(图 5-3-12)和“别墅通道图.tga”(图 5-3-13)。

图 5-3-11 光跟踪器【参数】卷展栏

图 5-3-12 别墅材质渲染图

图 5-3-13 别墅通道渲染图

项目实训 1 园林建筑的日景布光与渲染

打开配套光盘上的文件:项目 5/实训 8 园林建筑的日景布光与渲染/初始文件.max。利用本项目中已学知识为模型创建摄影机、进行日景布光并渲染输出,渲染效果如图 5-4-1 所示。

演示视频位置:项目 5/实训 8 园林建筑的日景布光与渲染/操作视频.swf。

操作提示

该模型材质偏青、蓝,色调偏冷,阴影宜采用冷色调,由于窗户阴影落在室内,故无需采用光跟踪器渲染。

1.布置摄影机:建筑透视图的视点高度一般采用 1.65～1.7 m,创建目标摄影机,调整参数、移动到合适位置;

2.日景布光:采用目标聚光灯或泛光灯布置主光、辅光和补光,正面的主光颜色宜采用暖色,阴影的颜色偏蓝绿色,如有需要可在建筑底部布置底光,底光会穿越地面从下部给建筑补光;

3. 渲染输出:使用本项目【例 5-4】的方法调整合适参数,将材质图和通道图的渲染结果储存为“.tga”或“.tif”格式文件。

图 5-4-1 园林建筑的日景效果

项目实训 2 园林建筑的夜景布光与渲染

打开配套光盘上的文件:项目 5/实训 9 园林建筑的夜景布光与渲染/初始文件 . max。利用本项目中已学知识为模型创建摄影机、进行夜景布光并渲染输出,渲染效果如图 5-4-1 所示。

演示视频位置:项目 5/实训 9 园林建筑的夜景布光与渲染/操作视频.swf。

图 5-4-2 园林建筑的夜景效果

操作提示

该模型夜景环境中的光源分为自然光源和人工光源两种，自然光源主要是月光和星光，色调偏蓝、白，人工光源多为白炽灯、LED 灯，可设置为橘黄等暖色调。

1. 布置摄影机：建筑透视图的视点高度一般采用 1.65～1.7 m，创建目标摄影机，调整参数、移动到合适位置；

2.自然光源：采用目标聚光灯或泛光灯模拟月光和星光效果，形成漫射光效果；

3. 人工光源：在室内和门廊处设置若干暖色的目标聚光灯或泛光灯，可在【常规参数】中单击“排除”按钮，仅将窗棂、窗户、地面等对象包含在照明范围内；

4. 渲染输出：使用本项目【例 5-4】的方法调整合适参数，将材质图和通道图的渲染结果储存为“.tga”或“.tif”格式文件。

项目6

园林效果图制作综合实训

任务1 摄影机的创建与调整

学习领域

- 制作构思。
- 将 AutoCAD 平面图导入场景。
- 创建模型。
- 设置材质。
- 创建、调整摄影机、灯光，渲染出图。

工作领域

- 掌握园林透视效果图制作的流程及要点。
- 掌握将 AutoCAD 图导入 3ds Max 场景的方法。
- 掌握几何体、二维转换三维、多边形等建模方法的应用。
- 掌握常见园林材质的设置。
- 掌握摄影机及灯光的创建及调整方法，渲染出图的方法。

行动领域

- 能够创建园林透视效果图模型，设置材质、灯光、摄像机，并渲染出图。

任务知识讲解

1 制作构思

在制作园林效果图之前，设计者需要仔细阅读设计图纸、明确设计意图，设计好在 3ds Max 中绘图的工作方案，这样不仅可以规范绘图过程，还能使模型最大限度地优化、便于后期修改，提高工作效率。

接下来以某医院入口广场透视效果图为例，介绍园林效果图制作的流程及注意要点。

1.1　明确设计方案、领会设计意图

从该案例的平面设计图（图 6-1-1）来看，广场呈现对称布局，南北方向距离短、东西方向较长，设计表现的重点是中间的人文地刻、特色铺装和两侧的秋色叶景观树，这也是接下来场景创建的主要区域。

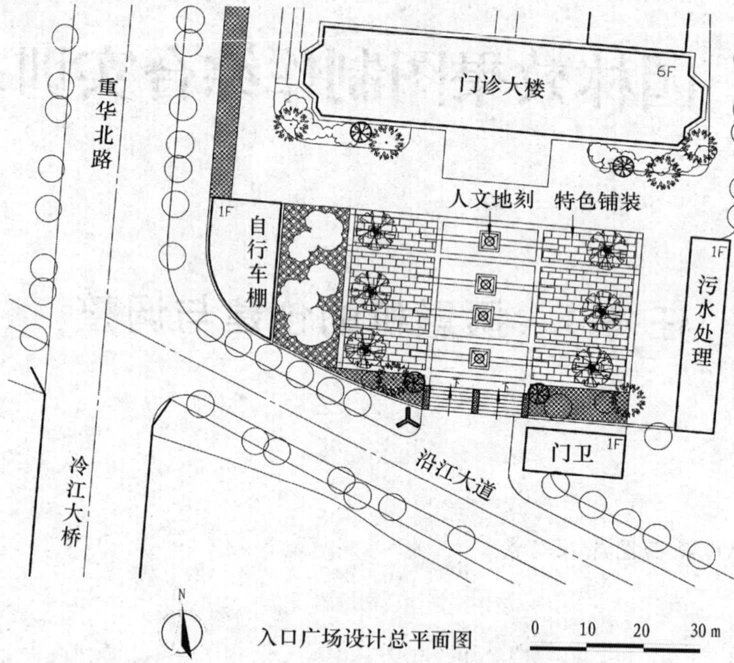

图 6-1-1　某医院入口广场景观设计平面图

1.2　整理、描绘 AutoCAD 图纸内容，导入 3ds Max

将 AutoCAD 图纸导入 3ds Max 场景建模，主要是将导入的二维图形执行【挤出】命令将之转变为 3D 模型，因此保证二维图形的闭合与完整是非常重要的。此外，有时 AutoCAD 图纸在绘制时可能不是非常规范，比如存在一些无效的图块、图层，同一类型的对象会分布在好几个图层，这样导入 3ds Max 中当关闭某些图层时就有可能会造成关键图形的丢失，从而增加在 3ds Max 中的描图量，因此设计者需要在导入之前在 AutoCAD 中将图纸内容进行整理。

1.3　明确制作内容、创建模型

制作一副园林效果图，并非所有的对象都要在 3ds Max 中建模，那样既增加工作量，也没有必要。因此，在大致确定好透视视点后，就要分析哪些设计内容需要建模、哪些不需要，一般遵循以下两个原则。

（1）能在后期处理时调入素材的不建。在 Photoshop CS 中后期处理时，用户可以调入很多素材贴图从而达到逼真的效果，由于这些对象一般都轮廓复杂，如果在 3ds Max 中建模势

必会增加模型的边面数，如该案例中的乔木、灌木、草地等，因此场景中就只剩下建筑、道路、树池、台阶这些规则的物体需要建模了。

(2)远粗近细、不见不建。所谓“远粗近细”，是指距离视点远的对象模型可以制作粗糙一些，而距离近的对象模型则要制作地精细一些，这样既能够满足精度的需要，又可以尽可能地减少模型的面数；“不见不建”则是指对于看不见的部分无需创建，如本案例中两侧的污水处理站和自行车棚等建筑。

当场景过于复杂时，可以将一些对象如主体建筑的线架文件创建好后再合并至当前场景中。

1.4 设置材质

材质的设置同样也遵循远粗近细的原则。本案例中场景的重点是广场中的地刻和铺装，远处的材质在视点处只能看清大致的色彩，而肌理细节根本无法看清，因此可粗略设置。

1.5 设置摄影机、灯光和渲染出图

一般大门入口景观的透视图多采用一点透视，以展现两侧更多的景观。此案例中基地的南北方向尺度比较局促，为了将两侧的景观更多地纳入到视野中来，摄影机镜头的焦距可适当缩短。

该案例的光照效果是日景，布光比较简单，可采用三点照明法或太阳光系统结合标准灯光的方法，无论采用何种方法，都应保证将设计重点的广场处于主光源之下，将细节表现清楚。

渲染设置需要结合材质和灯光等因素综合考虑，以实现最佳的渲染效果。此外，还需根据后期处理的需要，设置不同的分辨率和尺寸、渲染材质图和通道图，并将渲染结果储存为“.tga”或“.tif”格式文件。

1.6 在 Photoshop CS 中进行后期处理

在 Photoshop CS 中调入植物、人物等素材，制作阴影并调整整体色调、明度，该案例透视效果图制作完毕。

2 在 AutoCAD 中整理设计图纸

(1)执行【PURGE】命令清除无用的图层或图形。

(2)将同一类型的对象设置在同一图层，如该案例中的所有的乔木、灌木、建筑、铺装等内容都设置在单独的图层上。

(3)执行【多段线】命令对需要导入 3ds Max 中进行【挤出】操作的二维图形描图，绘制成闭合的独立图元，并设置在相应的图层上，如道路、种植池轮廓线、铺装轮廓线、地刻等。

(4)该案例的场地并非正南北向，这样的设计平面图导入 3ds Max 中建模时，创建对象与场地方向不对齐，会给操作带来不便，因此，我们先在 AutoCAD 中测量一下场地与水平线的夹角，该角度为$-4°$，执行【旋转】命令将整个设计场地旋转为正南北方向，将文件另存为“医院入口广场平面设计图旋转 .dwg”。

3 将 AutoCAD 平面图导入场景

(1)打开 3ds Max 软件，单击快捷方式图标，在其下拉菜单中执行【重置】命令。执行【自

定义】/【单位设置】菜单命令，将【显示单位比例】中的“公制”设定为“毫米”，单击【系统单位设置】，将系统单位比例也设定为“毫米”。将文件另存为“医院入口广场透视效果图.max”。

(2)单击快捷方式图标，在其下拉菜单中执行【导入】命令，弹出【选择要导入的文件】对话框(图 6-1-2)，在文件下拉列表中选择要导入的文件格式为 AutoCAD 图形（ * . DWG， * . DXF)，然后在显示文件中选择光盘中的【项目 6 综合实训】\医院入口广场平面设计图旋转.dwg 文件。

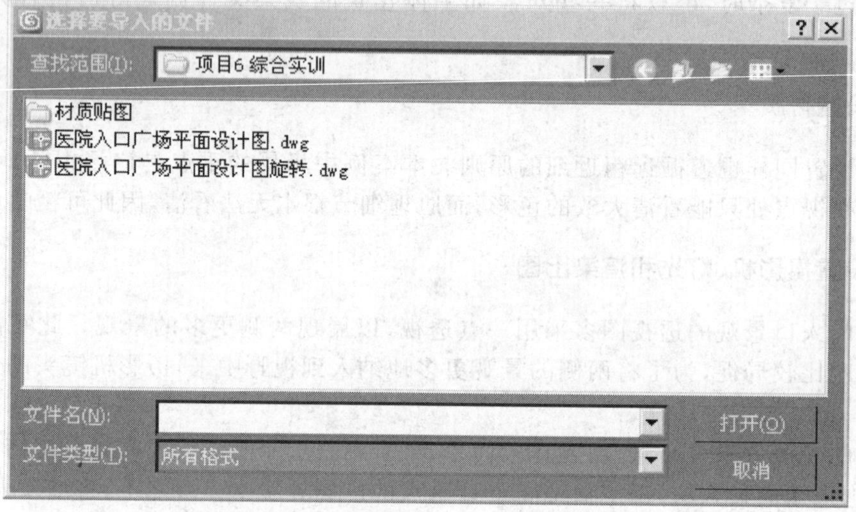

图 6-1-2 【选择要导入的文件】对话框

(3)单击“确定”按钮，弹出【AutoCAD DWG/DXF 导入选项】对话框。在【几何体】选项板中做出如图 6-1-3 左所示的设置，其中若在“按以下项导出 AutoCAD 图元”的下拉列表中选择“实体”项，意味着每个图元导入后成为一个独立的对象；若选择包含“层”等选项，则意味着一个图层上绘制的所有图形对象导入后视为一个整体，如果在 AutoCAD 图纸中每一个应用相同【挤出】命令参数的对象都在同一图层上，则可以勾选此类选项。

在【层】选项板中点选“从列表中选择”选项，然后在列表中将不适于在 3ds Max 建模的对象所在图层关闭，如图 6-1-3 右所示。

(4)单击“确定”按钮，关闭【AutoCAD DWG /DXF 导入选项】对话框，医院入口广场平面设计图便被输入到 3ds Max 中(图 6-1-4)。

4 创建模型

4.1 制作道路及广场铺装

(1)在主工具栏上右击，调出【层】工具栏。在当前图层下拉列表中选择“道路”，单击“选择当前层的对象”按钮，此时在视图中该图层中的图形已全部被选中，加载【挤出】修改器，设置挤出数量为 200 mm(图 6-1-5)。

选中临江的城市道路，将挤出数量改为 1 200 mm，选择两种高度的道路，成组、命名。

(2)用同样的方法将广场的两侧铺装、中间铺装、周围分隔条、中间分隔条、方块铺装选中、加载【挤出】修改器，设置挤出数量为 230 mm(广场铺装的标高稍高于周围的道路)，并分别成

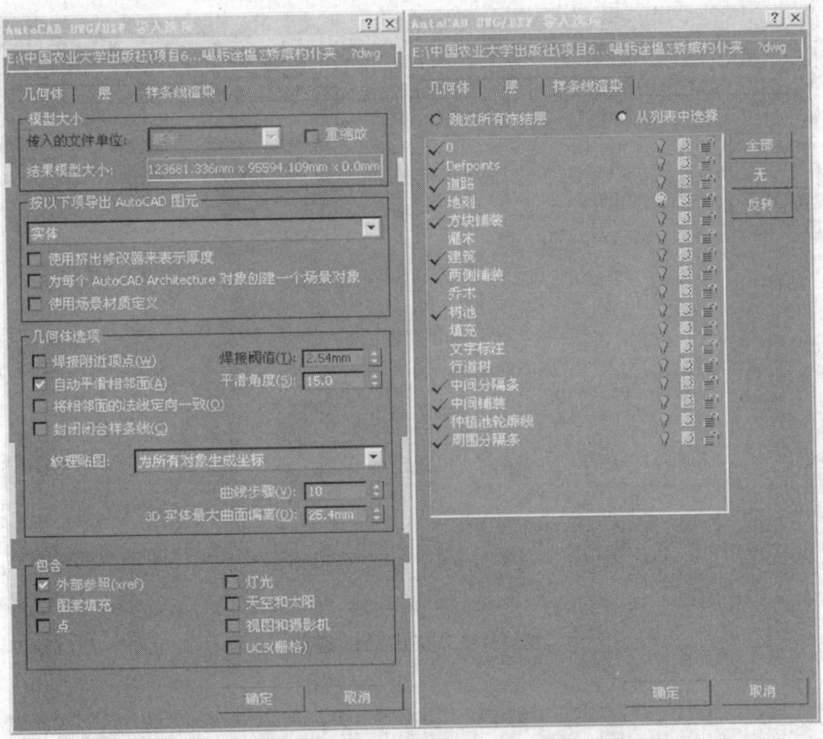

图 6-1-3　【AutoCAD DWG /DXF 导入选项】对话框

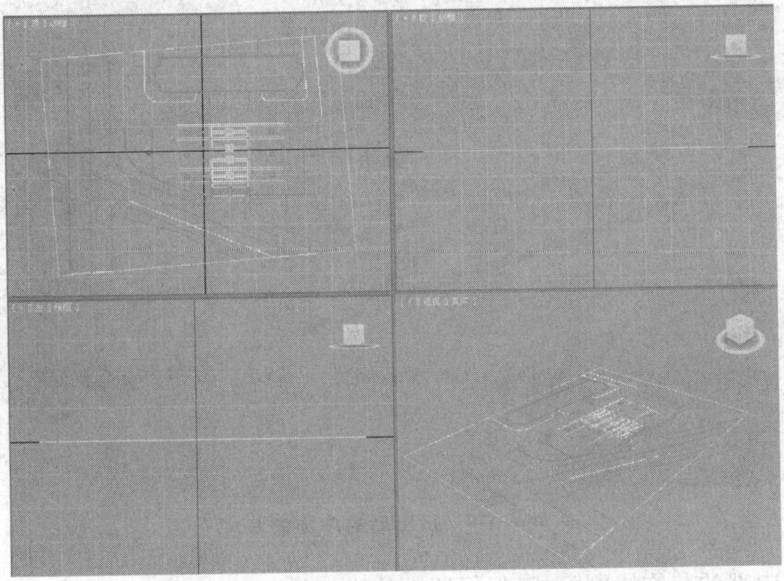

图 6-1-4　在 3ds Max 中导入 DWG 图形文件

组、命名(图 6-1-6)。

4.2　制作树池和地刻

(1)选中树池图形,加载【挤出】修改器,设置挤出数量为 650 mm,成组命名(图 6-1-7)。

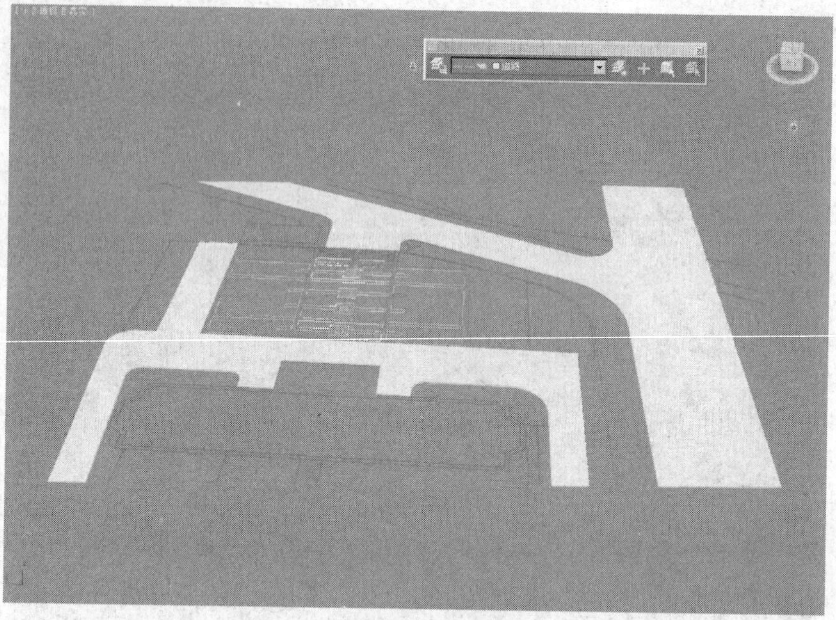

图 6-1-5 挤出后的道路

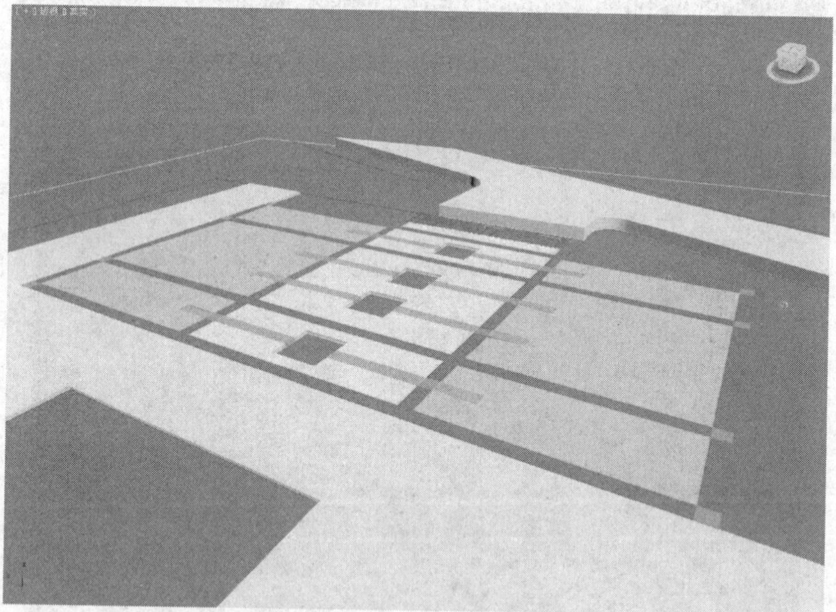

图 6-1-6 挤出后的广场铺装

(2)将地刻内部的装饰线删除掉,仅保留内外边框线,由于内外边框线不是一个整体,不再适用上面的方法制作地刻。选中 4 个地刻的内框线,执行【编辑】/【克隆】菜单命令,将内框线原地复制一份,然后加载【挤出】修改器,将挤出的数量设定为 230 mm,复制成组、命名。

(3)将制作好的地刻在视图中隐藏起来,选中任意一个地刻外框线,在【修改器堆栈】中进入"样条线"层级,单击【几何体】卷展栏中的"附加"按钮,单击内框线附加在一起,加载【挤出】修改器,将挤出的数量设定为 260 mm,复制成组、命名(图 6-1-8)。

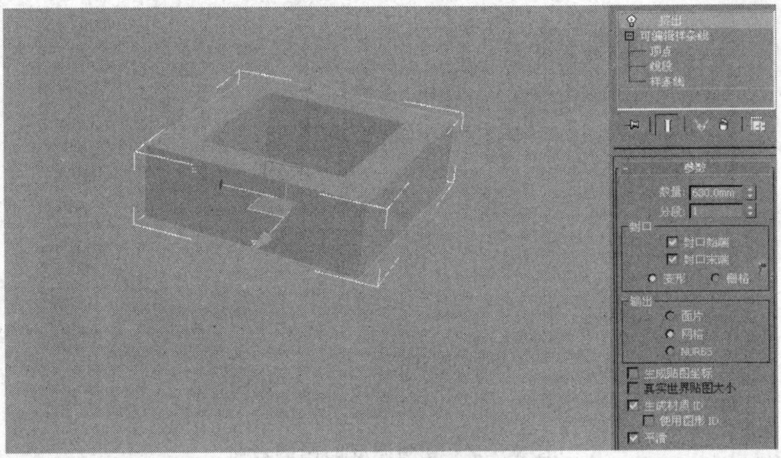

图 6-1-7 挤出的树池

图 6-1-8 挤出的地刻和地刻边框

4.3 制作入口台阶

台阶的制作可以先绘制台阶的剖面图形，然后执行【挤出】一次性地完成创建，也可以采取一级一级踏步来制作的方式，这样作图虽然方便但也会增加模型的边面数，接下来采用第二种方法制作台阶。

(1)在顶视图中先用【线】命令绘制一个踏步，加载【挤出】修改器，将挤出的数量设定为 200 mm。

(2)打开【三维捕捉】，设置为“顶点”捕捉，选中创建好的踏步，捕捉并移动复制其余 5 个踏步。将所有踏步全部选中，成组命名为“台阶”，并将其复制一个至另一侧(图 6-1-9)。

提示：当场景中的对象较多时，可将选中的对象锁定，即按下屏幕左下角状态栏上的按钮，使之变成，以避免变换操作时误选别的对象。

图 6-1-9　复制完成的两侧台阶

4.4　制作入口花池和马路

(1)在顶视图中选中其中一个花池外轮廓线,在【修改器堆栈】中进入"样条线"层级,将花池内轮廓线附加在一起。打开【三维捕捉】,设置"中点" 捕捉,然后进入"顶点"层级,单击"优化"按钮,在内外轮廓线的中点处插入 4 个顶点(图 6-1-10),加载【挤出】修改器,设置挤出的数量为 420 mm。

(2)选中挤出后的花池,右击调出快捷菜单,选择【转换为:】/【可编辑多边形】,进入"顶点"层级,选中花池一侧的 4 个顶点,将其向上移动至于合适的位置,退出子对象层级(图 6-1-11)。

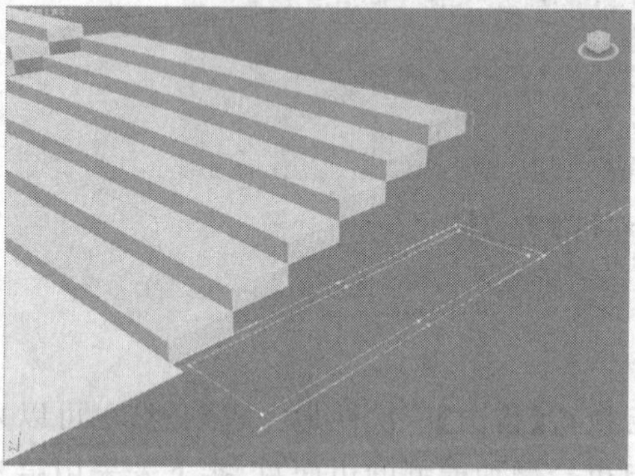

图 6-1-10　在花池内外轮廓线插入中点

图 6-1-11　编辑顶点后的花池

(3)打开【二维捕捉】,设置为"顶点"、"端点" 捕捉,将制作好的花池捕捉并移动复制 2 个至设计位置。将复制完成的花池全部选中,成组、命名。

4.5　制作种植池和大门两侧的挡土墙

在顶视图中选择种植池线条,【挤出】数量为 200 mm,成组、命名。选择大门两侧的挡土墙线条,【挤出】数量为 1 200 mm,成组、命名(图 6-1-12)。

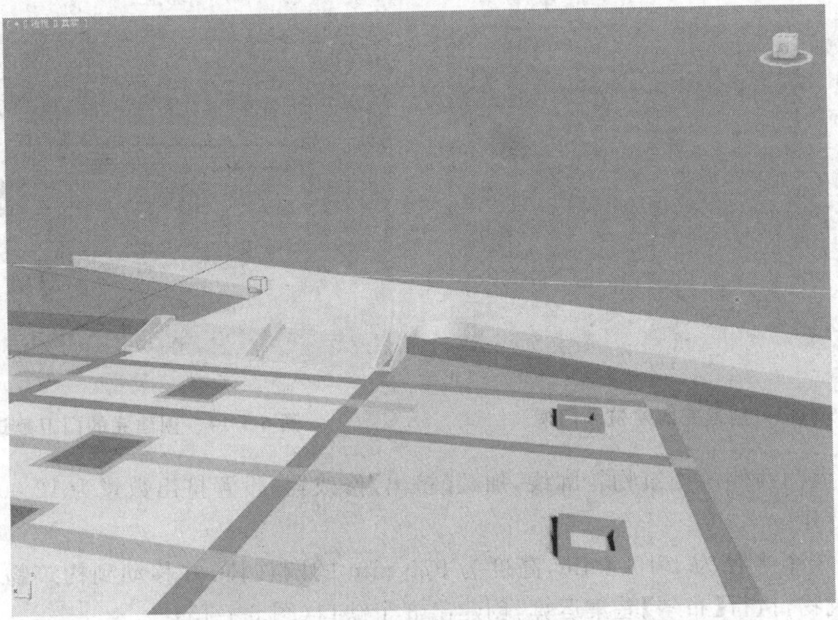

图 6-1-12 挤出后的种植池和大门两侧的挡土墙

4.6 制作门卫建筑和构筑物

在场景的主要部分初具雏形的情况下，我们可以预先选择一下理想的视点，对于视点不可见的对象，我们就遵循“不见不建”，减少建模工作量。

从平面图中可看出，大门入口的主景是一个下沉式的广场，如果要在入口处表现出广场全貌，就必须站在台阶之上，基于这个视点，门卫建筑的南墙不可见，如果将视点设在门诊大楼处，南墙同样不可见，因此门卫建筑南墙可以粗略创建，而北墙只有几扇门，比较简单。

该案例中大门两侧的建筑和构筑物都已建多年，在没有设计图纸的情况下仅在现场量得平面尺寸，立面尺寸根据周围的参照物估算得出，这种情况在园林景观的改造设计中非常普遍，对于未知详细尺寸的对象我们创建的模型尺寸只需符合场景比例即可。

(1)在顶视图中选中门卫建筑的外墙线，进入“样条线”层级，单击“轮廓”按钮，回到顶视图中拖曳鼠标创建出建筑的内墙线，轮廓值为 240 mm。

(2)向轮廓后的建筑墙线加载【挤出】修改器，设置挤出的数量为 4 800 mm。

(3)创建 3 个高度为 3 200 mm、宽度为 1 200 mm、长度为 800 mm 的长方体。移动至门卫建筑的北墙合适位置，复制 3 个作为门待用。选择建筑，执行【布尔】差集运算，创建出 3 个门洞，然后将 3 个复制好的门移动至门洞后(图 6-1-13)。

(4)打开【3 维捕捉】，设置“顶点”捕捉，在建筑的 4 个顶点处创建 4 个高度为 3 000 mm、宽度为 150 mm、长度为 150 mm 的长方体作为竖向构件。

(5)将挤出后的建筑在 Z 轴上复制一个作为横向的装饰格栅，将【挤出】数量改为100 mm，并进入“可编辑样条线”子层级，调整格栅内框尺寸使其厚度比墙略小，并向上复制 4 个。

(6)创建 1 个高度为 200 mm、宽度为 20 000 mm、长度为 8 500 mm 的长方体作为建筑平屋顶；在建筑内部创建 2 个半径为 700 mm，高度为 6 300 mm 的圆柱体作为装饰柱(图 6-1-14)。

图 6-1-13　创建完的建筑和门洞

图 6-1-14　创建完的门卫建筑

(7)选中大门西侧的构筑物轮廓线，加载【挤出】修改器，设置挤出数量为 12 000 mm，并复制一个副本待用。

(8)创建 3 个半径为 1 100 mm，高度为 970 mm 的圆柱体，并移动到构筑物上的合适位置。选择构筑物，执行【布尔】差集运算，创建出 3 个缺口(图 6-1-15)。

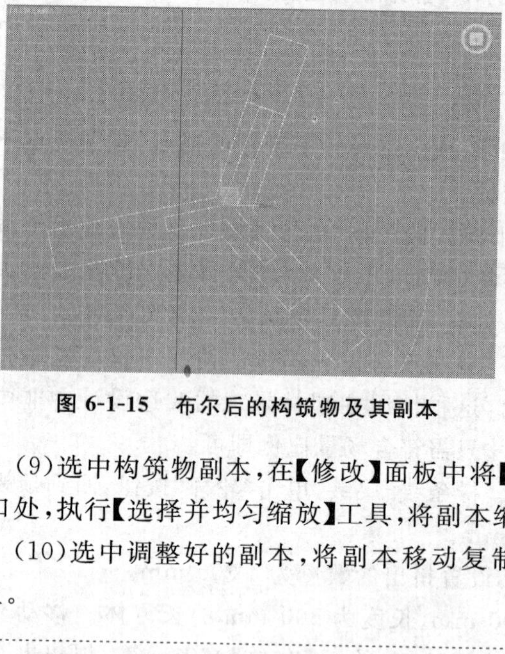

图 6-1-15　布尔后的构筑物及其副本

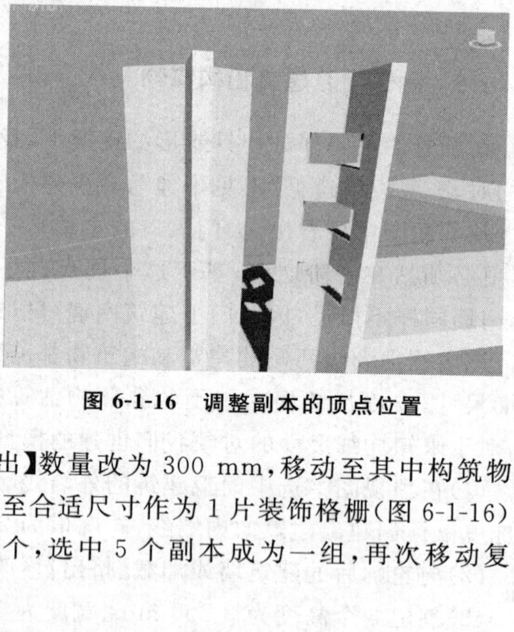

图 6-1-16　调整副本的顶点位置

(9)选中构筑物副本，在【修改】面板中将【挤出】数量改为 300 mm，移动至其中构筑物的缺口处，执行【选择并均匀缩放】工具，将副本缩小至合适尺寸作为 1 片装饰格栅(图 6-1-16)。

(10)选中调整好的副本，将副本移动复制 4 个，选中 5 个副本成为一组，再次移动复制 2 组。

提示：在建模过程中，复制时选择“实例”克隆选项，可以便于后期修改。

4.7　制作围墙栅栏和人行道

(1)选中创建好的挡土墙，复制一个副本，将副本的挤出数量改为 2 200 mm，加载【编辑多边形】修改器，进入“顶点”子层级，选中副本外端的顶点，调整至合适位置，最后将移动副本至挡土墙上作为围墙栅栏。

(2)在预定的视点处望向大门，只能看到小部分人行道，这里只需创建这部分视野可见的人行道即可。由于该案例的设计图纸在 AutoCAD 中没有将人行道线条闭合，这里在 3ds Max 中改为用【线】工具，绘制出人行道样条线轮廓，打开【二维捕捉】，设置为“端点”捕捉，加载【挤出】修改器，设置挤出数量为 1 200 mm，将人行道移动至略高于马路面的位置（图 6-1-17）。

图 6-1-17　创建好的部分围墙栅栏、人行道

至此，场景模型的主体部分创建完毕。

5　设置材质

在开始材质设置前，最好将可能要用到的位图文件放入一个文件夹中，以便更容易找到所用材质，本案例所用到的贴图位置在教学光盘【项目 6 综合实训】/【材质贴图】。

5.1　创建道路材质

在主工具栏上单击按钮，打开【材质编辑器】，创建沥青道路材质，将材质赋予场景中除广场铺装外的道路：Blinn 明暗器、标准材质，在【贴图】卷展栏下为“漫反射颜色”加载“噪波”贴图，设置参数如图 6-1-18 所示，在【噪波参数】卷展栏中设置颜色＃1 的 R、G、B 值均为 0，颜色＃2 的 R、G、B 值均为 145。然后将“噪波”贴图拖曳复制至“凹凸”通道，并设置凹凸数量为 70。

5.2　创建广场铺装材质

首先创建皇道砖材质，赋给广场中间的铺装。在【贴图】卷展栏下为“漫反射颜色”加载光盘【项目 6 综合实训】/【材质贴图】中的“p011. jpg”作为位图贴图，并拖曳复制至“凹凸”通道，设置凹凸数量为 76。单击【材质编辑器】水平工具栏的“视口中显示明暗处理材质”按钮，观

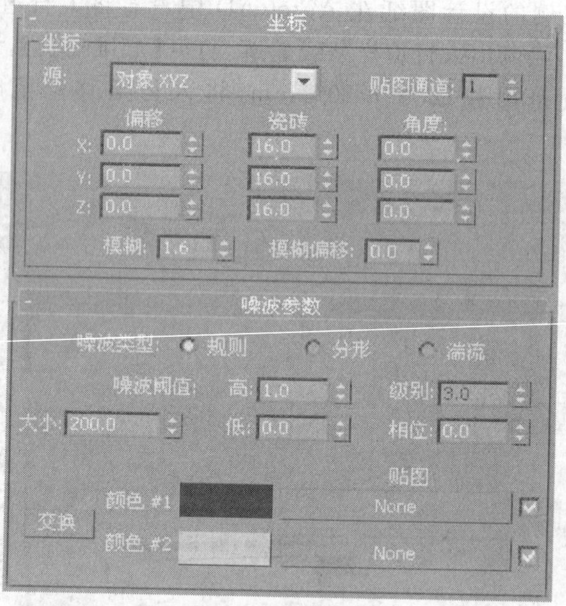

图 6-1-18　“噪波”贴图参数

察材质效果不理想，选中应用该材质的对象，加载【UVW贴图】效果器，设置如图 6-1-19 所示的参数。

接下来用同样的方法为两侧铺装加载“2004.jpg”、四周边框的分隔条、地刻边框、入口台阶和花池加载“BLOWN.jpg”、中间分隔条加载“Gz.jpg”、方块分隔加载“135.jpg”、树池加载“文化石.jpg”位图贴图，一边创建材质一边在视图中观察效果，若材质纹理不理想，就需要加载【UVW 贴图】效果器调整 UV 瓷砖值、偏移值等参数。

最后创建广场中央的地刻浮雕材质，在【贴图】卷展栏下为“漫反射颜色”加载“浮雕.jpg”，并在【位图参数】卷展栏中勾选“应用”复选框，单击“查看图像”按钮，调整控制框至如图 6-1-20 所示的位置。拖曳复制至“凹凸”通道，设置凹凸数量为 60。

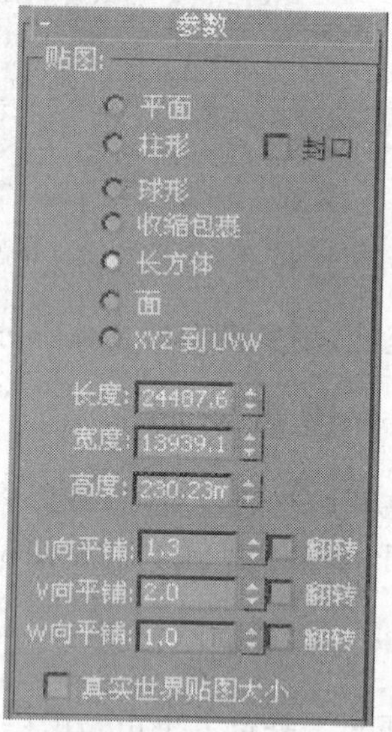

图 6-1-19　【UVW 贴图】修改器参数

5.3　创建门卫建筑、挡土墙及栅栏材质

首先创建白灰材质，并赋给东侧的门卫建筑和西侧的构筑物，为“漫反射颜色”加载“白灰.jpg”位图，在位图【坐标】卷展栏中将 UV“瓷砖”值均设为 10。

接着创建蘑菇石材质，并赋给大门两侧的挡土墙，为“漫反射颜色”加载“蘑菇石.TIF”位图，并加载【UVW 贴图】效果器，设置如图 6-1-21 所示的参数。

最后创建栅栏材质，并赋给大门两侧的围墙，为“漫反射颜色”加载“栅栏.jpg”位图，进入贴图层级，设置【坐标】卷展栏参数如图 6-1-22 所示。为“不透明度”通道加载“栅栏 mask.jpg”

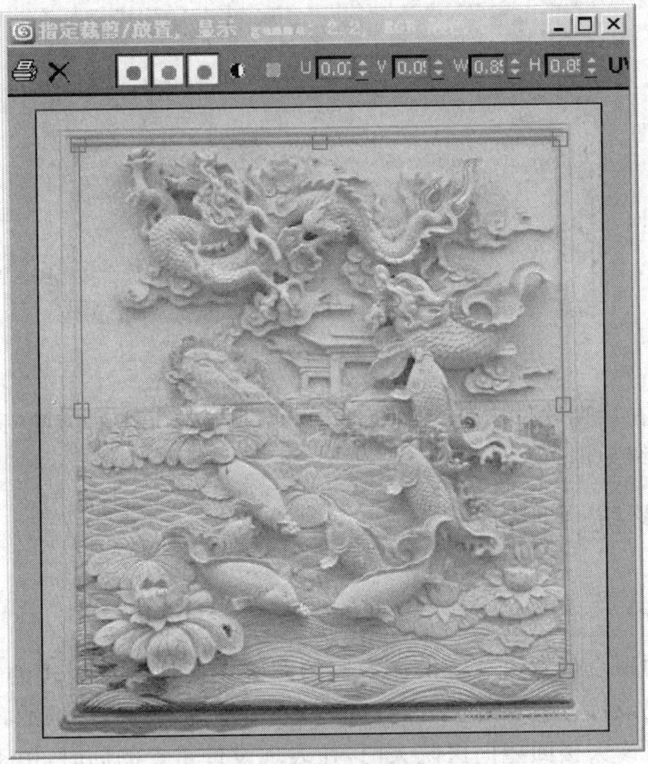

图 6-1-20　调整图像的裁剪范围

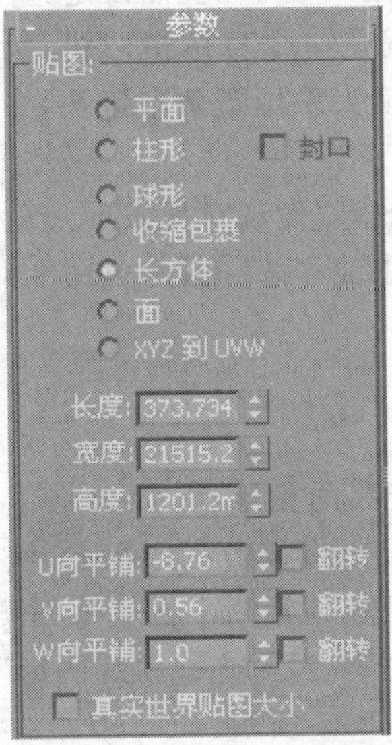

图 6-1-21　【UVW 贴图】修改器参数

位图，设置如图 6-1-22 参数。

5.4　创建绿地材质

园林效果图中的绿地可以在 3ds Max 中加载一张位图的方式创建材质，也可以仅仅设置

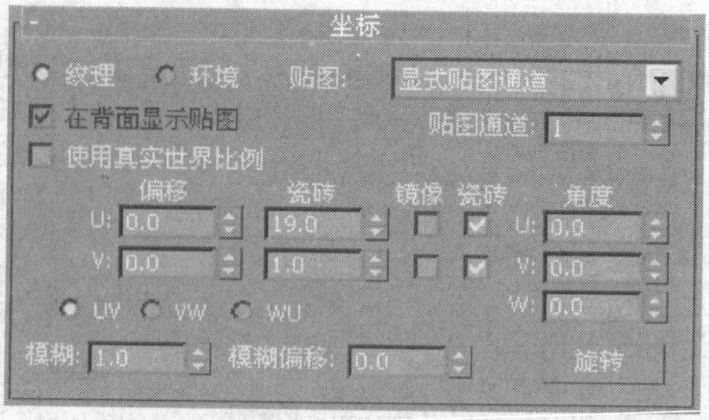

图 6-1-22 【坐标】卷展栏参数

单一的漫反射颜色，在后期软件中进一步处理。本案例选择第二种方法，只是给“漫反射颜色”设置一种绿色，赋给绿地即可。

6 创建摄影机、灯光

6.1 创建摄影机

本案例透视图的视点位置可位于沿江大道的医院大门或门诊大楼的入口雨棚，两种视点方案都可完整地展现设计方案，不过从医院大门处望向门诊大楼，广场的背景是 6 层高的门诊楼，较为拥堵，而从门诊大楼回望向医院大门，在表现设计重点的同时，由于效果图的背景是舒朗的沿江风光，这些在 Photoshop CS 后期处理时可通过调入素材轻松实现，因而在 3ds Max 中的工作量也会大大减少。基于以上考虑，将视点设定为门诊大楼的入口雨棚。

在顶视图中的门诊楼门厅处创建一个目标摄影机，为将更多的广场场景纳入到效果图中，镜头采用了鱼眼镜头，参数设置如图 6-1-23 所示。

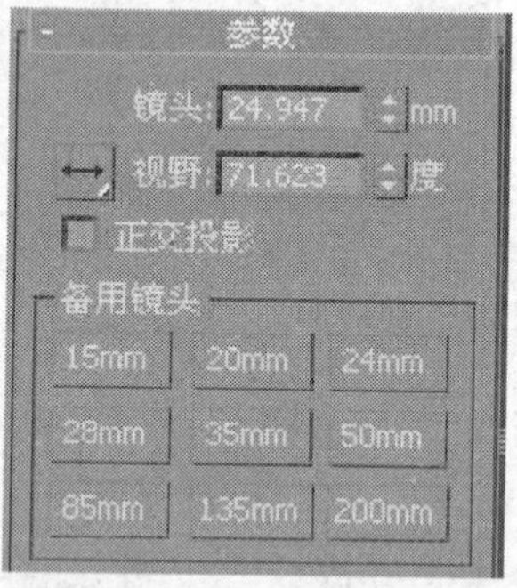

图 6-1-23 摄影机镜头参数

切换至摄影机视图，观察场景效果，发现有比较明显的透视变形，因此需要执行【修改器】/【摄影机校正】菜单命令，为该摄影机校正透视效果。

6.2 创建灯光

该案例大门西侧有一个位置较高的构筑物，如果将主光源设置在场地西侧，构筑物较长的投影将投射在广场上，从而产生一定的光影变化。基于此，我们在顶视图中在场地西侧创建一盏“目标平行光”作为主光源（图 6-1-24），在【常规参数】卷展栏中启用“光线跟踪阴影”，【强度/颜色/衰减】卷展栏中设置倍增值为 1.2，其他参数设置如图 6-1-25 所示。

然后在场地东侧创建一盏目标平行光作为辅光源，在【常规参数】卷展栏中不启用任何阴影类型，【强度/颜色/衰减】卷展栏中设置倍增值为 0.6，在【平行光参数】卷展栏中设置聚光区/光束值为 40 000 mm，衰减区/区域值为 60 000 mm。

最后在广场东北方向创建一盏天光，作为补光，倍增值设为 0.3。

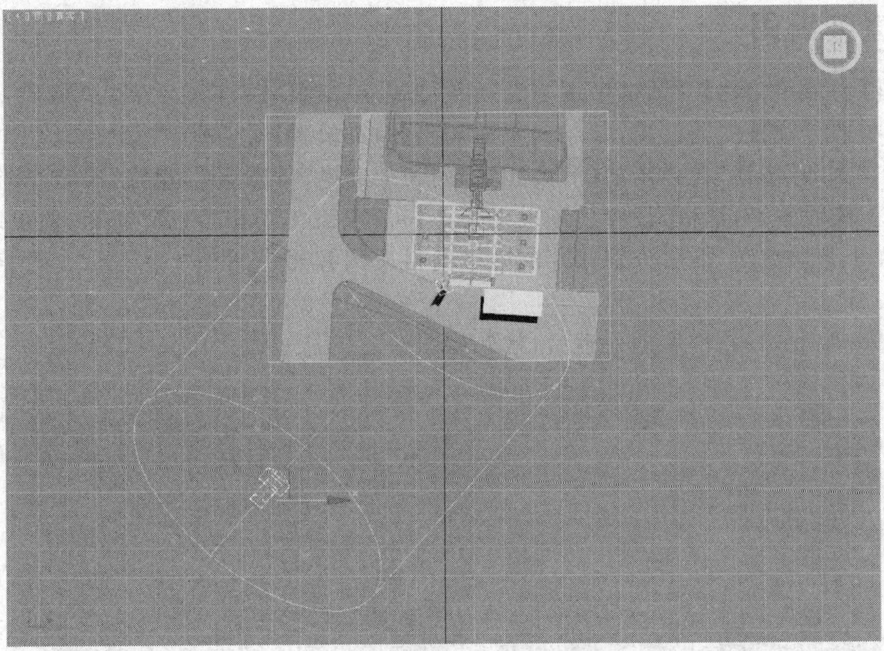

图 6-1-24 创建目标平行光作为主光源

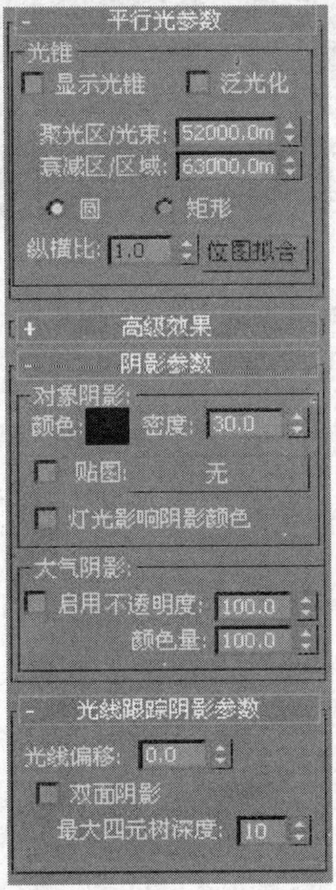

图 6-1-25 主光源平行光及阴影参数

7 渲染出图

首先在【材质编辑器】对话框中逐一选择各材质，单击水平工具栏上的"材质 ID 通道"按钮，为每种材质分配独立的材质 ID 号。然后调出【渲染设置】对话框，在【Render Elements】选项卡中单击"添加"按钮，在弹出的【渲染元素】列表中选择"材质 ID"，单击"确定"按钮。

回到【渲染设置】对话框，设置渲染尺寸为 3 200×2 400，单击"渲染"按钮，便可以渲染出 1 张材质图和 1 张通道图，最后分别保存渲染好的材质图和通道图为".tga"或".tif"格式完成渲染工作。

经 Photoshop CS 软件后期处理后，效果如图 6-1-26 所示。

图 6-1-26 医院入口广场效果图

参考文献

[1] 博智图书.3ds Max9 效果图设计典型实例.北京:电子工业出版社,2008.

[2] 思维数码.逆向式中文版 3ds Max9 实战学习 88 例.北京:北京希望电子出版社,2007.

[3] 时代印象.中文版 3ds Max 2012 实用教程.北京:人民邮电出版社,2012.

[4] 郑艳,等. 3ds Max 2012 基础教程.北京:清华大学出版社,2012.